David Bodanis

Bis Einstein kam

David Bodanis

Bis Einstein kam

Die abenteuerliche Suche
nach dem Geheimnis der Welt

Aus dem Englischen von
Michael Zillgitt und Carsten Heinisch

Deutsche Verlags-Anstalt
Stuttgart München

Die Deutsche Bibliothek – CIP-Einheitsaufnahme
Ein Titeldatensatz für diese Publikation ist bei
Der Deutschen Bibliothek erhältlich.

© 2001 Deutsche Verlags-Anstalt, Stuttgart / München
Satz: Verlagsservice G. Pfeifer / EDV-Fotosatz Huber, Germering
Druck und Bindearbeiten: GGP Media GmbH, Pößneck
Printed in Germany
ISBN 3-421-05208-5

Inhalt

TEIL 1
Geburt der Gleichung

TEIL 2
Die »Ahnen« von $E = mc^2$

TEIL 3
Die frühen Jahre

Vorwort

Vor einiger Zeit las ich in einer Filmzeitschrift ein Interview mit der Schauspielerin Cameron Diaz. Zum Schluß fragte sie der Interviewer, ob es irgend etwas gebe, das sie gern wissen möchte, und sie sagte, ja, sie würde gerne wissen, was $E = mc^2$ wirklich bedeutet. Beide lachten, und Diaz murmelte noch: »Das meine ich ganz ernst.«

»Glaubst du, sie wollte es tatsächlich wissen?« fragte einer meiner Freunde, nachdem ich diese Passage vorgelesen hatte. Ich zuckte die Achseln, aber die übrigen Anwesenden – Architekten, Programmierer und eine Historikerin (meine Frau) – ließen nicht locker. Sie wußten genau, was Diaz gewollt hatte, denn auch sie hätten ganz gern erfahren, was die berühmte Gleichung bedeutet.

Das gab mir zu denken. Fast jeder weiß, daß die Gleichung $E = mc^2$ wichtig ist, doch was sie bedeutet, kann kaum jemand erklären. Das ist frustrierend, weil die Gleichung so kurz ist, daß man meinen sollte, sie verstehen zu können.

Es gibt zahlreiche Bücher, in denen eine Erklärung versucht wird, aber wer kann ganz ehrlich von sich sagen, daß er sie versteht? Für die meisten Leser sind sie nichts als eine Ansammlung seltsamer Zeichnungen – mit kleinen Eisenbahnzügen, Raumschiffen oder Taschenlampen, die alles nur noch verwirrender machen. Sogar eine Erklärung aus erster Hand hilft nicht immer. Das mußte schon Chaim Weizmann feststellen, als er 1921 mit Albert Einstein den Atlantik überquerte: »Während der

Überfahrt hat mir Einstein täglich seine Theorie erklärt, und bei der Ankunft habe ich erkannt, daß er sie wirklich versteht.«

Da wurde mir klar, daß man auch anders vorgehen könnte. All die Erklärungen der Relativitätstheorie kranken ja nicht daran, daß sie schlecht geschrieben wären, sondern daran, daß sie sich zu viel vorgenommen haben. Anstatt ein weiteres Mal über Relativität im allgemeinen zu schreiben oder gar eine weitere Einstein-Biographie vorzulegen – das sind zweifellos interessante Themen, wenn auch allmählich zu Tode geritten –, könnte ich, so dachte ich mir, doch einfach über die Gleichung $E = mc^2$ schreiben. Dies schien mir ohne weiteres möglich, da sie nur ein Teilgebiet des Einsteinschen Gesamtwerks darstellt und weitgehend für sich allein betrachtet werden kann.

Sobald ich diesen Denkpfad beschritten hatte, eröffnete sich mir eine Möglichkeit, wie ich mein Ziel erreichen konnte. Ich würde also keine Raketen oder Lichtstrahlen heranziehen, sondern einfach die Biographie der Gleichung $E = mc^2$ verfassen. Wie jeder weiß, umfaßt eine Biographie nicht nur Kindheit, Jugend und Erwachsenenalter der dargestellten Person, sondern auch die Geschichte ihrer Vorfahren – und das ist bei einer Gleichung nicht anders.

Deshalb beginnt das Buch mit der Geschichte der einzelnen Teile der Gleichung, also der Symbole E, m, c, = und ^{2}. Dabei konzentriere ich mich jeweils auf eine Forscherpersönlichkeit oder auch Forschergruppe, die entscheidend zu unserem Verständnis der hier behandelten Zusammenhänge beigetragen hat.

Sobald die Merkmale und Eigenschaften der Symbole geklärt sind, können wir uns der »Geburt« der Gleichung zuwenden. Und da tritt Einstein auf den Plan: sein Leben als »technischer Experte dritter Klasse« am Patentamt in Bern um das Jahr 1905, sein Lesestoff, seine geistigen Aufbrüche und schließlich all das, was zu jenen Symbolen führte, die er miteinander in der Gleichung verwob.

Sehr bald nach dieser großartigen Entdeckung wandte sich Einstein anderen Themen zu, und wir biegen vom biographischen Weg ab. Uns begegnen nun andere Physiker, Experimentalphysiker, unter ihnen beispielsweise der temperamentvolle, Rugby spielende Ernest Rutherford und der zwischenzeitlich internierte James Chadwick. Beide trugen dazu bei, den inneren Aufbau der Atome im einzelnen zu enthüllen. Diese Erkenntnisse trugen sodann dazu bei, die gewaltige Energie freizusetzen, die die Gleichung beschreibt.

In jeder anderen Epoche hätten diese theoretischen Entdeckungen erst nach langer Zeit praktischem Nutzen zugeführt werden können. Das 20. Jahrhundert griff rascher zu, und bereits 1939 bot sich hierfür die Gelegenheit. Ein großer, wichtiger Teil dieses Buches befaßt sich damit, wie die Gleichung hier »heranwuchs«: Im hektischen Wettlauf zwischen Wissenschaftlern in den Vereinigten Staaten und im nationalsozialistischen Deutschland ging es darum, wer als erster die vernichtende Bombe bauen könnte. Deutschland kam dem Ziel gefährlich nahe, was die Amerikaner veranlaßte, noch während der Landung in der Normandie im Juni 1944 mehrere der in Frankreich landenden alliierten Einheiten sicherheitshalber mit Geigerzählern auszurüsten, um frühzeitig einen Angriff mit radioaktiven Waffen ausmachen zu können.

In den letzten Kapiteln blicken wir auf die Zeit nach dem Krieg; nun begann das »Erwachsenenalter« der Gleichung. Wir werden sehen, wie $E = mc^2$ im Herzen vieler medizinischer Geräte arbeitet und welche Rolle sie im Fernsehapparat und im Rauchmelder spielt. Ihre Wirkung in den Weiten des Universums bei der Geburt der Sterne oder bei der Strahlung, die unseren Planeten erwärmt, ist kaum zu ermessen, ebensowenig ihre Rolle beim Enstehen der Schwarzen Löcher und vielleicht dereinst beim Zerfall unserer Welt.

Die Geschichten, von denen wir hier erfahren, handeln von Leidenschaft, Liebe und Rachsucht und gleichzeitig von der Strenge wissenschaftlicher Forschung. Wir begegnen Michael Faraday, dem Sohn einer armen Londoner Familie, der einen Mentor brauchte, um zu einem besseren Leben zu finden, und Emilie du Châtelet, einer Frau, die gewissermaßen im falschen Jahrhundert lebte und jede Anstrengung unternahm, um nicht für die Anwendung des eigenen Verstandes verspottet zu werden. Wir lesen die Geschichten von Knut Haukelid und einer Gruppe junger Norweger, die gezwungen waren, ihre eigenen Landsleute anzugreifen, um das größere Übel eines Nazi-Angriffs abzuwenden; von der Engländerin Cecilia Payne, deren Karriere zerstört war, nachdem sie es gewagt hatte, einen Blick auf die Geschichte der Sonne vor 6 Milliarden Jahren zu werfen; und von dem neunzehnjährigen Inder Subrahmanyan Chandrasekhar, der in der brütenden Hitze des hochsommerlichen Arabischen Meeres etwas noch Fürchterlicheres entdeckte. Durch all diese Berichte – durch Schlaglichter auf Isaac Newton, Werner Heisenberg und andere Forscherpersönlichkeiten – erhebt sich die Bedeutung eines jeden Teils der Gleichung als spannende Geschichte vor unseren Augen.

TEIL 1

Geburt der Gleichung

1

Patentamt Bern, 1905

Aus *The Collected Papers of Albert Einstein, Vol. I*:

Herrn Professor Wilhelm Ostwald   Mailand, 13. April 1901
Universität Leipzig

Hochgeehrter Herr Professor!
Verzeihen Sie gütig einem Vater, der es wagt, im Interesse seines
Sohnes sich an Sie, geehrter Herr Professor, zu wenden.
   Ich schicke voraus, daß mein Sohn Albert Einstein 22 Jahre alt
ist, ...
   Mein Sohn fühlt sich nun in seiner gegenwärtigen Stellenlosig-
keit tief unglücklich & täglich setzt sich die Idee stärker in ihm fest,
daß er mit seiner Carriere entgleist sei & keinen Anschluß mehr fin-
de. Dabei drückt ihn noch das Bewußtsein, daß er uns, die wir wenig vermögende Leute sind, zur Last falle.
   ... so erlaube ich mir, mich gerade an Sie zu wenden & die höfl.
Bitte an Sie zu richten, ... ihm event. ein paar Zeilen der Ermunte-
rung zu senden, damit er seine Lebens- und Schaffensfreudigkeit
wieder erlangt.
   Sollte es Ihnen überdies möglich sein, ihm für jetzt oder nächsten
Herbst eine Assistentenstelle zu verschaffen, so würde meine Dank-
barkeit eine unbegrenzte sein. ...
   Ich ... erlaube mir noch beizufügen, daß mein Sohn von meinem ungewöhnlichen Schritte keine Ahnung hat.
   Ich verharre, hochgeehrter Herr Professor, mit vorzüglicher
Hochachtung ergebenst
                                                    Hermann Einstein

Auf eine Antwort Professor Ostwalds sollte der besorgte Vater
vergebens warten.

Die Welt von 1905 mag uns heute fern und fremdartig erscheinen, dennoch gab es viele Parallelen mit der heutigen. So klagten etwa die europäischen Zeitungen über den Ansturm amerikanischer Touristen, während man sich in Amerika beschwerte, es gebe zu viele Einwanderer. Die ältere Generation jammerte überall, daß die Jugend respektlos sei, während sich Politiker in Europa und Amerika wegen der Unruhen in Rußland Sorgen machten. Es gab neumodische »Gymnastik«-Kurse, eine einflußreiche Vereinigung von Vegetariern, außerdem den Ruf nach sexueller Freiheit (der natürlich von den Konservativen, die die familiären Werte hochhielten, zurückgewiesen wurde) und manches mehr.

In eben diesem Jahr schrieb Einstein eine Reihe von Abhandlungen, die unseren Blick auf das Universum für immer veränderten. Oberflächlich betrachtet, schien Albert Einstein bis dahin ein angenehmes, stilles Leben geführt zu haben. Schon als Kind war er an physikalischen Fragen interessiert gewesen. Inzwischen hatte er sein Studium abgeschlossen, seine Kommilitonin Mileva Marić geheiratet und verdiente als technischer Experte am Patentamt in Bern offenbar genug, um die Abende und die Sonntage mit Freunden in Gasthäusern oder auf Wanderungen zu verbringen. – Vor allem aber verfügte er über viel Zeit zum Nachdenken.

Zwar hatte Einstein senior mit seinem Brief keinen Erfolg gehabt, doch einer von Alberts Studienfreunden, Marcel Grossman, verschaffte ihm 1902 die Anstellung am Patentamt in Bern. Grossmans Hilfe war nicht so sehr deswegen notwendig gewesen, weil Einsteins Abschlußzeugnis nicht berauschend war – er hatte durch heftiges Büffeln, auch von Grossmans Skripten, 4,96 Punkte von 6 möglichen erreicht, was etwa durchschnittlich war – vielmehr hatte sich ein Professor durch negative Auskünfte gerächt, der auf Einstein wegen dauernder Störungen und auch Schwänzens der Vorlesungen nicht gut zu sprechen war. Einsteins Lehrer und Professoren hatten sich eigentlich immer über seine Aufsässigkeit geärgert, am meisten wohl sein Griechischlehrer am Gymnasium, Josef Degenhart. Dieser erlangte unsterblichen Ruhm durch seine Bemerkung, »es werde nie in seinem Leben etwas Rechtes aus ihm werden«. Als man Einstein später erklärte, es sei wohl das beste, wenn er die Schule verlasse, meinte Degenhart: »Ihre bloße Anwesenheit in der Klasse verdirbt den Respekt der anderen Schüler.«

Nach außen hin wirkte Einstein selbstsicher und erging sich gegenüber seinen Freunden gern in Scherzen darüber, wie es die Autoritäten offenbar genossen hatten, ihn herabzusetzen. Im Jahre 1904 hatte er sich im Patentamt Bern um eine Beförderung vom Technischen Experten III. Klasse zum Technischen Experten II. Klasse beworben. Sein Vorgesetzter, Dr. Haller, hatte dies abgelehnt. In seiner Beurteilung schrieb er, Einstein weise »zwar einige ganz tüchtige Leistungen« auf, aber man sollte noch zuwarten, »bis er sich vollständig in die Maschinentechnik eingearbeitet hat«.

In Wirklichkeit aber wurde Einsteins Erfolglosigkeit zu einem ernsten Problem. Die Einsteins hatten ihr erstes Kind, eine unehelich geborene Tochter, zur Adoption freigegeben. Ihr zweites Kind wollten sie selbst aufziehen, denn Albert – inzwischen sechsundzwanzig – hatte ja eine Stelle am Patentamt. Aber das Geld für eine Teilzeithilfe im Haushalt, so daß seine Frau weiterstudieren könnte, vermochte er nicht aufzubringen. War er wirklich das Genie, das seine jüngere Schwester Maja in ihm sah?

Es gelang ihm, einige physikalische Abhandlungen zu veröffentlichen, die jedoch in der Fachwelt keinen sonderlichen Eindruck hinterließen. Stets suchte er nach den ganz großen Zusammenhängen; in seiner allerersten Publikation von 1901 hatte er zu zeigen versucht, daß die Kraft, die eine Flüssigkeit

im Strohhalm nach oben zieht, prinzipiell den Newtonschen Gravitationsgesetzen entspricht. Aber die grundlegenden Zusammenhänge vermochte er nicht zu klären, und sein Artikel fand wenig Resonanz. In Briefen an seine Schwester fragte er sich, ob er es jemals schaffen würde.

Sogar die Stunden, die er im Patentamt verbringen mußte, wirkten sich nachteilig aus. Wenn er abends aus dem Büro ging, war die einzige wissenschaftliche Bibliothek in Bern normalerweise geschlossen. Wie sollte er da eine Chance haben, wenn er sich nicht einmal über die neuesten Forschungsergebnisse auf dem laufenden halten konnte? Wenn er tagsüber tatsächlich mal ein paar freie Minuten hatte, machte er sich Notizen, die er in einer Schublade seines Schreibtisches aufbewahrte – er nannte sie scherzhaft »sein Büro für theoretische Physik«. Aber Haller ließ ihn nicht aus den Augen, und so blieb die Schublade die meiste Zeit geschlossen. Einstein fiel gegenüber seinen an der Universität verbliebenen Kollegen merklich zurück. Er erörterte mit seiner Frau, ob er Bern verlassen und sich um eine Anstellung als Gymnasiallehrer bemühen sollte. Aber auch das war völlig unsicher, hatte er doch erst vor vier Jahre vergeblich versucht, eine feste Stelle zu bekommen.

Doch dann, an einem schönen Frühlingstag im Jahre 1905, wie Einstein sich später erinnern sollte, unternahm er mit seinem besten Freund, Michele Besso (»Ich liebe ihn sehr wegen seines Scharfsinns und seiner Einfachheit«, schrieb Einstein), wieder einmal einen langen Spaziergang draußen vor der Stadt. Oft redeten sie dabei einfach nur über die Arbeit am Patentamt und über Musik, aber diesmal war Einstein irgendwie beklommen. Viele seiner Überlegungen hatten sich in den letzten Monaten zu einer Einheit zu fügen begonnen, und doch gab es da noch etwas, das ihm zum Greifen nahe schien, das er aber irgendwie nicht recht zu fassen bekam, auch an jenem Abend nicht. Doch am nächsten Morgen erwachte er mit einem Gefühl »höchster Erregung«.

Innerhalb von fünf oder sechs Wochen brachte er dann den ersten Entwurf einer Abhandlung zu Papier, die schließlich über dreißig Seiten füllte. Sie war der Beginn seiner Speziellen Relativitätstheorie. Sogleich reichte er den Artikel bei den Herausgebern der *Annalen der Physik* zur Veröffentlichung ein, mußte aber einige Wochen später erkennen, daß er etwas nicht berücksichtigt hatte, und ließ kurz darauf einen dreiseitigen Nachtrag folgen. Einem anderen Freund gegenüber gestand er, nicht ganz sicher zu sein hinsichtlich der Exaktheit dieses Nachtrags: »Die Überlegung ist lustig und bestechend; aber ob der Herrgott nicht darüber lacht und mich an der Nase herumgeführt hat, das kann ich nicht wissen.« Doch den Text selbst begann er durchaus selbstbewußt : »Die Ergebnisse einer vor kurzem in dieser Zeitschrift von mir veröffentlichten elektrodynamischen Untersuchung führen zu einer sehr interessanten Schlußfolgerung, die hier abgeleitet werden soll.« Und dann, im fünftletzten Absatz dieses Nachtrags, schrieb er sie nieder.

$E = mc^2$ hatte das Licht der Welt erblickt.

Teil 2

Die »Ahnen« von $E = mc^2$

2

E steht für »Energie«

Der Begriff *Energie* ist in seiner heutigen Bedeutung erst seit der Mitte des 19. Jahrhunderts gebräuchlich und damit noch erstaunlich neu. Natürlich hatten die Menschen auch vorher schon erkannt, daß in der Natur gewisse Kräfte am Werk sind – zum Beispiel das Knistern von Reibungselektrizität oder die die Segel aufblähende Macht des Windes. Nur konnte man sich nicht vorstellen, daß diese Phänonome miteinander in Zusammenhang stehen, denn es gab noch keinen alles umfassenden Begriff »Energie«, unter den sie sich hätten subsumieren lassen.

Einer der Männer, die wesentlich zu einer Änderung jener Sichtweise beitrugen, war Michael Faraday, ein tüchtiger Buchbinderlehrling, der sein Leben jedoch keineswegs mit dem Binden von Büchern zu verbringen gedachte. Die Buchbinderlehre, die ihn vor der anfangs des 19. Jahrhunderts in London weit verbreiteten Armut bewahrte, hatte allerdings einen unschätzbaren Vorteil: »Es gab dort sehr viele Bücher«, erzählte er später einem Freund, »und ich las darin«. Freilich war das, wie er schnell erkannte, nur ein sehr oberflächliches Lesen, vermochte er doch meist nur einen flüchtigen Blick auf die Seiten zu werfen, bevor sie gebunden wurden. Mitunter aber ergab es sich, daß er abends beim Schein der Kerzen oder Lampen ganze Bogen mit acht oder sechzehn Seiten lesen konnte.

Faraday wäre wohl Buchbinder geblieben, hätte es damals nicht doch gewisse, wenn auch geringe Aufstiegsmöglichkeiten für einen Handwerker gegeben. Als er zwanzig war, wurden ihm von einem Kunden Eintrittskarten für eine Vortragsreihe an der *Royal Society* angeboten. Humphry Davy sprach dort über Elektrizität und über die verborgenen, unter der Oberfläche des uns sichtbaren Universums herrschenden Kräfte. Faraday besuchte die Vorträge und erkannte, daß das Leben, auf das er hier einen kurzen Blick hatte werfen dürfen, besser sein würde als das in der Buchbinderei. Aber wie sollte er sich in diese Kreise Zugang verschaffen? Er hatte schließlich nicht in Oxford oder Cambridge studiert, ja nicht einmal eine höhere Schule besucht. Von seinem Vater, einem Schmied, konnte er keine finanzielle Unterstützung erwarten, und seine Freunde waren genauso arm wie er.

Faraday hatte die Gewohnheit, sich alles zu notieren, was ihm interessant schien, und so machte er sich auch bei Davys Vorträgen Notizen und brachte sie in die Buchbinderei mit. Er schrieb sie sauber ab und fügte einige Zeichnungen von Davys Apparaturen hinzu. Dann überarbeitete er das Manuskript noch einmal – alle seine Entwürfe werden heute wie Re-

Michael Faraday
Lithographie von J. Cochran eines Gemäldes von H. W. Pickergill, Esq., R.A.
AIP Emilio Segrè Visual Archives

liquien im Archiv der *Royal Society* in London aufbewahrt –, nahm Leder, Ahle und Gravurnadel zur Hand und band es zu einem großartigen Buch, das er Sir Humphry Davy überbringen ließ.

In seinem Antwortschreiben bekundete Davy den Wunsch, Faraday kennenzulernen. Er fand Gefallen an ihm, warb ihn nach einigem Hin und Her dem Buchbinder ab und stellte ihn als Laborassistenten ein.

Mochten auch Faradays bisherige Kollegen beeindruckt gewesen sein, so war doch seine neue Stellung keineswegs das, was er sich erhofft hatte. Zuweilen gab sich Davy als warmherziger Mentor, aber dann wieder, so schrieb Faraday an seine Freunde, wirkte er finster und verschlossen und stieß ihn vor den Kopf. Das empfand Faraday als besonders frustrierend, hatte er sich doch vor allem durch Davys freundliche Worte zur Wissenschaft hingezogen gefühlt. Wenn nur einer die Fähigkeit besitze zu erkennen, was bisher verborgen gewesen ist, so hatte Davy einmal geäußert, dann könnten alle unsere Erfahrungsdaten miteinander verbunden werden.

Es dauerte mehrere Jahre, bis Davy schließlich zu einer gewissen Gelassenheit fand; und sie endete auch schon wieder, als Faraday gebeten wurde, eine außerordentliche Entdeckung aus Dänemark zu erklären. Bis dahin war man sich darin einig, daß es zwischen Elektrizität und Magnetismus keinerlei Zusammenhang gibt. Elektrizität war das zischende, knisternde Etwas, das aus den Batterien kam. Ganz anders der Magnetismus: Er galt als eine unsichtbare Kraft, die die Kompaßnadel in eine bestimmte Richtung drehte oder Eisenstückchen zu einem Magneten hin zog. Der Magnetismus, das war die einhellige Meinung, hatte nichts mit Batterien und elektrischen Schaltungen zu tun. Und doch hatte jetzt ein Dozent in Kopenhagen etwas ganz Erstaunliches festgestellt: Eine Kompaßnadel, die sich oberhalb eines Drahtes befindet, dreht sich

Humphry Davy
(um 1825)

ein wenig zur Seite, wenn man den elektrischen Strom im Draht einschaltet.

Das konnte sich niemand erklären. Wie war es möglich, daß ein elektrisch geladener Metalldraht eine Kompaßnadel bewegte? Als Faraday, der inzwischen auf die Dreißig zuging, den Auftrag erhielt, dies zu ergründen, wurden seine Briefe auf einmal fröhlicher.

Damals machte Faraday einer jungen Dame den Hof. »Sie kennen mich ebenso gut oder besser, als ich mich kenne«, schrieb er. »Sie kennen auch meine früheren Vorurteile und meine gegenwärtigen Gedanken. Sie kennen meine Schwächen, meine Eitelkeit, mein ganzes Gemüt.« Das Mädchen gab der Werbung nach: Mitte 1821, als Faraday neunundzwanzig war, heirateten die beiden. Er schloß sich einer Glaubensgemeinschaft an, der seine Familie schon seit Jahren angehörte.

Es waren sanftmütige, schriftgläubige Leute, die sich Sandemanier nannten, nach Robert Sandeman, der die Sekte in England verbreitet hatte. Vor allem aber bot sich Faraday nun die Möglichkeit, Sir Humphry zu imponieren und ihm das anfängliche Vertrauen zu entgelten, das er mit der Einstellung eines recht ungebildeten jungen Buchbinders bewiesen hatte – und vielleicht schließlich auch die Schranken zu überwinden, die Davy unerklärlicherweise zwischen ihnen errichtet hatte.

Faradays Mangel an akademischer Bildung erwies sich seltsamerweise als großer Vorteil. So etwas geschieht nicht oft, denn sobald auf einem wissenschaftlichen Gebiet ein anspruchsvolleres Niveau erreicht ist, vermag kein Außenstehender mehr darin Fuß zu fassen. Die Türen sind ihm verschlossen, die Abhandlungen für ihn ein Buch mit sieben Siegeln. Aber damals, als man daranging, das Wesen der Energie zu erforschen, war das noch anders. Die meisten Studenten hatten gelernt, daß sich jede komplizierte Bewegung in viele geradlinig verlaufende kurze, sozusagen ruckartige Bewegungen zerlegen läßt. Daher suchten sie mit größter Selbstverständlichkeit nach einer geraden Verbindung zwischen der magnetisch ausgerichteten Kompaßnadel und dem elektrischen Strom. Leider jedoch war mit einem solchen Ansatz nicht zu erklären, wie die Kraft der Elektrizität durch den Raum wirken kann, um magnetische Effekte zu beeinflussen.

Faraday war dagegen völlig unvoreingenommen, so daß er in der Bibel nach Inspiration suchen konnte. Die Sandemanier, denen er ja jetzt angehörte, glaubten nämlich an ein anderes geometrisches Muster, den Kreis. Die Menschen sind heilig, so sagten sie, und wir alle sind aufgrund unserer heiligen Natur einander verpflichtet. Ich helfe dir, du hilfst einem anderen, und dieser wiederum wird anderen helfen – und so weiter, bis der Kreis sich schließt. Dieser Kreis war also nicht

nur eine abstrakte Idee. Seit Jahren schon hatte Faraday einen
Großteil seiner freien Zeit bei den Sandemaniern verbracht,
die diese Lehre vom Kreis predigten, und sich wohltätigen
Zwecken gewidmet, um die Lehre mit Leben zu füllen.

Faraday begann seine Untersuchungen über die Verknüpfung zwischen Elektrizität und Magnetismus im Spätsommer
1821. Das war fünfundzwanzig Jahre, bevor Alexander Graham
Bell, der als Erfinder des Telefons gilt, und knapp sechzig Jahre,
bevor Albert Einstein geboren wurde. Faraday befestigte einen
Stabmagneten so, daß er hochkant stand. Inspiriert von seinen
religiösen Überzeugungen, stellte er sich einen Wirbel von unsichtbaren, *kreisförmigen* Linien um den Magneten vor. Wenn er
damit recht hätte, dann könnte ein von einer beweglichen Auf-
hängung lose herabhängender stromdurchflossener Draht davon angezogen und in jene mystischen Kreisbewegungen gezwungen werden, fast wie ein kleines Boot, das in einen Stru-
del gerät. Faraday schloß nun eine Batterie an einen Draht an,
dessen unteres Ende in einem Quecksilberbad steckte. Und
schon machte er die Entdeckung des Jahrhunderts.

Später – als sie längst bekanntgegeben und Faraday bereits
Mitglied der *Royal Society* war – soll ihn der Finanzminister
gefragt haben, wozu seine Erfindungen gut seien. Faraday ant-
wortete: »Nun, Sir, irgendwann können Sie oder Ihre Nachfolger Steuern darauf erheben.«

Was Faraday in seinem Kellerlabor entdeckt hatte, war das
Prinzip des Elektromotors. Ein einzelner herabhängender
Draht, der unentwegt herumwirbelt, sieht eigentlich nach
nichts aus. Aber Faraday hatte nur einen kleinen Magneten
und ließ nur einen schwachen Strom fließen. Verstärkt man
den Strom, so wird der herumwirbelnde Draht weiterhin den
Kreisbahnen folgen, die er in die scheinbar leere Luft schnei-
det. Schließlich könnte man an einem ähnlichen Draht
schwere Gegenstände befestigen, und auch diese würden her-

umgeschleudert – so funktioniert ein Elektromotor. Es ist nebensächlich, ob damit letztlich der kleine Drehteller im Diskettenlaufwerk eines Computers angetrieben wird oder eine große Pumpe, die Unmengen Brennstoff in das Düsentriebwerk eines Flugzeugs fördert.

Faradays Schwager George Barnard erinnerte sich an den Augenblick der Entdeckung: »Auf einmal rief er aus: ›Siehst du, siehst du, siehst du, George?‹, als der Draht sich zu drehen begann. … Niemals werde ich den Enthusiasmus vergessen, der sich in seinem Gesicht und in seinen funkelnden Augen aussprach!«

Faradays Begeisterung war verständlich, denn mit erst neunundzwanzig Jahren hatte er bereits eine bedeutende Entdeckung gemacht. Auf subtile Weise schienen die grundlegenden Vorstellungen seiner Religion bestätigt zu werden. Das Knistern der Elektrizität und das lautlose Kraftfeld eines Magneten – und jetzt sogar die raschen Umdrehungen eines Kupferdrahtes – hingen miteinander zusammen. Wenn die Elektrizitätsmenge anstieg, nahm der verfügbare Magnetismus ab. Es handelte sich also offenbar nicht um unabhängige Effekte, sondern um Teile einer einzigen, einheitlichen Kraft. Faradays unsichtbare wirbelnde Linien waren der Tunnel – das Leitungsrohr –, durch den sich Magnetismus in Elektrizität ergießen konnte und umgekehrt. Noch hatte man keine umfassende Vorstellung von »Energie«, aber Faradays Entdeckung, daß jene unterschiedlichen Kräfte zusammenhingen, kam ihr einen entscheidenden Schritt näher. Dies war der Höhepunkt in Faradays Leben – und dann kam Humphry Davy und beschuldigte ihn, die ganze Idee gestohlen zu haben.

Zunächst ließ er verbreiten, er selbst habe das Thema mit einem anderen – akademisch ausgebildeten – Forscher diskutiert, der daran gearbeitet hatte, und Faraday müsse das belauscht haben. Das war natürlich eine glatte Lüge, und Faraday versuchte zu protestieren. Eingedenk ihrer früheren Freundschaft bat er Davy, ihm den Sachverhalt darlegen zu dürfen, doch Davy ging nicht darauf ein. Von anderer Seite folgten weitere häßliche Andeutungen: Was könne man denn schon von einem ungebildeten Mann aus einfachen Verhältnissen anderes erwarten, von einem so jungen Mann, der versuchte, sich vom Lehrling in bessere Positionen durchzumogeln, und der keinerlei gründliche Ausbildung genossen hatte? Nach einigen Monaten ließ Davy von seinen Angriffen ab, aber er entschuldigte sich nie, sondern ließ die Vorwürfe im Raume stehen.

In Briefen und Tagebucheinträgen schrieb Davy oft, wie wichtig es sei, junge Männer zu ermutigen. Das Problem war nur, daß er selbst sich nicht dazu durchringen konnte. Dabei ging es nicht einfach um einen Generationenkonflikt. Davy war nur dreizehn Jahre älter als Faraday, aber er ließ sich gern als Leuchte der britischen Wissenschaft feiern. Diesem Ruf wurde er indes immer weniger gerecht, verbrachte er doch inzwischen die meiste Zeit mit seiner ehrgeizigen Frau in Londons High-Society, um sich wichtig zu tun. Über die neuesten Forschungsergebnisse war er nicht mehr so recht auf dem laufenden. Wenn er mit Wissenschaftlern auf dem europäischen Kontinent korrespondierte, konnte er allerdings sicher sein, daß sie stolz darauf waren, von einem so prominenten Mitglied der *Royal Society* einen Brief zu erhalten. Doch er vermied es, neue Gedanken oder Ideen vorzubringen.

Das fiel kaum jemandem auf, aber Faraday bemerkte es. Er hatte mehr mit Davy gemein als jeder andere. Beide kamen aus einer Gesellschaftsschicht, die weit unter dem Stand ihrer späteren Kollegen in Londoner Wissenschaftlerkreisen lag. Faraday stellte das nie in Abrede, während Davy alles Erdenkliche tat, um seine Herkunft zu verschleiern, und die bloße Gegenwart seines einstigen Famulus erinnerte ihn ständig an die gemeinsame Herkunft.

Faraday äußerte sich niemals gegen Davy. Nachdem dieser den Plagiatsvorwurf erhoben hatte, hielt er sich in der Forschung jahrelang zurück. Erst nach Davys Tod im Jahre 1829 machte er sich wieder an die Arbeit.

Faraday, bald selbst ein prominentes Mitglied der *Royal Society*, wurde 76 Jahre alt. Sein Aufstieg war typisch für den Übergang von einer ständisch elitären zur professionellen Wissenschaft. Davys Anwürfe gegen ihn waren inzwischen lange vergessen. Faraday gelangen weitere wichtige Entdeckungen, er wurde ein sehr berühmter, viel gefragter Mann. Oft erhielt er Briefe wie diesen:

Sehr geehrter Herr,   28. Mai 1850

kürzlich kam mir der Gedanke, daß es für einen großen Teil der Öffentlichkeit äußerst nützlich wäre, Abdrucke Ihrer neuesten Vorträge auf dem Frühstückstisch zu haben.

Ich wäre außerordentlich erfreut, ... wenn ich sie in meinem neuen Unternehmen veröffentlichen könnte. ...

Mit großem Respekt und hoher Wertschätzung verbleibe ich, sehr geehrter Herr, Ihr treuer Diener

Charles Dickens

Im letzten Jahrzehnt seines Lebens war auch Faraday — wie Davy — nicht mehr in der Lage, die neuesten Ergebnisse zu verfolgen. Aber die Frage des Energiebegriffs hatte sich längst verselbständigt. Alle auf der Welt scheinbar unabhängig voneinander wirkenden Kräfte wurden ganz allmählich, geradezu majestätisch, zu dem Meisterwerk der viktorianischen Ära zusammengefügt: dem riesigen, einheitlichen Gebiet der Energie. Seit Faraday gezeigt hatte, daß sogar Elektrizität und Magnetismus zusammengehören, wuchs unter den Wissenschaftlern die Zuversicht, ähnliches auch für alle anderen Formen von Energie beweisen zu können. Da gab es zum Beispiel die chemische Energie, die beim Explodieren einer Schießpulverladung freigesetzt wurde, oder die Energie der Reibungswärme, die beim Schuheputzen entstand, und auch sie standen miteinander im Zusammenhang. Wenn eine Schießpulverladung hochging, dann war, so wußte man nun, die dabei freigesetzte Energiemenge der Druckwelle und der herumfliegenden Trümmer gleich jener, die zuvor in der ruhenden chemischen Ladung gesteckt hatte.

Es war, als habe sich Gott bei der Erschaffung der Welt gesagt: Ich nehme eine bestimmte Energiemenge X und statte damit mein Universum aus. Ich lasse Sterne wachsen und explodieren und Planeten ihre Umlaufbahnen ziehen, und die Menschen, die ich erschaffe, werden große Städte bauen. Es wird Kriege geben, in denen diese Städte zerstört werden, und dann lasse ich die Überlebenden neue Zivilisationen hervorbringen. Es wird Brände geben, und Pferde und Ochsen, die Karren ziehen, es wird Kohle und Dampfmaschinen und Fabriken geben und sogar gewaltige Lokomotiven. Und dennoch wird in all dieser Zeit die Energiemenge insgesamt stets gleich bleiben, auch wenn sich die Energieformen, die die Menschen wahrnehmen, verändern; auch wenn die Energie bald als Wärme menschlicher oder tierischer Muskeln, bald als Tosen eines Wasserfalls oder als Vulkanausbruch zutage tritt. Die Energiemenge, die ich am Anfang erschuf, wird sich niemals verändern, kein einziges Millionstel davon wird jemals verlorengehen.

So ausgedrückt, klingt es wie reinster Hokuspokus und erinnert nicht nur an Faradays religiöse Vision eines von einer einzigen Kraft durchwalteten Universums, sondern auch an Obi-Wan Kenobis Beschreibung im *Krieg der Sterne*: »Die Urkraft entspricht dem Energiefeld, das von allen Lebewesen erzeugt wird; es hält die Galaxis zusammen.«

Doch es stimmt! Auch wenn Sie ganz behutsam eine Schranktür schließen, nachts in Ihrer stillen Wohnung, enthält die Bewegung der Tür etwas Energie, die zuvor in Ihren Muskeln steckte. Und wenn die Tür endlich einrastet, ist ihre Bewegungsenergie keineswegs verschwunden, sondern äußert sich im dumpfen Geräusch des Zuschnappens und in der Reibungswärme der Scharniere.

Energieumwandlungen finden überall statt. Ein anderes Beispiel: Wir ermitteln die chemische Energie eines Haufens unverbrannter Kohle, entzünden diese in einer Dampflokomotive und messen dann die Energie des tosenden Feuers und die der rasenden Lokomotive. Hier hat die Energie eindeutig ihre Formen verändert, und die einzelnen Systeme, die wir betrachten, unterscheiden sich grundlegend. Aber die Gesamtsumme der Energie ist stets exakt die gleiche.

Faradays Arbeiten trugen zu den größten Erfolgen der Forschung im neunzehnten Jahrhundert bei und bestimmten auch deren weitere Richtung. Jede bei diesen Energieumwandlungen auftretende Größe, die Faraday und andere enthüllt hatten, konnte nun berechnet und gemessen werden. Dabei stellte sich jedesmal heraus, daß die Gesamtmenge der Energie sich tatsächlich nie verändert hatte – also »erhalten blieb«. Dieses Prinzip nannte man bald das Gesetz von der Energieerhaltung.

Alles hing miteinander zusammen, und alles war in sich ausgeglichen. Im letzten Lebensjahrzehnt Faradays schien Darwin bewiesen zu haben, daß man Gott nicht brauchte, um die Erschaffung der auf unserem Planeten lebenden Arten zu erklären. Aber Faradays Vision einer unveränderlichen Gesamtenergie empfanden viele seiner Zeitgenossen als eine einleuchtende Alternative: als Beweis dafür, daß die Hand Gottes unsere Welt wirklich berührt hatte und immer noch mitten unter ihnen wirkte.

Das Gesetz von der Energieerhaltung war Einstein von seinen Physiklehrern am Kantonsgymnasium im nordschweizerischen Aarau gelehrt worden. Hierhin war Einstein im Jahre 1895 – also achtundzwanzig Jahre nach Faradays Tod – gekommen, um das Abitur nachzuholen. Dies war auch der einzige Grund, weshalb er noch einmal die Schulbank drückte, denn nach seinem Verweis von einem deutschen Gymnasium hatte er sich eigentlich geschworen, es damit bewenden zu lassen. Doch er war bei der Aufnahmeprüfung zum Züricher Polytechnikum durchgefallen, der einzigen Hochschule, die auch Schulabbrecher aufnahm. Ein freundlicher Dozent hielt Einstein jedoch für ein vielversprechendes Talent. Daher wies ihn der Rektor des Polytechnikums nicht rundheraus ab, sondern empfahl ihm den Besuch dieser stillen Schule, deren eher zwanglose Methoden ganz auf die Bedürfnisse der Schüler zugeschnitten waren.

Schließlich bestand Einstein – nach seiner ersten süßen Romanze, ausgerechnet mit der achtzehnjährigen Tochter seines Schuldirektors in Aarau – die Aufnahmeprüfung am Polytechnikum. Und hier lehrten die Physikdozenten noch immer das viktorianische Evangelium von einer großen, alles umfassenden Energie-Kraft. Aber Einstein beschlich der Verdacht, daß seine Dozenten gar nicht verstanden hatten, worum es dabei ging. Für sie waren die Energie und das Gesetz ihrer Erhaltung reiner Formalismus, ein Satz von Regeln, kein lebendiges Thema, wie es einst Faraday und andere inspiriert hatte. In Westeuropa machte sich damals eine ungeheure Selbstgefälligkeit breit. Die europäische Armeen galten als die mächtigsten in der Welt; europäische Ideen waren denen aller anderer Kulturen »natürlich überlegen«. Wenn die bedeutendsten Denker Europas zu dem Schluß gekommen waren, daß der Satz von der Erhaltung der Energie richtig war, dann gab es keinen Grund, dies in Frage zu stellen.

Einstein ging über manches leicht hinweg, aber Selbstgefälligkeit ertrug er nicht. Häufig schwänzte er den Unterricht,
denn Lehrer mit einer solchen Einstellung konnten ihm nichts
beibringen. Das, was sie lehrten, erschien ihm oberflächlich
und engstirnig, aber er wollte den Dingen auf den Grund gehen. Faraday und seine Zeitgenossen hatten eine Vorstellung
von Energie entwickelt, die, wie sie glaubten, jede Art von
Kraft umfaßte. Aber sie hatten sich geirrt.

Es dauerte noch eine Weile, bis Einstein zu dieser Einsicht
gelangte, doch er war auf dem richtigen Weg. Zürich, wo er
schließlich studierte, hatte viele Kaffeehäuser, in denen er
ganze Nachmittage verbrachte, Eiskaffee schlürfte, Zeitung las
oder mit seinen Freunden die Zeit totschlug. Doch in stilleren
Momenten dachte er über Physik, Energie und andere Themen nach, und es dämmerte ihm allmählich, was an den Sichtweisen falsch war, die er zu lernen hatte. Alle Energiearten, die
die »Viktorianer« erkannt und deren Zusammenhänge sie geklärt hatten – die von Chemikalien wie auch die des Feuers,
der elektrischen Funken und der Sprengstoffe –, waren nur
ein winziger Teil eines möglicherweise viel größeren Ganzen.
Einsteins Vermutung erwies sich als richtig, denn innerhalb
weniger Jahre sollte er eine Energiequelle ausfindig machen,
neben der alles verblaßte, was selbst die besten und gründlich-
sten Forscher des 19. Jahrhunderts entdeckt hatten.

Einstein fand diese neue, fast unermeßliche Energiequelle
dort verborgen, wo niemand sie jemals vermutet hätte. Die alten Gleichungen sollten ihre Gültigkeit verlieren. Die Energiemenge, die Gott für unser Universum vorgesehen hatte,
sollte keine unveränderliche Größe mehr sein.

3

Gleichheit (=)

Die meisten der heute verwendeten Schriftzeichen sind etwa seit Ende des Mittelalters in Gebrauch. Im vierzehnten Jahrhundert sah ein Absatz aus der Bibel wie ein Telegramm aus:

AM ANFANG SCHUF GOTT HIMMEL UND ERDE UND DIE ERDE WAR WÜST UND LEER UND ES WAR FINSTER AUF DER TIEFE UND DER GEIST GOTTES SCHWEBTE AUF DEM WASSER

Nach und nach wurden die meisten Großbuchstaben durch Kleinbuchstaben ersetzt::

Am Anfang schuf Gott Himmel und Erde und die Erde war wüst und leer und es war finster auf der Tiefe und der Geist Gottes schwebte auf dem Wasser

Danach führte man winzige runde Kreise (die heutigen Punkte) ein, um die notwendigen Atempausen zu markieren:

Am Anfang schuf Gott Himmel und Erde. Und die Erde war wüst und leer und es war finster auf der Tiefe und der Geist Gottes schwebte auf dem Wasser.

Kleine, gebogene Linien (unsere Kommata) markierten später die kleineren Atempausen:

Am Anfang schuf Gott Himmel und Erde. Und die Erde war wüst und leer, und es war finster auf der Tiefe, und der Geist Gottes schwebte auf dem Wasser.

Gegen Ende des fünfzehnten Jahrhunderts, als der Buchdruck aufkam, wurden rasch größere Symbole eingeführt. Die Texte enthielten nun auch Fragezeichen (?) und Ausrufezeichen (!). Damit setzte sich eine Art Standardschreibweise durch, etwa so, wie heute der Windows-Standard, der andere Betriebssysteme verdrängt hat.

Bei den kleineren Satzzeichen dauerte es länger, bis sie sich eingebürgert hatten. Inzwischen sind sie uns so geläufig, daß wir fast immer blinzeln, wenn wir beim Lesen auf den Punkt am Ende eines Satzes treffen. (Beobachten Sie einmal jemanden beim Lesen, und Sie werden es sehen.) Und doch ist dies eine völlig angelernte Reaktion.

Jahrhundertelang bediente sich eine der alten Hochkulturen beim Addieren des Symbols $\wedge$, das eine stilisierte Figur zeigt, die auf den Leser zugeht (und damit ihm »hinzugefügt« wird), und *vice versa* des Symbols $\vee$ bei der Subtraktion. Diese ägyptischen Symbole hätten sich ohne weiteres allgemein durchsetzen können, ähnlich wie später andere aus dem Nahen Osten stammende Zeichen. So sind zum Beispiel die hebräischen Buchstaben א (*aleph*) und ב (*beth*) sowie auch das griechische α (*alpha*) und β (*beta*) und mithin unser Wort *Alphabet* letztlich phönizischen Ursprungs.

Bis zur Mitte des sechzehnten Jahrhunderts hatten die Drucker noch einen gewissen Freiraum, durch einige kleinere Symbole den Druckwerken ihr individuelles Gepräge zu geben. Im Jahre 1543 versuchte der englische Mathematiker und Lehrbuchautor Robert Recorde, in England ein neues Zeichen einzuführen, das sich auf dem Kontinent bereits einer gewissen Beliebtheit erfreute. Doch dem Buch, in dem er es anwandte, war kein Erfolg beschieden, und so startete er Jahre später einen weiteren Versuch, diesmal mit einem Zeichen, das vermutlich aus alten philosophischen Texten stammte und – wie er meinte – gewiß Anklang finden würde. Er pries es auch gebührend an und erklärte: »... um die lästige Wiederholung der Wörter ›ist gleich‹ zu vermeiden, setze ich ... zwei gleichlange parallele Linien, etwa so: ===========, denn zwei Dinge können nicht gleicher sein...«

Es sieht nicht so aus, als habe Recorde von seiner Neuerung profitiert, denn das Zeichen = stand nach wie vor im Wettstreit mit dem ebenso plausiblen Zeichen // und selbst mit dem seltsam anmutenden Zeichen [; , das die damals einflußreichen deutschen Drucker durchzusetzen versuchten.

$$e \parallel mc^2$$
$$e \longrightarrow mc^2$$
$$e .\text{æqus.} mc^2$$
$$e][mc^2$$

Auch mein Favorit ist dabei:

$$e =============mc^2$$

Erst zu Shakespeares Zeiten, also etwa eine Generation später, sollte schließlich das von Recorde vorgeschlagene Symbol = den Sieg davontragen. Pedanten und Schulmeister haben sich seither gern des Gleichheitszeichens bedient, um bereits Bekanntes zusammenzufassen, aber einige Denker hatten eine bessere Idee. Wenn ich sage, daß 15 + 20 = 35 ist, so ist das nicht sehr interessant. Aber stellen Sie sich vor, ich sage:

(gehen Sie 15 Grad nach Westen)

+

(gehen Sie 20 Grad nach Süden)

=

(dann kommen Sie in die Zone günstiger Winde, die Ihr Schiff in 35 Tagen über den Atlantik jagen können, einem neuen Kontinent entgegen).

In diesem Fall teile ich Ihnen etwas Neues mit. Eine ordentliche Gleichung ist nämlich nicht einfach nur eine Rechenformel und auch nicht nur eine Waage, die die Gleichheit zweier Objekte bestätigt, deren Identität man zuvor schon vermutet hat. Vielmehr begannen die Wissenschaftler nun, das Gleichheitszeichen (=) als eine Art Teleskop für neue Ideen zu nutzen, als Hilfsmittel, um auf neue, ungeahnte Gebiete aufmerksam zu machen.

Und in diesem Sinne verwendete auch Einstein das Zeichen = in seiner 1905 aufgestellten Gleichung. Die Viktorianer hatten geglaubt, alle Energiequellen entdeckt zu haben, die es gab: chemische Energie, Wärmeenergie, magnetische Energie usw. Aber 1905 war Einstein so weit, daß er sagen konnte: Nein, es gibt noch einen Ort, an dem ihr viel mehr Energie finden könnt. Seine Gleichung war wie ein Teleskop, das den Weg dorthin erkennen ließ, aber dieser verborgene Ort lag nicht irgendwo fernab oder gar draußen im Kosmos. Er war *hier*, direkt vor den Augen seiner Professoren, und zwar die ganze Zeit schon.

Kurzum, er fand diese gewaltige Energiequelle ausgerechnet dort, wo niemand sie vermutet hatte: nämlich in der Materie selbst.

4

m steht für »Masse«

Lange Zeit erging es dem Begriff »Masse« wie dem Begriff »Energie« vor den Arbeiten Faradays und anderer Forscher im neunzehnten Jahrhundert: Es gab eine Vielzahl verschiedener Substanzen – Eis und Fels und verrostetes Metall –, aber wie sie miteinander zusammenhingen und ob überhaupt, war völlig unklar.

Was die Vermutung der Forscher stützte, es müsse Verknüpfungen geben, war eine Erkenntnis Newtons. Er hatte im siebzehnten Jahrhundert dargelegt, daß die Bewegungen aller Planeten, Monde und Kometen so beschrieben werden können, als vollzögen sie sich mit großer Regelmäßigkeit in einer riesigen, von Gott erschaffenen Maschine. Das Problem war nur, daß diese majestätische Vorstellung sich drastisch vom Verhalten der ganz gewöhnlichen Gegenstände hier unten auf der Erde unterschied.

Um herauszufinden, ob Newtons Theorie auch auf unseren Planeten zutrifft – ob also zwischen den verschiedenartigen Substanzen und Gegenständen um uns herum wirklich ein Zusammenhang besteht –, mußte jemand äußerst pedantisch und penibel zu Werke gehen: jemand, der sich die Zeit nähme, selbst winzigste Veränderungen von Gewicht oder Größe der Substanzen oder Körper zu messen. Dieser Jemand hatte zudem auch noch romantisch genug zu sein, um sich von Newtons großartiger Vision inspirieren zu lassen, denn warum sollte er sich sonst die Mühe machen, nach Zusammenhängen zu suchen, die bisher nur vage vermutet wurden?

Diese merkwürdige Mischung – ein Buchhalter mit einer Seele, die in höheren Regionen schwebt – verkörperte Antoine Laurent de Lavoisier *par excellence*. Er war der erste, der beweisen sollte, daß all die scheinbar so verschiedenartigen Holz-, Stein- und Eisenstücke in Wirklichkeit Teile eines Ganzen sind.

Seine romantische Ader hatte Lavoisier bereits 1771 unter Beweis gestellt, als er die unschuldige dreizehnjährige Tochter seines Vorgesetzten und Freundes Jacques Paulze vor der ihr aufgezwungenen Ehe mit einem ungehobelten – allerdings steinreichen – Finsterling rettete, indem er sie kurzerhand selbst heiratete. Trotz des Altersunterschieds zwischen den beiden Jungvermählten sollte es eine gute Ehe werden, obwohl sich der gutaussehende achtundzwanzigjährige Lavoisier schon bald wieder in die Arbeit stürzte. Diese bestand in der zeitraubenden, ungeheuer langweiligen Buchhaltung für die *Ferme Générale*, der Paulze vorstand.

Die *Ferme Générale* verfügte praktisch über das Monopol, Steuern für die Regierung Ludwigs XVI. einzuziehen. Alles, was die Steuerpächter über die an den Staat abzuführenden Steuern hinaus einnahmen, konnten sie für sich behalten. Dieses außerordentlich lukrative, wenn auch recht anrüchige Geschäft hatte seit Jahren ältere Männer angezogen, die zwar reich genug waren, um sich einzukaufen, jedoch von Buchführung oder Verwaltung so gut wie nichts verstanden. Seinerzeit oblag es Lavoisier, diese enorme Einnahmequelle am Sprudeln zu halten.

Das tat er denn auch in den nächsten zwanzig Jahren durchschnittlich sechs Tage in der Woche. Nur in der Freizeit – eine oder zwei Stunden am Morgen, und dann wöchentlich einen ganzen Tag – konzentrierte er sich auf seine Wissenschaft. Diesen einen Tag nannte er seinen »jour de bonheur«, seinen »Tag des Glücks«.

Worin dieses »Glück« bestand, ist vielleicht nicht jedermann einsichtig, ähnelte doch die Auswertung der Experimente nicht selten Lavoisiers gewohnter Buchführung, nur daß sie noch aufwendiger und zeitraubender war. Aber dann kam der Augenblick, als Antoine mit dem für Jungverliebte typischen Überschwang seine Braut fragte, ob sie ihm bei einem wirklich bedeutsamen Experiment behilflich sein könne. Er wollte beobachten, wie ein Metallstück langsam verbrennt oder vielleicht auch einfach nur verrostet, und dann herausfinden, ob es danach mehr oder weniger wiegt als zuvor.

(Bevor Sie weiterlesen, sollten Sie raten: Läßt man ein Stück Metall – beispielsweise einen alten Kotflügel oder den Unterboden eines Autos – rosten, so wiegt es danach

a) weniger als zuvor,

b) ebenso viel wie zuvor,

c) mehr als zuvor.

Merken Sie sich Ihre Antwort.)

Selbst heute noch meinen wahrscheinlich die meisten, es wiege hinterher weniger. Doch Lavoisier, stets der kühle Buchhalter, gab nichts auf Vermutungen. Er baute eine luftdicht verschließbare Apparatur und stellte sie in einem eigens dafür hergerichteten Zimmer seines Hauses auf. Seine junge Frau ging ihm dabei zur Hand; im technischen Zeichnen war sie ihm voraus und im Englischen haushoch überlegen. (Daher konnten sie sich später über die wissenschaftlichen Fortschritte ihrer Konkurrenten in England auf dem laufenden halten.)

Nacheinander brachten die Lavoisiers verschiedene Substanzen in ihre Apparatur ein und versiegelten diese jeweils luftdicht; dann erhitzten sie den Behälter oder setzen sogar eine wirkliche Verbrennung in Gang, um das Rosten zu beschleunigen. Sobald alles wieder abgekühlt war, entnahmen sie das rostige, verbrannte oder anderweitig zersetzte Metallstück und wogen es erneut. Ebenso genau ermittelten sie, wieviel Luft in die Apparatur hineingeströmt oder aus ihr entwichen war.

Jedesmal erzielten sie das gleiche Ergebnis: Ein Metallstück wiegt nach dem Rosten nicht weniger als zuvor. Es wiegt auch nicht ebenso viel wie zuvor, sondern *mehr*.

Das hatten sie nicht erwartet. Die Gewichtszunahme rührte nicht etwa von Staub oder Metallteilchen in der Waagschale her – die beiden hatten sehr sorgfältig gearbeitet –, sondern war vielmehr darauf zurückzuführen, daß die Luft, die wir ja auch einatmen, verschiedene Bestandteile enthält. Einige dieser Gase mußten sich also an dem Metallstück angelagert haben. So kam das Mehrgewicht zustande, das Lavoisier ermittelte.

Was aber war nun wirklich geschehen? Über dem Metallstück hatte sich Luft befunden, und der Sauerstoff in ihr war jetzt nicht mehr darin. *Aber er war nicht einfach verschwunden*, sondern hatte sich mit dem Metall verbunden, und das Gesamtgewicht der vorhandenen Luft hatte sich entsprechend verringert. Im selben Maße war das Metallstück schwerer geworden.

Mit Hilfe seiner Präzisionswaage hatte Lavoisier also demonstriert, daß Materie sich zwar von einer Form in eine andere verwandeln, daß sie aber weder aus dem Nichts entstehen noch ins Nichts verschwinden kann. Das war eine der grundlegenden Entdeckungen des achtzehnten Jahrhunderts, in ihrer Bedeutung vergleichbar mit Faradays Erkenntnissen über die Energie, zu denen er ein halbes Jahrhundert später im Keller der *Royal Society* gelangen sollte. Auch hier schien es so, als habe Gott sich beim Erschaffen des Kosmos gesagt: Ich werde eine bestimmte Menge an Materie hineingeben, werde Sterne wachsen und explodieren lassen, werde Gebirge sich auftürmen, gegeneinander prallen und sie durch Wind und Wetter langsam abtragen lassen; ich werde Metalle rosten und zerfallen lassen. Doch bei alledem wird sich die Gesamtmenge der Materie in meinem Kosmos niemals auch nur um das Millionstel eines Gramms verändern. Könnte man eine ganze Stadt wiegen und würde sie dann nach einer Belagerung in Trümmer fallen und angezündet werden, so daß alle ihre Häuser bis auf die Grundmauern niederbrennen, und könnte man dann all den Rauch und all die Asche, die zerborstenen Stadtmauern und Steine der Häuser sammeln und abermals wiegen – dann hätte sich nichts an dem ursprünglichen Gewicht geändert. Nichts wäre verloren gegangen, nicht einmal das Gewicht des kleinsten Staubkörnchens.

Die Feststellung, daß allen Gegenständen der sichtbaren Welt eine Eigenschaft gemeinsam ist, die man »Masse« nennt und die darüber bestimmt, wie sie sich bewegen, klingt eindrucksvoll, vor allem weil Newton sie bereits im ausgehenden siebzehnten Jahrhundert gemacht hatte. Aber wie würde sich im einzelnen zeigen lassen, auf welche Weise sich die Bestandteile der Gegenstände oder Substanzen vereinigen oder voneinander trennen können? Das war der Schritt über Newton hinaus, den Lavoisier nun getan hatte.

Wann immer französische Wissenschaftler derart bedeutende und grundlegende Entdeckungen machen, geraten sie in den Bannkreis der jeweiligen Regierung. Dies widerfuhr auch Lavoisier. Ließe sich jener Sauerstoff, an dessen Entdeckung er beteiligt war, möglicherweise zur Entwicklung leistungsfähigerer Hochöfen nutzen? Lavoisier wurde Mitglied der *Académie des Sciences* und erhielt nun auch Geldmittel, um diese Frage zu klären. Könnte der Wasserstoff, den er in geringen Mengen aus der Luft gewann, vielleicht in Heißluftballons eingesetzt werden, die in der Lage wären, England von der Luft aus zu bedrohen? Auch dieses Interesse der Kriegsstrategen brachte Lavoisier finanzielle Zuwendungen von seiten der Regierung ein.

Zu jeder anderen Epoche hätte all das den Lavoisiers ein sorgenfreies Leben garantiert. Doch die Gelder und Ehrungen kamen vom König, von Ludwig XVI. – und der sollte bald hingerichtet werden, zusammen mit seiner Frau und vielen seiner Minister und Günstlinge.

Lavoisier hätte womöglich der Guillotine entgehen können, denn die Revolution wütete nur einige Monate lang als todbringende Furie, und viele von Ludwigs treuesten Anhängern überlebten diese Zeit in aller Stille. Aber Lavoisier konnte seinen Hang zu exakten Messungen nie ablegen. Diese Manie war Teil seiner Persönlichkeit als Buchhalter, aber auch die Voraussetzung für seine wissenschaftlichen Entdeckungen gewesen. Nun sollte sie ihn umbringen.

Sein erster Fehler erschien zunächst recht harmlos. Sehr oft wandten sich Außenstehende mit lästigen Eingaben an Mitglieder der *Académie des Sciences*, und etliche Jahre vor Ausbruch der Revolution hatte einer, ein Schweizer Arzt, darauf bestanden, mit Lavoisier in Kontakt zu treten, da nur er, der berühmte Forscher, erfahren und gebildet genug sei, seine Erfindung zu beurteilen. Das Gerät, das sich hinter dieser Erfindung verbarg, war im Grunde ein Vorläufer der Infrarotdetektoren. Mit seiner Hilfe ließen sich die schillernden Wärmewellen darstellen, die von einer Kerzenflamme, einer Kanonenkugel oder sogar von Benjamin Franklins kahlem Kopf ausgingen – so geschehen bei einer Gelegenheit, auf die der Erfinder besonders stolz war, hatte er doch den amerikanischen Gesandten in Frankrich dazu bewegen können, sein Labor aufzusuchen. Aber Lavoisier und die Akademie wimmelten ihn ab. Nach dem, was Lavoisier gehört hatte, konnten die Wärmemuster, nach denen der Arzt suchte, nicht exakt gemessen werden; daher war die Arbeit für Lavoisier indiskutabel. Doch der hoffnungsvolle Schweizer – Dr. Jean Paul Marat – sollte die brüske Zurückweisung nie vergessen.

Lavoisiers nächster Fehler hatte noch mehr mit seinem Hang zu präzisen Messungen zu tun. Ludwig XVI. gewährte den Amerikanern für ihren Unabhängigkeitskrieg gegen die Briten finanzielle Unterstützung; eine Allianz, bei deren Zustandekommen Benjamin Franklin eine entscheidende Rolle gespielt hatte. Es gab jedoch damals noch keine Börse mit einem Rentenmarkt, so daß sich der König an die *Ferme Générale* wenden mußte, um an das nötige Geld zu kommen. Aber die Steuern waren bereits ziemlich hoch – wie also konnten zusätzliche Einnahmen beschafft werden?

Zu allen Zeiten, in denen Frankreich unter einer unfähigen Verwaltung litt, fanden sich fast immer einige Technokraten, die nach dem Grundsatz verfuhren, wenn schon der Machthaber keine Steuern eintreiben konnte, dann müßten sie selbst sich der Sache annehmen. Lavoisier hatte nun eine Idee. Erinnern wir uns an die Waagen und Meßgeräte, mit denen er zusammen mit seiner Frau Anne-Marie in seinem Experimentierzimmer die Vorgänge in den Apparaturen beobachtete und feststellte, was hinein- oder herausströmte. Warum nicht diese Erfahrung ausdehnen, immer weiter ausdehen, schließlich auf ganz Paris? Wenn man alle Waren ermitteln könnte, die in die Stadt kommen und aus ihr hinausbefördert werden, so sagte er sich, dann könnte man sie doch alle besteuern.

Im Mittelalter war Paris von einer Stadtmauer umgeben gewesen, doch diese befand sich inzwischen in einem höchst baufälligen Zustand. Die Schlagbäume und Zollhäuschen zerfielen, und große Teile der Mauer waren so brüchig, daß die Schmuggler nach Herzenslust ein- und ausgehen konnten.

Lavoisier ließ nun eine zweite, wuchtige Mauer errichten, vor der jedermann angehalten werden konnte, um Zölle zu zahlen. Die Baukosten beliefen sich – nach heutiger Währung – auf die enorme Summe von mehreren hundert Millionen Mark; sie war gewissermaßen die Berliner Mauer jener Zeit, fast zwei Meter hoch, und bestand aus schwerem Mauerwerk, in das Dutzende von Zolltoren eingelassen waren, die scharf bewacht wurden.

Die Pariser haßten die Mauer, und als die Revolution ausbrach, war sie das erste große Bauwerk, das sie attackierten, bereits zwei Tage vor dem Sturm auf die Bastille. Mit Feuer und Äxten, ja sogar mit bloßen Händen gingen die Aufständischen auf sie los, bis fast nichts mehr von ihr übrig war. Der Schuldige war dem Volk bekannt, wie in einem antimonarchistischen Flugblatt erklärt wurde: »Es besteht Einigkeit darüber, daß Monsieur Lavoisier von der *Académie des Sciences* der ›wohltätige Patriot‹ ist, dem wir … die Idee zu verdanken haben, die französische Hauptstadt einzumauern.«

Doch selbst das hätte er möglicherweise überstanden. Die Wut des Mobs ist meist kurzlebig, und Lavoisier beeilte sich zu zeigen, daß er auf seiten des Volkes stand. Er selbst leitete die Schießpulverfabriken, die die Revolutionsarmee belieferten, und er veranlaßte die *Académie des Sciences,* sich fortschrittlich und reformfreudig zu präsentieren, indem sie etwa die kostbaren Gobelins aus ihren Amtsräumen im Louvre verbannte. Und seinen Bemühungen schien sogar Erfolg beschieden zu sein – bis jene nachtragende Person aus seiner Vergangenheit wieder auf den Plan trat.

Jean Paul Marat führte 1793 eine sehr einflußreiche Splittergruppe in der Nationalversammlung an. Nachdem seine Erfindung von Lavoisier abgelehnt worden war, hatte er Jahre der Armut durchlitten; aufgrund einer unbehandelten Krankheit war seine Haut welk, sein Kinn unrasiert, sein Haar ungepflegt. Lavoisier hingegen sah mit seiner glatten Haut und seinem stattlichen Körperbau immer noch fabelhaft aus.

Marat tötete ihn jedoch nicht sofort. Vielmehr sorgte er dafür, daß die Bürger von Paris ständig an die Mauer erinnert wurden, jenes einst greifbare Symbol alles dessen, was Marat an der selbstgefälligen, überheblichen Akademie so haßte. Er war ein hervorragender Redner – neben Danton und, in neuerer Zeit, Pierre Mendes-France, wohl einer der besten, die Frankreich je hervorgebracht hat. (»Ich bin der Zorn, der gerechte Zorn des Volkes, und deshalb hört es mir zu und glaubt an mich.«) Von seiner inneren Anspannung zeugte nur das leicht nervöse Tippen eines Fußes, was den Zuhörern freilich kaum auffiel, die ihn in selbstsicherer Pose, die rechte Hand auf die Hüfte gestützt, den linken Arm lässig übers Pult gestreckt, vor sich stehen sahen. Als Marat Lavoisier öffentlich brandmarkte, verkörperte er eben jenes Prinzip, das dieser demonstriert hatte: Denn gleicht sich nicht letztlich alles aus? Wenn man an einer Stelle etwas zu zerstören scheint, ist es nicht wirklich zerstört, sondern taucht anderswo wieder auf.

In November 1793 erfuhr Lavoisier von seiner bevorstehenden Verhaftung. Er versuchte, sich in den verlassenen Teilen des Louvre zu verstecken, und streifte durch die leeren Akademieräume. Doch nach vier Tagen gab er auf und begab sich – zusammen mit seinem Schwiegervater – zum Gefängnis Port Libre.

Wenn er aus dem Fenster seines Kerkers blickte (»unsere Anschrift ist: erster Stock, Nummer 23, letztes Zimmer«), erhob sich vor seinen Augen die große klassizistische Kuppel des Observatoriums, jenes mehr als hundert Jahre alten Wahrzeichens, das jetzt auf Anordnung der Revolutionäre geschlossen worden war. Und nachts, wenn auf Befehl der Wachen die Kerzen in Port Libre erloschen, waren immerhin die Sterne über der Kuppel zu sehen.

Lavoisier wurde noch in andere Gefängnisse gebracht, ehe er am 8. Mai 1794 vor das Volkstribunal kam. Einige Häftlinge versuchten, das Wort zu ergreifen, aber die Richter machten sich nur lustig über sie. Marats Büste blickte von einer Konsole auf die Angeklagten herab. An jenem Nachmittag wurden achtundzwanzig Mitglieder der *Ferme Générale* zu dem Platz gebracht, der heute den Namen Place de la Concorde trägt. Man hatte ihnen die Hände hinter dem Rücken zusammengebunden, ehe sie die steile Leiter zum Gerät des Doktor Guillotin hinaufstiegen. Die meisten wirkten gefaßt, doch einer der älteren Männer wurde in einem mitleiderregenden Zustand auf das Schafott geführt. Paulze kam als dritter, Lavoisier als vierter an der Reihe. Nach jeder Enthauptung dauerte es etwa eine Minute, bis man den gerade geköpften Leichnam beiseite geschafft hatte.

Mit Lavoisiers Arbeiten war das Prinzip von der Erhaltung der »Masse« auf bestem Wege, anerkannt zu werden. Lavoisier hatte ganz entscheidend zu der Erkenntnis beigetragen, daß uns ein gewaltiges, strukturiertes Gefüge physikalischer Objekte und Effekte umgibt. Die Gegenstände und Substanzen, die unser Universum füllen, lassen sich zwar verbrennen, komprimieren, zerfetzen oder in Stücke schlagen, doch verloren gehen sie nicht. Die verschiedenartigen Stoffe um uns herum können sich voneinander trennen oder sich vereinigen. Doch die Gesamtmasse bleibt stets dieselbe. Das entsprach exakt dem Prinzip, das Faraday Jahrzehnte später entdeckte. Mit Lavoisiers Methode des genauen Wiegens und der chemischen Analyse konnten Forscher nun am konkreten Objekt verfolgen, wie sich die Erhaltung der »Masse« in der Praxis vollzieht, etwa – wir erwähnten es bereits – wenn sich Sauerstoff aus der Luft an ein Stück Metall anlagert, das dabei verrostet. Auch unsere Atmung, so hatte er erkannt, ähnelt diesem Vorgang, denn dabei geht Sauerstoff aus der Atmosphäre in unseren Körper über.

Um die Mitte des neunzehnten Jahrhunderts hatten die Wissenschaftler die Vorstellung akzeptiert, daß sich Energie und Masse zueinander wie zwei einzelne, von riesigen Kuppeln überwölbte Städte verhalten. Die eine bestand aus Feuer, knisternden Drähten an elektrischen Batterien und Blitzen – das war der Bereich der Energie. Die andere bestand aus Bäumen und Steinen, aus Menschen und Planeten – das war der Bereich der Masse.

Jeder der beiden Bereiche bildete eine wundersam in sich ausgeglichene Welt, und in jeder war auf unergründliche Weise sichergestellt, daß ihre Gesamtmenge stets unverändert blieb, obwohl die Formen, in denen sie auftrat, sehr unterschiedlich sein konnten. Wenn man versuchte, innerhalb eines Bereichs etwas zu entfernen, dann würde an seiner Stelle unweigerlich etwas anderes auftauchen.

Es gab jedoch nichts, was die beiden Bereiche miteinander verband, weder Tunnel noch Löcher in den imaginären Kuppeln. Das war der Stand der Theorie, wie sie auch Einstein im ausgehenden neunzehnten Jahrhundert noch gelernt hatte: Energie und Masse sind völlig verschiedene Phänomene, die nichts miteinander zu tun haben.

Später widerlegte Einstein seine Lehrer und Dozenten, aber auf eine Art und Weise, wie man es wohl nicht erwartet hätte. Gemeinhin wird angenommen, daß in den Naturwissenschaften eines auf dem anderen aufbaut: Man bastelte am Telegrafen herum, und schon wurde daraus das Telefon; man entwickelte ein Propellerflugzeug, testete es eingehend und war sodann in der Lage, technisch verbesserte Flugzeuge zu bauen. Aber dieses Prinzip der stetigen Steigerung versagt bei prinzipiellen Problemen. Einstein fand heraus, daß es zwischen den Bereichen Energie und Masse eine Verbindung gibt, jedoch nicht, indem er Experimente durchführte, bei denen er vielleicht hätte feststellen können, daß eine winzige Massenportion nicht ausgeglichen wurde und sich in Energie verwandelt haben könnte. Vielmehr wählte er einen – vermeintlichen – Umweg. Wie es schien, gab er die Überlegungen zu Masse und Energie auf und konzentrierte sich auf etwas, das offenbar überhaupt nichts damit zu tun hatte: Er nahm die Lichtgeschwindigkeit ins Visier.

5

c steht für »*celeritas*«

Die Größe *E* repräsentiert den gewaltigen Bereich der Energie und die Größe *m* die Materie im Universum, und *c* steht für die Lichtgeschwindigkeit, die im Gegensatz dazu nicht »greifbar« ist. Die Wahl dieses Buchstabens ist eine Reminiszenz an das ausgehende Mittelalter, als noch Latein die Sprache der Wissenschaft war: »Geschwindigkeit« heißt im Lateinischen *celeritas*.

In diesem Kapitel werden wir erfahren, wie die Größe *c* zu ihrer enormen Bedeutung in der Gleichung $E = mc^2$ gelangte. Anders ausgedrückt: Wir werden erkennen, wie diese ganz besondere Geschwindigkeit – deren Zahlenwert etwas willkürlich erscheinen mag – den Zusammenhang zwischen jeglicher Masse und jeglicher Energie im Universum bestimmt.

Lange Zeit hielt man allein schon die Messung der Lichtgeschwindigkeit für unmöglich. Fast alle Naturforscher waren der Überzeugung, daß sich das Licht unendlich schnell ausbreitet. Aber wenn das wirklich so wäre, könnte der Wert seiner Geschwindigkeit ja niemals in eine Gleichung eingesetzt werden. Bevor man weiterkommen konnte – bevor also Einstein auch nur daran denken konnte, die Größe *c* zu verwenden –, mußte jemand bestätigen, daß die Lichtgeschwindigkeit einen endlichen Wert hat. Und das war keineswegs leicht.

Der Italiener Galileo Galilei kam als erster auf den Gedanken, die Lichtgeschwindigkeit zu messen, lange bevor er ab 1633, alt und fast erblindet, von der römischen Inquisition unter Hausarrest gestellt wurde. Doch er selbst konnte das Experiment nicht mehr durchführen. Als einige Jahre nach seinem Tod auf seinem Landgut in Arcerri Mitglieder der Akademie im nahen Florenz seine Abhandlung zu diesem Thema lasen, stellten sie die Beobachtungen nach seinen Plänen an.

Die ihnen zugrundeliegende Idee erscheint im nachhinein ebenso einleuchtend wie die meisten anderen Arbeiten Galileis. An einem Sommerabend begaben sich zwei Helfer auf zwei Hügel, die etwa eine Meile voneinander entfernt lagen. Sobald der zweite die Laterne des ersten aufblitzen sah, sollte er die seine öffnen; dann sollte der erste die Zeit messen, die verging, bis er den Lichtschein aus der Laterne des zweiten erblickte. Dies war dann die Zeit, die das Licht zum zweimaligen Passieren der Entfernung zwischen den Hügeln benötigte.

Das Experiment war klug ersonnen, aber mit den damaligen technischen Möglichkeiten ließen sich keine eindeutigen Meßergebnisse erzielen. Galilei hatte schon bei anderen Versuchen kurze Zeitspannen durch Vergleich mit dem Pulsschlag gemessen, wobei er sich bemühte, regelmäßig zu atmen, damit sich während des Experiments der Herzschlag nicht beschleunigte. Aber an jenem Sommerabend mußten die Helfer nahe bei Florenz feststellen, daß sich das Licht offenbar viel zu schnell ausbreitet, als daß seine Geschwindigkeit gemessen werden könnten. Alles, was sie bemerkten, war das praktisch augenblickliche Aufflammen der anderen Laterne. Man hätte nun das Experiment für gescheitert erklären können, und den meisten der damaligen Forscher galt das Resultat tatsächlich als ein weiterer Beweis dafür, daß sich das Licht mit unendlicher Geschwindigkeit ausbreitet. Doch die Mitglieder der Florentiner Akademie wollten nicht glauben, daß Galileis Vermutung falsch gewesen war, und kamen zu dem Schluß, daß es wohl erst späteren Generation gelingen werde, diese so unglaublich hohe Geschwindigkeit zu messen.

Im Jahre 1669, also fast drei Jahrzehnte nach Galileis Tod 1642, trat Jean Dominique Cassini seine Stellung als Leiter der kurz zuvor gegründeten Pariser Sternwarte an. Dort hatte er zunächst noch die Baumaßnahmen zu überwachen, doch seine wichtigste Aufgabe bestand darin, die französische Wissenschaft mit Leben zu erfüllen. Es war ihm aber auch ein ganz persönliches Anliegen, das neue Observatorium zum Erfolg zu führen, denn er hieß eigentlich gar nicht Jean Dominique, sondern Giovanni Domenico, und stammte aus Italien. Obwohl der französische König auf seiner Seite stand und die Finanzierung des Projekts als gesichert galt, konnte niemand wissen, wie lange dies alles gut gehen würde.

Cassini wollte weitere Mitarbeiter anwerben und schickte zu diesem Zweck Emissäre zur legendären Sternwarte Uranienborg auf der damals dänischen (heute schwedischen) Insel Ven im Öresund. Außerdem sollten sie die Koordinaten von Uranienborg ermitteln, um die Entfernungsmessungen für die Navigation zu verbessern. Der Begründer der Sternwarte Uranienborg, Tycho Brahe, hatte die entscheidenden astronomischen Beobachtungen durchgeführt, auf die sich Kepler und auch Newton in ihren Arbeiten stützten. Brahe hatte sich mit ungeahntem Luxus umgeben: Die Burg lag inmitten von Gärten mit exotischen Bäumen, künstlich angelegten Wasserläufen und Fischteichen und verfügte über ein beeindruckendes Kommunikationssystem, das die Wechselsprechanlagen späterer Zeiten vorwegnahm; man munkelte gar von einem automatischen Spülklosett.

Cassinis Abgesandter Jean Picard reiste im Jahre 1671 von Kopenhagen aus durch die nebligen Gewässer nach Uranienborg. Endlich sollte er die sagenhafte Hochburg der Astronomie kennenlernen, doch seine freudige Erregung verwandelte sich in Entsetzen, als er statt des Observatoriums eine Ruine vorfand.

Jene hochentwickelten Vorrichtungen und bedeutenden Ergebnisse, die Kepler so beeindruckt hatten, lagen schon fast ein Jahrhundert zurück. Der Gründer der Sternwarte war eine einflußreiche Persönlichkeit gewesen, doch als er starb, fand sich kein Nachfolger. Alles war bereits überwuchert oder verfallen, als Picard eintraf: Die Fischteiche waren verlandet, die Quadranten und der Himmelsglobus verrostet, und vom Hauptgebäude standen nur noch die Grundmauern.

Das einzige, was Picard erreichte, war, daß ein intelligenter zwanzigjähriger Däne namens Ole Römer mit ihm nach Paris reiste. Viele andere wären vor der Begegnung mit dem großen Cassini ängstlich oder befangen gewesen, denn Cassini galt als weltweit anerkannte Autorität, wenn es um Planeten wie Jupiter und die Umlaufbahnen ihrer Monde ging. Nicht so der junge Däne. Allerdings war Dänemark damals, im Unterschied zu heute, ein mächtiges Königreich, das weite Teile Nordeuropas beherrschte, und Römer verfügte über das nötige Maß an Talent, Selbstbewußtsein, Stolz und Ehrgeiz, um im wahrsten Sinne des Wortes nach den Sternen zu greifen.

Es ist fraglich, ob Cassini von dem Emporkömmling besonders angetan war. Er selbst hatte ja einige Zeit benötigt, um sich von Giovanni Domenico zu Jean Dominique zu mausern. Inzwischen hatte er zahlreiche Daten aus seinen ausführlichen Beobachtungen der Planeten gesammelt und gedachte mit ihnen seinen Ruf zu verteidigen, ja zu mehren. Was aber, wenn Römer nun diese Ergebnisse ausnutzte, um sämtliche Schlußfolgerungen, die er, Cassini, daraus gezogen hatte, zu widerlegen?

Dies war denkbar, weil im Zusammenhang mit dem innersten Mond des Planeten Jupiter ein Problem auftrat. Eigentlich sollte der Mond Io seinen Planeten in $42\frac{1}{2}$ Stunden einmal umrunden. Aber er hielt diesen »Fahrplan« nie genau ein. Manchmal war er etwas schneller, dann wieder etwas langsamer. Es war keinerlei Regelmäßigkeit darin zu erkennen.

Woran mochte das liegen? Um das Problem zu lösen, bestand Cassini auf weiteren, noch genaueren Messungen. Diese konnte er als Direktor der Sternwarte natürlich nicht allein durchführen; er benötigte dafür mehr Personal, mehr Geräte und zusätzliche Geldmittel, nicht zuletzt auch eine wirksamere Protektion. Zu alledem war er noch der lästigen Öffentlichkeit ausgesetzt. Aus Römers Sicht jedoch waren keine Messungen nötig, die womöglich nur Astronomen fortgeschrittenen Alters durchführen sollten. Es bedurfte vielmehr brillanter Ideen eines jungen Außenseiters, der seinen Verstand einsetzte.

Und genau das tat Römer. Jedermann – selbst Cassini – suchte das Problem in der Bewegungsweise des Jupitermonds Io. Möglicherweise schwankte er auf seiner Umlaufbahn. Vielleicht gab es auch Wolken oder andere störende Einflüsse im Umkreis des Jupiter, die Io behinderten. Römer kehrte nun das Problem um. Warum sollte eigentlich der Fehler irgendwo dort oben beim Planeten Jupiter zu suchen sein? Es ging gar nicht darum, wie Io sich bewegte, fand Römer, sondern vielmehr darum, wie die Erde sich bewegte.

Cassini erschien dieser Gedanke völlig abwegig. Wie fast alle Astronomen war er davon überzeugt, daß sich das Licht blitzartig fortbewegt. Jeder Narr konnte das einsehen. Hatten nicht die Experimente von Galileis Mitarbeitern gezeigt, daß es für das Gegenteil keinerlei Beweise gab?

Römer kümmerte das nicht. Angenommen – einfach nur angenommen –, das Licht benötigte doch eine gewisse Zeit, um die große Entfernung vom Jupiter zur Erde zurückzulegen. Was bedeutete das? Römer stellte sich vor, er blicke von oben auf das Sonnensystem herab und sähe den ersten Lichtschein von Io hinter dem Planeten Jupiter hervorblitzen und durch das Sonnensystem zur Erde rasen. Im Sommer beispielsweise, wenn die Entfernung zwischen Erde und Jupiter geringer ist, hätte das Licht einen kürzeren Weg zurückzulegen, und Io würde früher sichtbar. Im Winter jedoch, wenn sich die Erde auf der anderen Seite des Sonnensystems befindet, würde Ios Licht viel länger brauchen, um uns zu erreichen.

Römer durchforschte nun die in vielen Jahren angesammelten Aufzeichnungen Cassinis, und im Spätsommer 1676 fand er die Lösung. Es handelte sich dabei nicht etwa nur um eine vage Vermutung, sondern er gab genau an, wie viele weitere Minuten das Licht benötigte, um die zusätzliche Entfernung zu durchmessen, wenn die Erde, von Jupiter aus gesehen, hinter der Sonne stand.

Was sollte er nun mit einer solchen Entdeckung anfangen? Üblicherweise hätte er es Cassini überlassen müssen, sie als das Ergebnis eigener Forschungen zu präsentieren. Dann hätte er bescheiden nicken dürfen, wenn der Direktor der Sternwarte nebenbei angemerkt hätte, daß er diese Arbeit nicht ohne die Hilfe des jungen Mannes hätte leisten können, dessen künftige Karriere man aufmerksam verfolgen sollte.

Römer war damit nicht einverstanden. Im September machte er bei einer öffentlichen Tagung der neuen *Académie des Sciences* seine Herausforderung publik. Die Astronomie ist eine exakte Wissenschaft, und auch im siebzehnten Jahrhundert waren die Apparaturen schon genau genug, um eine Voraussage zu überprüfen, wann Io das nächste Mal aus dem Schatten des Jupiter treten würde; dies sollte am 9. November irgendwann am späten Nachmittag der Fall sein. Es ging jetzt aber um die genaue Uhrzeit. Nach Cassinis Berechnungen mußte Io um 17.25 Uhr auftauchen. Das hatte er durch Extrapolation aus den Daten des vorigen Auftauchens im August gefolgert.

Römer erklärte, daß Cassini damit falsch liege. Im August, so erläuterte er, sei die Erde dem Jupiter relativ nahe, im November dagegen weiter von ihm entfernt. Also würde Io nicht um 17.25 Uhr sichtbar werden, denn das Licht – obwohl unvorstellbar schnell – sei zu diesem Zeitpunkt noch unterwegs, weil es ja die zusätzliche Entfernung zurücklegen müsse. Auch um 17.30 Uhr werde es noch nicht auf der Erde angekommen sein, sondern erst exakt um 17.35 Uhr und 45 Sekunden.

Es gibt viele Möglichkeiten, Astronomen glücklich zu machen, etwa mit einer neuen Supernova oder der Verlängerung eines Forschungsstipendiums, und ganz besonders natürlich mit einer festen Anstellung. Und wie ist es, wenn sich zwei angesehene Kollegen einen Kampf bis aufs Messer liefern? Das ist der Himmel auf Erden. Römer wußte, daß Cassini sich auf dem politischen Parkett viel besser in Szene zu setzen verstand als er selbst; daher konnte er nur dann Glaubwürdigkeit beanspruchen, wenn seine Voraussage so eindeutig war, daß sich Cassini und seine Günstlinge nicht herausreden konnten, falls sie sich geirrt hatten.

Die Voraussage war im September bekanntgegeben worden, und am 9. November richteten die Sternwarten von Greenwich bis Mailand ihre Teleskope auf Jupiter. Es wurde 17.25 Uhr – kein Io.

17.30 Uhr – immer noch kein Io.

17.35 Uhr.

Und dann, ganz genau um 17.35 Uhr und 45 Sekunden, erschien Io.

Cassini erklärte daraufhin, seine Voraussage sei nicht widerlegt worden! (Die Das-habe-ich-so-nie-gesagt-Ausflüchte von PR-Beratern sind also keine Erfindungen des Fernsehzeitalters.) Er hatte viele Anhänger, und diese unterstützten ihn nach Kräften. Wer habe denn jemals gesagt, daß Io um

17.25 Uhr zu sehen sei? Nur Römer habe das behauptet, ließen sie nun verlauten. Und außerdem wisse man doch, daß Io nie zu einem bestimmten Zeitpunkt auftauche. Er sei ja schließlich so weit entfernt und so schwer zu erkennen, daß man gar nicht entscheiden könne, ob nicht vielleicht Wolken in der oberen Atmosphäre des Jupiter verzerrende Nebel erzeugten oder Unregelmäßigkeiten in seiner Umlaufbahn die Beobachtung erschwerten.

Ein solches Vorgehen ist in den Wissenschaften eigentlich nicht üblich. Römer hatte ein einwandfreies Experiment durchgeführt und über dessen Ergebnis eine eindeutige Voraussage getroffen. Dennoch wollten Europas Astronomen noch immer nicht wahrhaben, daß sich das Licht mit einer endlichen Geschwindigkeit ausbreitet. Cassinis Anhänger hatten obsiegt: Nach offizieller Lehrmeinung war die Lichtgeschwindigkeit weiterhin eine geheimnisvolle, unmeßbar große Zahl, die keinerlei Einfluß auf astronomische Messungen hatte.

Römer gab auf, ging nach Dänemark zurück und wirkte viele Jahre als Hafenkommandant von Kopenhagen. Erst fünfzig Jahre später gelangten die Astronomen durch weitere Experimente zu der Überzeugung, daß Römer recht gehabt habe. Der Wert, den er für die Lichtgeschwindigkeit errechnet hatte, lag um etwa ein Fünftel unter dem heute gültigen Wert von $2,99792458 \cdot 10^8$ m/s (das sind 1.079.252.849 km/h; wir verwenden hier im folgenden den Wert 1.079.000.000 km/h (1079 Millionen km/h), der für unsere Zwecke genau genug ist).

Verschaffen wir uns einen Eindruck davon, wie unvorstellbar schnell das Licht ist: Könnten wir auf einem Lichtstrahl reiten, so würden wir die Strecke von London nach Los Angeles in weniger als 1/20.000 Sekunde zurücklegen. Daraus wird deutlich, daß Galileis Assistenten nicht die mindeste Chance hatten, die Zeitspanne zu messen, in der das Licht die wenigen hundert Meter zwischen den beiden Hügeln zurücklegte; die Entfernung war viel zu gering.

Ein weiterer Vergleich: Die Schallgeschwindigkeit beträgt in Luft ungefähr 330 m/s oder knapp 1200 km/h. Diesen Wert nennt man auch Mach 1, nach dem österreichischen Physiker Ernst Mach. Ein Jumbo-Jet erreicht ungefähr Mach 0,8, und ein Space Shuttle nach voller Beschleunigung etwa Mach 20. Der Asteroid oder Komet, der einst das Ende der Dinosaurier einleitete, prallte vermutlich mit Mach 70 auf die Erde.

Und die Lichtgeschwindigkeit c entspricht Mach 900.000.

Diese unvorstellbar hohe Geschwindigkeit führt zu einigen seltsamen oder kuriosen Konsequenzen. Nehmen wir an, jemand spricht in einem Restaurant, nur einige Tische von Ihnen entfernt, ärgerlicherweise in sein Handy. Sie haben den Eindruck, seine Worte fast augenblicklich zu vernehmen, also unmittelbar nachdem der Schall seinen Mund verlassen hat. Aber der Schall breitet sich ja »nur« mit 330 m/s oder Mach 1 aus. Doch die elektromagnetischen Wellen des Handys sind so schnell wie das Licht. Das hat zur Folge, daß der Gesprächspartner des Handybesitzers – selbst wenn er Hunderte von Kilometern weit entfernt ist – die Worte noch *vor Ihnen* hört, obwohl Sie gerade ein paar Meter weiter sitzen!

Warum hatte nun Einstein ausgerechnet diesen Wert in seine Gleichung eingesetzt? Um das zu verstehen, müssen wir Eigenschaften und Verhalten des Lichts näher betrachten. Dabei lassen wir die Epoche von Cassini und Römer weit hinter uns und begeben uns in die späten 50er Jahre des neunzehnten Jahrhunderts. Damals begann der schon über sechzigjährige Michael Faraday seine Korrespondenz mit James Clerk Maxwell, einem schlanken Schotten, der noch keine dreißig war.

Faraday hatte es zu jener Zeit nicht leicht. Sein Gedächtnis ließ nach, und ohne seine zahlreichen Merkzettel hätte er oft vergessen, was er am selben Vormittag zu erledigen hatte. Und nicht nur das – es wurde ihm immer wieder bewußt, daß ihn die großen Physiker der Welt, die fast alle die besten Universitäten besucht hatten, nach wie vor von oben herab behandelten. Sie erkannten zwar seine praktischen Laborergebnisse an, aber kaum einer nahm seine theoretischen Darlegungen ernst. Für den Durchschnittsphysiker war das Strömen der Elektrizität durch einen Draht im Grunde dem Fließen von Wasser durch eine Leitung vergleichbar: Wenn die zugrundeliegende Mathematik einmal geklärt sein würde, so glaubten sie, dann könnte man diese Effekte kaum anders beschreiben als mit den Methoden Newtons und seiner vielen mathematisch versierten Nachfolger.

Faraday jedoch untersuchte immer noch jene seltsamen Kreise und anderen gekrümmten Linien, die ihm von seiner

James Clerk Maxwell
Photo
Researchers, Inc.

religiösen Erziehung her vertraut waren. Der Bereich um ein elektromagnetisches Phänomen war nach Faradays Auffassung von einem mysteriösen »Feld« erfüllt, und Spannungen innerhalb dieses Feldes erzeugten das, was man als elektrische Ströme deutete. Er behauptete beharrlich, daß man manchmal beinahe deren Wesen erkennen könne, wie in den Strukturen, zu denen sich Eisenspäne zusammenfügen, wenn sie im Umfeld eines Magneten verstreut sind. Doch niemand glaubte ihm – mit Ausnahme jenes jungen Schotten namens Maxwell.

Auf den ersten Blick schien es zwischen beiden Männern wenig Gemeinsames zu geben. Faraday hatte es während seiner langjährigen Forschungsarbeit auf über 3000 ausführliche Laborbucheintragungen gebracht und seine Experimente stets am frühen Morgen begonnen. Maxwell hingegen war ein Langschläfer. (Als ihm gesagt wurde, daß an der *Cambridge University* die Morgenandacht um 6 Uhr Pflicht sei, soll er zuerst tief duchgeatmet und dann gemurmelt haben: »Nun, so lange kann ich wohl aufbleiben«.) Er war unter den theoretischen Physikern des neunzehnten Jahrhunderts wahrscheinlich der beste Mathematiker, während Faraday sich mit jeglicher Mathematik schwertat, die über die Grundrechnungsarten hinausging.

Aber auf der menschlichen Ebene gab es viele Berührungspunkte. Maxwell war zwar auf einem großen herrschaftlichen Gut in Schottland aufgewachsen, doch sein Familienname hatte bis kurz zuvor schlicht und einfach Clerk gelautet. Erst aufgrund einer Erbschaft von mütterlicher Seite durften sich die Clerks hinfort mit dem angeseheneren Namen Maxwell schmücken. Der junge James wurde auf ein Internat in Edinburgh geschickt, wo ihn seine Mitschüler, die meist kräftiger gebaut und als Stadtkinder selbstsicherer und großspuriger waren, tagaus, tagein schikanierten. James ließ dies still über sich ergehen, und später sagte er einmal: »Sie haben mich nie verstanden, aber ich habe sie verstanden.« Faraday hingegen hatte die Verletzungen aus seinem Konflikt mit Humphry Davy noch nicht verwunden; und jedesmal, wenn er einen Abend mit einem mitreißenden Vortrag in der *Royal Society* beendet hatte, zog er sich wieder in die Rolle des stillen, einsamen Beobachters zurück.

In ihrem Wesen waren sich der junge Schotte und der alternde Londoner sehr ähnlich. Doch darüber hinaus vermochte Maxwell als hervorragender Mathematiker die Substanz hinter den nur scheinbar simplen Entwürfen Faradays erkennen. Er sah mehr als die Unbeholfenheit, über die sich weniger begabte Wissenschaftler nur lustig machten. (»Je mehr ich fortfuhr, Faradays Werke zu studieren, desto mehr erkannte ich, daß auch seine Art, die electrischen Phänomene aufzufassen und zu beschreiben, wenngleich er sich nicht der gewöhnlichen mathematischen Zeichensprache bediente, eine mathematische war.«) Maxwell nahm die groben Skizzen mit den unsichtbaren Kraftlinien ernst. Auch er war ein tief religiöser Mensch, und beide glaubten fest an die Gegenwart Gottes in der Welt.

Schon bei seinem Durchbruch im Jahre 1821 und dann auch in seinen späteren Forschungsarbeiten hatte Faraday aufgezeigt, wie sich Elektrizität in Magnetismus verwandeln läßt und umgekehrt. In den späten 1850er Jahren erweiterte Maxwell dieses Konzept und bot damit eine erste vollständige Erklärung dessen, was Galilei und Römer noch nicht hatten deuten können.

Was sich in einem Lichtstrahl abspielt, so erkannte Maxwell allmählich, war nur eine Art von Vor-und Zurückbewegung. Wenn ein Lichtstrahl sich nach vorn zu bewegen beginnt, entsteht ein klein wenig Elektrizität; und wenn diese Elektrizität sich bewegt, ruft sie einen gewissen Magnetismus hervor; und wenn dieser sich bewegt, löst er wieder einen kleinen Schwall Elektrizität aus und so weiter und so fort, wie eine geflochtene Peitsche, die nach vorn schnellt. Elektrizität und Magnetismus springen sozusagen abwechselnd übereinander hinweg, und bei diesen winzigen, schnellen Bocksprüngen »umarmen sie einander«, wie Maxwell es ausdrückte. Das Licht, das Römer durchs Sonnensystems hatte rasen sehen und das sich vor Maxwells Augen an den Türmen in Cambridge brach, war nichts weiter als eine Abfolge solcher schneller »Bocksprünge«.

Diese Interpretation der Lichtwellen markiert einen der Höhepunkte in der Wissenschaftsgeschichte des neunzehnten Jahrhunderts. Maxwells Gleichungen, mit denen er die Erkenntnisse über das Licht zusammenfaßte und deutete, gehören zu den größten theoretischen Leistungen aller Zeiten. Trotzdem war Maxwell stets etwas unzufrieden mit seinem Ergebnis. Denn wie, so fragte er sich, flicht sich diese merkwürdig bockspringende Lichtwelle nun eigentlich genau fort? Das konnte ihm freilich niemand erklären.

Was es mit diesen dahinjagenden Lichtwellen auf sich hatte, sollte erst Einstein genauer unter die Lupe nehmen, wobei er weitgehend auf sich allein gestellt war. Doch an Zuversicht fehlte es ihm nicht: In Aarau hatte man ihn hervorragend auf die Universität vorbereitet, und in seinem Elternhaus war er stets ermuntert worden, jegliche Autorität in Frage zu stellen. In den 1890er Jahren, als Einstein studierte, wurden Maxwells Gleichungen gemeinhin als unbestrittene Wahrheit gelehrt. Der Professor aber, dessen Vorlesungen Einstein hauptsächlich besuchte, hielt nicht viel von theoretischer Physik und lehnte es sogar ab, Maxwells Gleichungen in seinen Lehrveranstaltungen zu behandeln. (Weil Einstein sich darüber ärgerte, redete er ihn spöttisch mit »Herr Weber« anstatt mit »Herr Professor Weber« an; aus Rache für diese Kränkung stellte ihm Weber keine ordentliche Beurteilung aus. Das führte dazu, daß Einstein einige Jahre in wissenschaftlicher Isolation am Berner Patentamt verbringen mußte.)

Wenn Einstein die Vorlesungen schwänzte und statt dessen die Züricher Kaffeehäuser aufsuchte, hatte er oft Auszüge aus Maxwells Arbeiten bei sich. Aber wie schon Maxwell störte auch ihn irgend etwas an jenen »Bocksprüngen« der miteinander verflochtenen elektrischen und magnetischen Wellen. Wenn das Licht eine Welle ist wie andere auch, so fragte er sich, kann man sie dann auch einholen?

Ein Vergleich mit dem Wellensurfen mag das Problem etwas verdeutlichen: Wenn der Surfer den ersten zögerlichen Versuch mit dem Surfbrett unternimmt, krampfhaft bemüht, den Zuschauern am Strand seine Angst zu verbergen, dann schwappen die Wellen an ihm vorbei. Doch wenn er sich erst einmal überwunden hat, aufrecht auf dem Brett zu stehen, gleitet er ohne weiteres zum Strand hin, da die Welle, die ihn treibt, um ihn herum stillzustehen scheint. Und wenn jemand so kühn – um nicht zu sagen, tollkühn – ist, in der tosenden Brandung vor Hawaii zu surfen, kann ihn durchaus eine meterhohe Wasserwand umgeben, die für ihn völlig stillzustehen scheint.

Irgendwann im Jahre 1905 kam Einstein die Erleuchtung. Lichtwellen unterscheiden sich grundsätzlich von den uns vertrauten Wellen der Materie. Die Meereswelle kann für einen Surfer scheinbar stillstehen, weil sich alle Teile der Welle relativ zueinander auf festen Positionen befinden. Deswegen sieht er von seinem Surfbrett aus eine schwebende Wasserfläche. Beim Licht jedoch verhält sich die Sache ganz anders. Lichtwellen breiten sich aus, weil jeder Teil sich vorwärts bewegt und dabei den nächsten Teil antreibt. (Der elektrische Teil der Lichtwelle schreitet voran und preßt sozusagen eine magnetische »Portion« heraus; dann bewegt sich diese magnetische Portion vorwärts und erzeugt ihrerseits die nächste elektrische »Portion«. Dieser Zyklus wiederholt sich immer wieder von neuem.) Ein Surfer auf dieser Welle könnte vielleicht glauben, schnell genug zu sein, um die nächste elektrische »Portion« zu erhaschen. Doch wenn er genauer hinsähe, müßte er erkennen, daß der Teil, den er gerade einzuholen meinte, inzwischen schon einen weiteren Teil erzeugt hat, der gerade vor ihm wegsaust.

Einen Lichtstrahl einzuholen oder auch nur mit ihm Schritt zu halten, wäre dasselbe, als verlangte man: »Ich will die Bewegungen der Bälle sehen, mit denen ein Artist jongliert – aber nur, wenn sich die Bälle nicht bewegen.« Das ist unmöglich. Die Figuren, welche die Bälle beschreiben, sieht man ja nur, wenn diese sich sehr schnell bewegen.

Einstein kam zu dem Schluß, daß Licht nur dann existieren kann, wenn eine Lichtwelle voranschreitet. Das war eine Erkenntnis, die in Maxwells Arbeiten über vierzig Jahre lang geschlummert hatte, ohne daß jemand auf sie aufmerksam geworden wäre.

Diese neue Erkenntnis über das Licht veränderte alles, denn die Lichtgeschwindigkeit wurde zum Grenzwert jeglicher Geschwindigkeit in unserem Universum: Nichts kann sich schneller bewegen.

Diesen Sachverhalt kann man allerdings leicht mißverstehen. Angenommen, wir rasen in einem Raumschiff mit 1.078.999.999 km/h dahin: Könnten wir dann dem Raketenmotor nicht einfach noch etwas mehr Schub geben, um einen Kilometer pro Stunde schneller zu werden, also 1.079.000.000 km/h , vielleicht sogar 1.079.000.001 km/h, also die Lichtgeschwindigkeit erreichen und noch überschreiten? Die Antwort lautet: nein, nicht einmal mit allen nur denkbaren technischen Tricks.

Dazu sollten wir uns klarmachen, daß die Ausbreitung von Licht ein physikalischer Prozeß ist. Der Wert der Lichtgeschwindigkeit ist also nicht irgendeine abstrakte Zahl. Nehmen wir ein anderes Beispiel: Wenn ich sage, −273 (minus 273) sei die kleinste Zahl, dann werden Sie das zu Recht bestreiten, denn −274 ist ja kleiner, −275 noch kleiner, und immer so weiter. Doch nehmen wir an, dieser Zahlenwert gäbe eine Temperatur in Grad Celsius an. Die Temperatur eines Gegenstands ist ein Maß dafür, wie heftig sich seine Atome oder Moleküle bewegen oder wie intensiv sie schwingen. Wird nun die Temperatur immer weiter abgesenkt, dann kommt irgendwann der Punkt, an dem jegliche Bewegung zum Stillstand kommt. Das geschieht bei etwa −273 Grad Celsius, dem sog. »absoluten Nullpunkt« der Temperatur. Abstrakte Zahlen können natürlich beliebig klein sein, aber physikalische Werte nicht: Die Atome in einer Goldmünze, einem Schneemobil oder einem Berg können eben nicht schwächer schwingen als überhaupt nicht.

Auch die Lichtgeschwindigkeit ist ein solcher Grenzwert. Die schon von Ole Römer näherungsweise ermittelte Geschwindigkeit von 1.079.000.000 km/h, mit der das Licht zum Beispiel vom Jupitermond Io zur Erde gelangt, sagt etwas über das Wesen des Lichts aus. Licht ist ein physikalisches »Objekt«. In seinen Wellen entsteht ständig Elektrizität aus Magnetismus, dann wieder Magnetismus aus Elektrizität, und so weiter − in unvorstellbar schnellen »Bocksprüngen« Deswegen ist die Geschwindigkeit des Lichts ein unüberwindlicher Grenzwert.

Das ist ein sehr interessanter Befund. Aber manch einer mag einwenden: »Was bedeutet es schon, daß es eine oberste Geschwindigkeitsgrenze gibt? Gilt sie für alle Gegenstände, die sich im Universum bewegen?« Und Zyniker werden hinzufügen: »Sie können ja an der Autobahn Verbotstafeln aufstellen: *Absolutes Tempolimit: 1.079.000.000 km/h.* Die Autofahrer werden sich nicht darum kümmern.«

Oder vielleicht doch? Der Kreis in Einsteins Argumentation schloß sich, als er bewies, daß die seltsamen Eigenschaften des Lichts – die Tatsache, daß wir es prinzipiell nicht einholen können, seine Geschwindigkeit also eine obere Grenze darstellt – direkt mit dem Wesen von Energie und Masse zu tun haben. Um die Zusammenhänge deutlich zu machen, betrachten wir ein Beispiel, das Einstein selbst verwendete, das hier jedoch aktualisiert wurde.

Nehmen wir an, ein Super-Raumschiff rast mit beinahe Lichtgeschwindigkeit dahin. Unter normalen Umständen – also bei langsamem Flug – steigert ein höherer Schub der Triebwerke die Geschwindigkeit. Doch dicht unterhalb der Lichtgeschwindigkeit gibt es keine Beschleunigung mehr. Es geht einfach nicht mehr schneller.

Der Pilot des Raumschiffs will das nicht wahrhaben und zerrt wütend am Steuerknüppel, um noch mehr Gas zu geben. Natürlich sieht der Pilot irgendeinen Lichtstrahl, der mit voller Geschwindigkeit »c« vor dem Raumschiff dahinflitzt. Doch trotz aller Bemühungen des Piloten kommt das Raumschiff dem Lichtstrahl nicht näher. Woran liegt das?

Stellen wir uns einen großen Ballon vor, an dem eine Gaspumpe angeschlossen ist, die nicht abgestellt werden kann. Der Ballon bläht sich auf und wird schließlich viel dicker, als er eigentlich werden dürfte. Genau dasselbe geschieht mit dem Raumschiff: Seine Triebwerke liefern immer mehr Energie, aber es kann nicht schneller werden, weil sich nichts rascher als das Licht bewegen kann. Andererseits kann die zusätzliche Energie auch nicht verschwinden.

Die Folge ist vielmehr, daß die zusätzlich freigesetzte Energie in die Masse des Raumschiffs »gepreßt« wird. Für einen

Beobachter nimmt die Masse des Raumschiffs also zu: zuerst ein wenig, doch bei weiterer Energiezufuhr immer stärker.

Das klingt absurd, aber man kann es beweisen. Die Protonen (die positiv geladenen Elementarteilchen aus den Atomkernen) haben eine Masse von einer »Einheit«. Wird ihnen nach und nach immer mehr Energie zugeführt, so bewegen sie sich immer schneller, genau wie erwartet. Aber wenn sie schließlich fast Lichtgeschwindigkeit erreichen, wird der Beobachter an den Protonen gewisse Veränderungen wahrnehmen. Derartiges verfolgen die Physiker an den großen Teilchenbeschleunigern bei Chicago oder am europäischen Kernforschungszentrum CERN bei Genf tagtäglich. Die Protonen haben irgendwann die Masse von zwei »Einheiten«, sind also doppelt so schwer wie am Anfang, dann dreimal so schwer und so weiter, je mehr Energie man ihnen zur Beschleunigung gibt. Wenn sie 99,9997 Prozent der Lichtgeschwindigkeit c erreicht haben, sind sie sogar 430mal so schwer wie zu Beginn. (Hierzu benötigen die Teilchenbeschleuniger so viel elektrische Energie, daß sie oft nachts betrieben werden, um die Stromversorgung der Stadt nicht zu gefährden).

Die Energie, die den Protonen oder unserem imaginären Raumschiff zugeführt wird, wandelt sich also in zusätzliche Masse um. Das besagt auch unsere Gleichung: E kann zu m werden, und m kann zu E werden.

Damit ist nun klar, warum in der Gleichung die Größe c auftritt. Je näher wir der Lichtgeschwindigkeit kommen, desto augenfälliger wird der Zusammenhang zwischen Energie und Masse. Die Zahl c ist dabei nur ein Umrechnungsfaktor, der angibt, wie die Verknüpfung beschaffen ist.

Jedesmal, wenn wir zwei physikalische Maßsysteme miteinander kombinieren, brauchen wir einen Umrechnungsfaktor. Um von der Einheit Grad Celsius zur Einheit Fahrenheit zu wechseln, müssen wir den Celsius-Wert mit 9/5 multiplizieren und dann 32 addieren. Um eine Länge von Zentimeter in Zoll umzurechnen, brauchen wir sie nur mit 0,3937 zu multiplizieren.

Die genannten Umrechnungsfaktoren mögen uns recht willkürlich erscheinen. Das liegt aber nur daran, daß sie zwei Maßsysteme verknüpfen, die sich unabhängig voneinander entwickelt haben. Die Längeneinheit Zoll kam beispielsweise im Mittelalter auf; sie entspricht etwa der Breite eines Daumens. Damit war der Daumen sozusagen ein tragbarer Maßstab, den sich zu allen Zeiten auch ärmere Menschen leisten und den sie auch überall anwenden konnten. Die Einheiten Meter und Zentimeter tauchten erst Jahrhunderte später auf, und zwar während der Französischen Revolution. Das Meter wurde zunächst als ein Zehntausendstel der Entfernung zwischen Äquator und Nordpol definiert, gemessen entlang des Längengrades, der durch Paris verläuft. Es ist daher nicht erstaunlich, daß zwischen metrischem und anderen Maßsystemen so »unhandliche« Umrechnungsfaktoren gelten.

Jahrhundertelang war man davon überzeugt, daß Energie und Masse nichts miteinander zu tun haben, also völlig unterschiedliche Effekte oder Phänomene sind. Ihre Behandlung entwickelte sich in Technik und Wissenschaft völlig separat. Energie wurde in Pferdestärkenstunden oder in Kilowattstunden angegeben, und Massen gab man in Pfund oder Unzen, später auch in Kilogramm oder Tonnen an. Niemand dachte daran, die Einheiten von Energie und Masse miteinander in Verbindung zu bringen. Niemand ahnte – wie später dann Einstein –, daß es eine »natürliche« Übertragung zwischen Energie und Masse geben kann, wie wir an unserem Beispiel mit dem Raumschiff gesehen haben. Und der Umrechnungsfaktor zwischen beiden ist eben c, die Lichtgeschwindigkeit.

Sie fragen sich vielleicht nun, wann wir denn endlich zur speziellen Relativitätstheorie kommen. Die Antwort lautet: wir haben sie bereits angewandt! All diese Erläuterungen zum enorm schnellen Raumschiff und seiner Massenzunahme sind zentrale Aspekte dessen, was Einstein im Jahre 1905 veröffentlichte.

Einsteins Ergebnisse widerlegten die voneinander unabhängigen Überzeugungen, die die Physiker bis zum Anfang des zwanzigsten Jahrhunderts aus den Arbeiten zur Erhaltung der Energie und der Masse abgeleitet hatten. Nun wurde vielmehr offenbar, daß weder Energie noch Masse erhalten bleiben. Aber das bedeutet nicht Chaos.

Statt dessen gibt es einen tieferliegenden Zusammenhang, denn »irgend etwas« bestimmt darüber, was im Reich der Energie und was im davon scheinbar streng geschiedenen Reich der Masse geschieht. Die Menge an Masse, die hinzukommt, wird ausgeglichen durch eine gleichwertige Menge an Energie, die verlorengeht.

Lavoisier und Faraday hatten nur einen Teil der Wahrheit erkannt. Die Energie steht nicht für sich allein, ebensowenig die Masse. Aber die Summe von beiden − Masse plus Energie − bleibt stets dieselbe.

Dies war nun die letzte Ausweitung der zuvor separaten Erhaltungssätze, die die Wissenschaftler des achtzehnten und des neunzehnten Jahrhunderts einst für vollständig gehalten hatten. Daß der Zusammenhang zwischen Energie und Masse so lange verborgen blieb − ja nicht einmal vermutet wurde −, liegt daran, daß die Lichtgeschwindigkeit unvorstellbar hoch ist, also viel, viel höher als die meßbaren Geschwindigkeiten von Objekten auf der Erde. Der oben beschriebene Effekt der Massenzunahme ist bei normalen Geschwindigkeiten unmeßbar klein, auch bei den schnellsten Flugzeugen − aber er ist prinzipiell immer vorhanden. Und wie wir noch sehen werden, ist auch der Zusammenhang zwischen Energie und Masse in unserer Welt allgegenwärtig: Praktisch sämtliche Energie wird tief im Innersten auch der unverdächtigsten Substanzen bereitgehalten.

Die Verknüpfung von Energie und Masse über die Lichtgeschwindigkeit war eine umwälzende Einsicht. Doch wir müssen sie uns noch näher ansehen. Ein berühmter Cartoon von Sydney Harris zeigt Einstein vor einer Schreibtafel, auf der er eine Möglichkeit nach der anderen ausprobiert: $E = mc^1$, $E = mc^2$, $E = mc^3$, ... So machte er es natürlich nicht, denn er kam schließlich nicht zufällig auf »hoch 2«.

6

hoch 2

Den Wert einer Zahl durch »Quadrieren« zu vergrößern, ist ein schon lange bekanntes Verfahren. Das Zeichen für das Multiplizieren einer Zahl mit sich selbst allerdings durchlief im Laufe der Jahrhunderte in Europa fast ebenso viele Veränderungen wie das Gleichheitszeichen. Aber warum taucht es überhaupt in physikalischen Formeln auf? Die Geschichte, wie sich aus vielen anderen Möglichkeiten nun gerade eine Formel mit einer »Quadrierung« für die Bewegungsenergie von Gegenständen herauskristallisierte, führt uns wieder einmal nach Frankreich, diesmal in die erste Hälfte des achtzehnten Jahrhunderts, als Römer bereits tot und Lavoisier noch nicht geboren war.

Man schrieb das Jahr 1726. Der einunddreißigjährige Dramatiker François Marie Arouet hatte es endlich geschafft: Die Pariser Salons standen ihm offen, er genoß die Gunst des Königs und die Gastfreundschaft des Adels, das Leben in der Provinz lag ein für allemal hinter ihm. So glaubte er zumindest. Doch eines Abends im Februar – er speiste gerade beim Herzog de Sully – wurde er eines Besseren belehrt, als der Lakai des Gastgebers einen Herren ankündigte, der Arouet sprechen wollte.

Er ging hinaus und brauchte wahrscheinlich einen Augenblick, ehe er die Kutsche des Herzogs de Rohan erkannte, eines unangenehmen, aber sehr reichen Mannes, über den er sich vor kurzem während einer Vorstellung in der *Comédie*

Française öffentlich lustig gemacht hatte. Nun fielen de Rohans Leibwächter über Arouet her und verprügelten ihn, während der Herzog von seiner Kutsche aus vergnügt zusah und »seine Arbeiter beaufsichtigte«, wie Arouet später schrieb. Irgendwie gelang es dem Mißhandelten schließlich, sich wieder in de Sullys Palais zu flüchten. Doch statt Mitleid oder Solidarität erntete er dort nur Gelächter. De Sully und seine Freunde amüsierten sich köstlich: Ein lächerlicher Verseschmied war von jemandem in die Schranken gewiesen worden, auf den es wirklich ankam. Arouet schwor Rache: er würde de Rohan zum Duell fordern und ihn töten.

Damit ging er eindeutig zu weit. De Rohans Familie wandte sich an die Behörden, Arouet wurde von der Polizei gesucht, verhaftet und in die Bastille gebracht.

Nach seiner Entlassung aus dem Gefängnis reiste er nach England und verliebte sich in die Insel, vor allem in die idyllische Gegend um Wandsworth, weit weg vom Schmutz und Ruß der geschäftigen Metropole. Begeistert stellte er fest, daß hier eine neue Theorie im Schwange war, die sich auf Newtons Arbeiten stützte und einen Gegenentwurf zu dem verknöcherten aristokratischen System, das er aus Frankreich kannte, darzustellen schien.

Newton hatte ein System von Gesetzen geschaffen, die offenbar mit großer Genauigkeit beschrieben, wie sich jeder Teil unseres Universums bewegt. Das galt für die Himmelskörper ebenso wie für Kanonenkugeln, die nach dem Abfeuern an dem Punkt einschlagen, der sich aus Newtons Berechnungen der Flugbahnen ergibt.

Damit schien es so, als lebte man im Inneren eines unermeßlich großen Uhrwerks und als seien alle Gesetze, die Newton erkannt hatte, letztlich die Hebel und Zahnrädchen, mit denen es in Gang gehalten wurde. Aber wenn man, so überlegte Arouet, die Gesetzmäßigkeiten des riesigen Universums außerhalb unseres Planeten erklären konnte, warum sollte man solche Erklärungen dann nicht auch hier unten auf der Erde fordern können? Frankreich hatte einen König, der Gehorsam verlangte, weil er von Gottes Gnaden Herrscher auf Erden war. Der Adel erhielt seine Stellung und Macht vom König, und es galt als frevelhaft, dieses System in Frage zu stellen. Könnte man nicht auch die Gesellschaft einer Analyse unterziehen, wie Newton sie im Bereich der Naturwissenschaft vorgenommen hatte, und damit vielleicht die Rolle des Geldes oder der Eitelkeit oder anderer verborgener Triebfedern in der politischen Welt enthüllen?

Als Arouet drei Jahre später nach Paris zurückkehrte, hatte er bereits begonnen, in Briefen und Aufsätzen für seine neuen Ideen zu werben. In einer Welt klarer, rationaler Analyse der wahren Mächte wäre eine Demütigung, wie sie ihm vor dem Tor von de Sullys Palais widerfahren war, niemals geduldet worden. Also unterstützte Arouet von nun an bis an sein Lebensende die neue Weltsicht Newtons, die damit einen ihrer berühmtesten Verfechter gefunden hatte: Voltaire, dessen Geburtsname Arouet lautete.

Doch selbst ein noch begabter Schriftsteller kann allein keine Nation verändern, wie sehr er sich auch bemühen mag, eine bestimmte Denkrichtung zu fördern. Voltaire benötigte somit ein Forum, eine Art Multiplikationszentrum. Die königliche *Académie des Sciences* war hierfür zu sehr in alten Denkweisen verhaftet. Auch die Pariser Salons kamen nicht in Frage. Die Gastgeberinnen waren zwar meist reich genug, sich einen willfährigen Dichter – oder auch zwei – zu halten. (»Wenn man es versäumt, sich unter die Kurtisanen zu mischen«, so bemerkte Voltaire, »ist man ... verloren«.) Aber für einen Philosophen war da kein Platz. Voltaire brauchte also Unterstützung. Und er fand sie.

Die Person, die sie ihm reichlich gewähren sollte, hatte er bereits fünfzehn Jahre vorher kennengelernt, als er ihren Vater besuchte und sie noch ein kleines Mädchen war. Die Familie von Emilie de Breteuil lebte in einem Palais mit dreißig Zimmern, siebzehn Bediensteten und Blick auf die Tuilerien. Während die anderen Kinder die Erwartungen der Eltern erfüllten, schrieb die Mutter über Emilie: »Meine Jüngste prahlt mit ihren Geistesgaben und verschreckt damit die Bewerber. … Wir wissen nicht mehr, was wir mit ihr anfangen sollen.«

Als sie sechzehn war, brachte man sie nach Versailles, aber auch dort fiel sie auf. Stellen Sie sich die Schauspielerin Geena Davis – Mensa-Mitglied und Star in Actionfilmen – ins frühe achtzehnte Jahrhundert zurückversetzt vor. Emilie hatte langes schwarzes Haar und wirkte stets wie die verfolgte Unschuld. Während die meisten jungen Damen der Gesellschaft nichts anderes wollten, als sich mit Hilfe ihrer Reize einen Ehemann zu angeln, las Emilie Descartes' Abhandlungen über analytische Geometrie und hielt potentielle Freier auf Distanz.

Sie war als Kind ein rechter Wildfang gewesen und gern auf Bäume geklettert. Da sie für ein Mädchen ziemlich großgewachsen war, hatten ihr die Eltern, aus Sorge, sie könnte ungelenk werden, jahrelang Fechtunterricht erteilen lassen. Einmal forderte sie sogar Jacques de Brun – dessen Rang etwa dem des Leiters der königlichen Leibwache entsprach – zu einem öffentlichen Schaukampf auf dem feinen Parkett des Arsenals heraus. Dabei parierte sie so flink und stieß so kräftig zu, daß es selbst übereifrigen Freiern geraten erschien, sie in Ruhe zu lassen.

Aufgrund ihrer intellektuellen Fähigkeiten und Interessen blieb sie in Versailles isoliert, denn dort lebte offenbar niemand, mit dem sie ihre Begeisterung über die wunderbaren Einsichten teilen konnte, die sie aus den Werken Descartes' und anderer Philosophen gewann. Gewisse praktische Vorteile hatte es aber durchaus, sich in Gleichungen zu vertiefen, denn dadurch konnte sie sich beim Blackjack leichter die Karten merken.

Mit neunzehn heiratete Emilie einen wohlhabenden Offizier namens du Châtelet, der praktischerweise einen großen Teil der Zeit mit der Truppe unterwegs war. Sie führten eine Pro-forma-Ehe, und nach den Gebräuchen jener Zeit nahm ihr Mann es hin, wenn sie während seiner Abwesenheit fremdging. Emilie hatte eine Reihe von Liebhabern. Eine besonders innige Beziehung verband sie mit dem ehemaligen Offizier Pierre Louis Maupertuis, der seinen Abschied vom Militär genommen hatte und im Begriff stand, ein erstklassiger Physiker zu werden. Verliebt hatten sich die beiden ineinander beim gemeinsamen Studium der Infinitesimalrechnung und anderer mathematischer Probleme. Dann aber brach er zu einer Polarexpedition auf, und auf dieser konnte ihn natürlich – man war ja noch in der ersten Hälfte des achtzehnten Jahrhunderts – keine Frau begleiten, und sei sie noch so intelligent und sportlich.

Nun fühlte sich Emilie verlassen. Wo sollte sie menschliche Wärme finden? Sie hatte einige oberflächliche Affären, während Maupertuis seine letzten Vorbereitungen traf. Wer aber konnte die Lücke schließen, die Maupertuis' Abreise hinterlassen würde? Auftritt Voltaire.

»Ich hatte das träge, von Streit erfüllte Leben in Paris wirklich satt«, erzählte Voltaire später, »… die Gesellschaften und ständigen Kabalen der Gebildeten. … Im Jahre 1733 lernte ich eine junge Dame kennen, die ähnlich dachte wie ich.«

Sie traf Voltaire in der Oper. Gewisse zeitliche Überschneidungen mit Maupertuis' Anwesenheit stellten weiter kein Problem dar. Voltaire verfaßte sogar ein rührendes Gedicht für Maupertuis, in dem er ihn als einen modernen Argonauten pries, der den Mut besaß, zum Wohle der Wissenschaft eine

Emilie du Châtelet
Gemälde von
Maurice Quentin
de la Tour,
Lauros-Graudon

Reise in den hohen Norden anzutreten. Dann sandte er ein
romantisches Gedicht an Emilie, in dem er sie mit einem
Stern verglich und darauf hinwies, daß zumindest er nicht so
treulos sei, sie gegen eine Expedition in die Arktis einzutau-
schen. Das war Maupertuis gegenüber nicht ganz fair, aber
Emilie störte sich nicht daran. Was sollte Voltaire denn auch
anderes tun? Er war schließlich verliebt.

Bald erwiderte sie seine Zuneigung, und diesmal wollte sie
sich die Liebe nicht nehmen lassen. Sie und Voltaire hatten einiges gemeinsam, darunter das Interesse an politischen Refor-
men, aber auch das Vergnügen an geistreicher Konversation
(»sie spricht mit großer Schnelligkeit«, hatte einer ihrer früheren Liebhaber geschrieben, »...ihre Wörter sind wie ein En-
gel«). Vor allem aber vereinte sie das Bestreben, die Wissenschaft voranzubringen, soweit sie es nur vermochten. Emilies
Ehemann besaß ein Schloß bei Cirey in der Champagne, das,
seit Jahrhunderten im Besitz der Familie, jedoch ziemlich her-
untergekommen war. Warum sollten sie es nicht als Standort
für ernsthafte wissenschaftliche Forschung nutzen? Sie machten sich also ans Werk, und Voltaire schrieb an einen Freund
über Madame du Châtelets Aktivitäten:

> Sie ändert in den Plänen ständig Kamine in Treppenhäuser und
> Treppenhäuser in Kamine. Wo ich die Handwerker anwies, eine Bi-
> bliothek zu bauen, trägt sie ihnen auf, einen Salon einzurichten. ...
> Sie läßt Linden pflanzen, wo ich Ulmen vorgesehen hatte, und wo
> ich Kräuter und Gemüse wünschte, ... kann nur ein Blumenbeet sie
> erfreuen.

Innerhalb von zwei Jahren waren Renovierung und Umbau des Schlosses beendet. Es gab darin eine Bibliothek, die sich mit der der *Académie des Sciences* in Paris durchaus messen konnte, außerdem eine hochmoderne Laboreinrichtung aus London, reichlich Gästezimmer und auch Räume, die man heute Seminarräume nennen würde. Bald schon stellten sich Besucher ein, darunter wissenschaftliche Koryphäen aus ganz Europa. Madame du Châtelet hatte ihr eigenes, fachmännisch ausgestattetes Labor; die Gemälde in ihren Gemächern stammten von Watteau. Voltaire bewohnte einen separaten Flügel, doch sein Schlafzimmer war durch einen diskret verborgenen Gang mit dem ihren verbunden. (Einmal benutzte er den Durchgang, als sie nicht damit rechnete, und überraschte sie mit einem anderen Liebhaber. Sie suchte ihn zu beruhigen; sie habe das nur getan, weil sie wußte, daß er sich nicht wohl fühlte, und hatte ihn nicht stören wollen, da er doch Ruhe brauchte.)

Die gelegentlichen Besucher aus Versailles, die eigentlich nur kamen, um zu spotten, erlebten dort eine schöne Frau, die freiwillig im Haus blieb und bis spät in die Nacht am Schreibtisch arbeitete, inmitten von Berechnungen und Übersetzungen, im Lichtschein von zwanzig Kerzen. In der großen Halle standen moderne, komplizierte wissenschaftliche Apparaturen. Voltaire gesellte sich hinzu, nicht nur um den neuesten Klatsch vom Hofe zu hören – dem er gleichwohl nicht ganz widerstehen konnte –, sondern auch um Newtons in Latein verfaßte Abhandlungen mit den neuesten Kommentaren aus der Feder holländischer Wissenschaftler zu vergleichen.

Einige Male stand Madame du Châtelet kurz vor einer Entdeckung, die aber erst nach ihrem Tod gemacht wurde. Sie führte ein Experiment zum Rosten von Eisen durch, das Lavoisiers späteren Versuchen sehr ähnelte. Hätten ihr etwas genauere Waagen zur Verfügung gestanden, so wäre vielleicht sie auf das Gesetz von der Massenerhaltung gekommen – Jahre bevor Lavoisier geboren wurde.

Voltaire und du Châtelet korrespondierten mit anderen aufgeschlossenen Forschern und stellten ihnen Diagramme, Berechnungen und Argumentationshilfen zur Verfügung. Manche der zahlreichen Besucher, wie beispielsweise Daniel Bernoulli, verbrachten zuweilen Wochen und Monate auf Schloß Cirey, und es erfüllte Voltaire mit großer Genugtuung, daß die neue Newtonsche Weltsicht durch ihre gemeinsamen Bemühungen an Boden gewann. Dabei war es keineswegs so, daß der weltgewandte, vielgelesene Autor seine junge Geliebte dominiert oder in hitzigen Diskussionen stets das letzte Wort gehabt hätte. Madame du Châtelet war wirklich eine Forschernatur und sie faßte auch den Entschluß, sich der entscheidenden Frage zuzuwenden: Was ist Energie?

Sie wußte, daß die meisten Wissenschaftler glaubten, das Wesen der Energie sei bereits hinreichend geklärt. Voltaire hatte diese vermeintlich unabänderlichen Wahrheiten in seinen allgemeinverständlich geschriebenen Darstellungen der Newtonschen Gesetze behandelt: Demnach sollte der bestimmende Faktor beim Zusammenstoß von Körpern einfach das Produkt aus ihrer Masse und ihrer Geschwindigkeit sein; in moderner Schreibweise: mv^1. Wenn eine 5 Pfund schwere Kugel sich 10 km/h schnell bewegt, dann hat sie demnach 5 mal 10^1, also 50 Energieeinheiten.

Aber du Châtelet wußte, daß Newtons Auffassungen von dem bedeutenden, seinerzeit schon verstorbenen deutschen

Diplomaten und Naturphilosophen Gottfried Wilhelm Leibniz bestritten worden waren. Für Leibniz lautete der entscheidende Ausdruck mv^2. Wenn sich eine 5 Pfund schwere Kugel 10 km/h schnell bewegt, hat sie demnach 5 mal 10^2, also 500 Energieeinheiten.

Welche Ansicht war die richtige? Das schien eine Frage der Definition sein, aber der Streit hatte tiefere Gründe. Wir sind heute daran gewöhnt, Wissenschaft und Religion als zwei völlig verschiedene Bereiche zu betrachten, doch im siebzehnten und achtzehnten Jahrhundert war das noch anders.

Newton glaubte, mit Hilfe des Faktors mv^1 die Existenz Gottes beweisen zu können. Wenn zwei völlig identische Bierkarren zusammenstoßen, gibt es einen fürchterlichen Knall, und vielleicht auch ein Knirschen, wenn sich ihre Rahmen ineinander verkeilen, aber danach herrscht Stille. Unmittelbar vor dem Aufprall enthielt das Universum eine Menge mv^1: Die zwei Wagen rasen direkt aufeinander zu: der eine genau nach Osten, der andere genau nach Westen. Nach dem Zusammenstoß liegt jedoch nur noch ein Haufen Schrott mit der Geschwindigkeit null auf der Straße. Das heißt, die beiden Anteile v^1 sind verschwunden, denn der Schwung nach Osten hat den Schwung nach Westen exakt aufgehoben.

Nach Newtons Ansicht ist damit alle Energie, die zuvor in den beiden Wagen gesteckt hatte, nunmehr verschwunden. Es ist ein Loch entstanden, das aus unserem sichtbaren Universum hinausführt. Da solche Zusammenstöße dauernd vorkommen, muß also, wenn wir tatsächlich innerhalb eines großen Uhrwerks leben, diese Uhr immer wieder aufgezogen werden, damit sie nicht stehenbleibt. Aber sehen wir uns einmal um. Wir werden feststellen, daß die Objekte, die sich bewegen können, mit der Zeit keineswegs weniger werden. Das ist der Beweis. Daß das Universum immer noch funktioniert, deutete Newton als ein Zeichen dafür, daß Gottes fürsorgliche

Hand eingreift, um uns zu erhalten und zu unterstützen – und um alle Triebkräfte bereitzustellen, die wir ansonsten verlören.

Voltaire gab sich damit zufrieden. Newton hatte gesprochen, und wie käme er, Voltaire, dazu, ihm zu widersprechen? Auf jeden Fall erschien Newtons Sicht als eine wunderbare Vision – und wurde obendrein durch diese fürchterlich komplizierte Infinitesimalrechnung und die Geometrie gestützt. Daher war es am besten, zustimmend zu nicken und diese Erklärungen zu akzeptieren. Anders Emilie du Châtelet! Sie verbrachte viele Stunden in ihrem Zimmer mit den Watteau-Gemälden, dann wieder am Schreibtisch mit den vielen Kerzen und befaßte sich mit Leibniz' Gegenargumenten.

Anhand verschiedener abstrakter geometrischer Überlegungen hatte Leibniz darauf hingewiesen, daß gemäß dem Newtonschen Ansatz Lücken in der Welt entstehen müßten. Diplomaten können recht sarkastisch sein, und so schrieb er: »Nach [Newtons] Meinung muß Gott, der Allmächtige, seine Uhr von Zeit zu Zeit aufziehen, weil sie sonst stehenbliebe. Er hatte, so scheint es, nicht genügend vorgesorgt, daß sie ständig in Bewegung bleibt.«

Wie sich herausstellte, kann das Problem vermieden werden, wenn man die Energie in Vielfachen von mv^2 angibt. Die Menge an mv^2 des einen Wagens, der nach Westen fährt, entspricht beispielsweise 100 Energieeinheiten, und der zweite Wagen auf Kollisionskurs hat ebenfalls 100 Energieeinheiten. Nach Newton heben beide Energien beim Zusammenstoß einander auf, aber nach Leibniz addieren sie sich. Als die zwei Wagen zusammenprallten, war demnach die Energie, die in beiden steckte, noch eifrig am Werk: Sie schleuderte Trümmerstücke durch die Luft, ließ die Wagen etwas zurückprallen, erwärmte die Wagenräder und erzeugte einen gewaltigen Krach.

Nach Leibniz' Ansicht geht dabei nichts verloren. Die Welt hält sich von selbst in Bewegung, und es gibt keine Löcher oder Schleusentore, durch die Kausalität und Energie entweichen, so daß nur Gott sie zurückbringen könnte. Wir sind allein. Gott war vielleicht am Anfang nötig gewesen sein, später aber nicht mehr.

Du Châtelet konnte diesem Ansatz einiges abgewinnen, doch sie erkannte auch, warum er in den Jahrzehnten nach dem Erscheinen von Leibniz' Abhandlungen an Überzeugungskraft verloren hatte. Seine Sichtweise war nämlich allzu vage. Sie entsprach Leibniz' ganz persönlicher Einstellung, ohne durch objektive Beweise hinreichend untermauert worden zu sein. Außerdem war dies, wie Voltaire in seinen Roman *Candide* mit großer Genugtuung anmerkte, eine merkwürdig passive Sichtweise, der zufolge sich unsere irdischen Lebensbedingungen nicht grundlegend verbessern lassen.

Bei ihrer Arbeit ging die ansonsten etwas sprunghafte Madame du Châtelet sehr methodisch zu Werk und nahm sich Zeit. Nachdem sie Leibniz' Argumente sowie die Entgegnungen seiner Kritiker eingehend studiert hatte, ließ sie es daher nicht dabei bewenden, sondern suchte weiter nach einem Beweis, der ihr die Entscheidung erleichtern würde. Voltaire meinte, sie »verschwende« damit eindeutig ihre Zeit, aber für du Châtelet war dies eine Sternstunde ihres Wirkens: Die Forschungsinstitution, die sie in Cirey eingerichtet hatte, wurde endlich voll und ganz genutzt.

Du Châtelet und ihre Mitstreiter fanden den entscheidenden Beweis mit Hilfe damals neuer Experimente des niederländischen Forschers Willem 'sGravesande. Dieser hatte unter anderem schwere Gewichte aus unterschiedlichen Höhen und damit verschieden schnell auf weichen Lehmboden fallen lassen. Wäre nun die Formel $E = mv^1$ richtig, dann müßte ein Gewicht, das zweimal so schnell wie ein anderes aufschlägt, doppelt so tief in den Lehm eindringen und ein dreimal so schnelles entsprechend dreimal so tief. Aber 'sGravesande fand etwas anderes: Vielmehr bohrte sich eine doppelt so schnelle Messingkugel *viermal* und eine dreimal so schnelle sogar *neunmal* so tief in den Boden.

Genau dieses Ergebnis hatten diejenigen erwartet, die den Ansatz $E = mv^2$ favorisiert hatten, denn zwei zum Quadrat ist vier und drei zum Quadrat ist neun. Auf wundersame Weise schien diese Gleichung in der Natur eine große Rolle zu spielen.

'sGravesande hatte ein konkretes, sicheres Ergebnis. Doch er war kein Theoretiker und vermochte daher keine prinzipiellen Folgerungen daraus zu ziehen. Leibniz dagegen war ein hervorragender Theoretiker gewesen, hatte aber die Experimente des Niederländers noch nicht kennen können, und seine Entscheidung für mv^2 beruhte zu einem guten Teil auf Vermutungen. Du Châtelet konnte die Lücke nun schließen. Sie untermauerte Leibniz' Theorie, indem sie 'sGravesandes Ergebnisse darin einbettete. Endlich gab es eine handfeste Begründung dafür, den Ausdruck mv^2 zur Definition der Energie heranzuziehen.

Du Châtelets Publikationen zeitigten große Wirkung. Sie konnte klar und anschaulich schreiben, und es kam ihr zugute, daß Schloß Cirey inzwischen als eine der wenigen wirklich unabhängigen Forschungsstätten galt. Die meisten englischen Wissenschaftler ergriffen automatisch für Newton Partei, während die deutschen in der Regel ebenso dogmatisch Leibniz' Sichtweise vertraten. Die französischen Forscher hatten dabei stets das Zünglein an der Waage gespielt, und du Châtelets Stimme gab der Debatte die entscheidende Wendung.

Nachdem ihre Abhandlung erschienen war, ließ sie für eine Weile die Arbeit ruhen, um sich um die Finanzen ihrer Familie zu kümmern und zu überlegen, welchem Forschungsthema sie sich demnächst widmen sollte. Gemeinsam mit Voltaire unternahm sie einige Reisen und amüsierte sich darüber, daß die neue Höflingsgeneration in Versailles keine Ahnung davon hatte, daß sie zu den führenden Vertretern der modernen Physik in Europa gehörte und zudem in ihrer Freizeit Werke von Aristoteles und Vergil neu übersetzte. Nur gelegentlich wurde dies offenbar, wenn sie etwa am Spieltisch ganz schnell die Gewinnwahrscheinlichkeit überschlug.

Die Wochen vergingen, und sie kehrten nach Cirey zurück. Die Linden waren gewachsen (»in dieser köstlichen Abgeschiedenheit«, wie sie schrieb), und sie hatte nun Voltaire sogar seinen Gemüsegarten zugestanden. Zu jener Zeit schrieb sie in einem eilig verfaßten Brief an einen Freund:

Château de Cirey   3. April 1749
Ich bin schwanger, und Sie können sich vorstellen …, wie ich um
meine Gesundheit, sogar um mein Leben bange … mit vierzig Jahren
noch ein Kind zu bekommen …

Das war nun etwas, das sie nicht steuern konnte. In ihren ersten Ehejahren hatte sie mehrere Kinder zur Welt gebracht, und schon damals waren bei den Geburten Probleme aufgetreten. Um so fraglicher erschien es daher, ob sie mit nunmehr vierzig Jahren eine Niederkunft überleben würde. Den Ärzten war seinerzeit noch nicht bewußt, daß man sich bei der Geburtshilfe die Hände waschen und die Instrumente desinfizieren muß, es gab keine Antibiotika, mit denen sich die fast unvermeidliche Infektion hätte bekämpfen lassen, ebensowenig Arzneien, um Nachblutungen zu stillen. Gleichwohl empörte sie sich nicht über die offensichtliche Unfähigkeit der Ärzte jener Zeit. Sie sei nur traurig, sagte sie zu Voltaire, gehen zu müssen, ehe sie ihre Arbeit beendet habe, wußte sie doch, daß ihr nur noch wenig Zeit blieb: Die Wehen wurden für September erwartet. Schon immer hatte sie viele Stunden hintereinander gearbeitet, nun aber brannten die Kerzen an ihrem Schreibtisch manchmal bis zur Morgendämmerung.

Am 1. September 1749 sandte sie dem Direktor der königlichen Bibliothek einen Brief, dem ein Päckchen mit dem jetzt vollständigen Entwurf ihres Kommentars zu Newtons Theorie beilag. Drei Tage danach setzten die Wehen ein. Sie überstand die Geburt, zog sich dann aber eine Infektion zu, der sie innerhalb einer Woche erlag.

Voltaire war außer sich vor Schmerz. »Ich habe die Hälfte meiner selbst verloren – eine Seele, für die die meine geschaffen war.«

Die Proportionalität der Energie zu mv^2 wurde für die Physiker allmählich zur puren Selbstverständlichkeit. Im 19. Jahrhundert bedienten sich Faraday und andere Forscher des Ausdrucks mv^2, als sie ihre Theorien über die Erhaltung aller Energie entwickelten und begründeten. Du Châtelets Untersuchungen und Abhandlungen waren auf diesem Weg ein entscheidender Schritt nach vorn gewesen, was allerdings mit der Zeit in Vergessenheit geriet, teils weil sich jede neue Wissenschaftlergeneration über ihre Vorläufer gern hinwegsetzt, teils aber vielleicht deshalb, weil eine solch bahnbrechende Leistung einer Frau die zumeist aus Männern bestehende Forscherzunft verunsicherte.

Die große Frage lautet jedoch: Warum erlaubt das Quadrieren der Geschwindigkeit eines Gegenstands eine so exakte Beschreibung dessen, was in der Natur geschieht?

Ein Grund liegt darin, daß die Geometrie unserer Welt nicht selten Quadratzahlen hervorbringt. Wenn wir uns beispielsweise einer Lampe auf die halbe Entfernung nähern, dann ist das Licht, das auf unser Buch fällt, nicht nur zweimal, sondern – ähnlich wie bei 'sGravesandes Fallversuchen – *viermal* so hell. Entfernen wir uns von der Lampe, so verteilt sich ihr Licht auf eine größere Fläche, und wenn wir uns ihr nähern, konzentriert sich dieselbe Lichtmenge auf eine viel kleinere Fläche.

Das Interessante daran ist, daß fast *alles*, was sich stetig kumuliert, proportional zu Quadratzahlen zunimmt. Wenn wir unser Auto auf der Straße von 20 km/h auf 80 km/h beschleunigen, hat sich die Geschwindigkeit vervierfacht. Aber wenn wir auf die Bremse treten, bis das Auto steht, brauchen wir dafür nicht nur viermal so lange wie beim Anhalten bei 20 km/h. Die angesammelte Energie ist auf das Sechzehnfache angewachsen (denn sechzehn ist das Quadrat von vier), und daher brauchen wir sechzehnmal so viel Zeit, bis das Auto zum Stehen kommt.

Stellen wir uns vor, das bremsende Auto sei mit einer Art Energiesammler verbunden. Ein Auto, das zu Beginn eine viermal höhere Geschwindigkeit hat als ein anderes, besitzt dabei in der Tat sechzehnmal so viel Energie und könnte diese an den Energiesammler abgeben. Würde jemand versuchen, die Energie einfach als mv^1 anzugeben, entginge ihm dieser Sachverhalt. Nur durch die Konzentration auf mv^2 kommen diese wichtigen Aspekte ans Tageslicht.

Im Laufe der Zeit gewöhnten sich die Physiker daran, das Produkt der Masse des sich bewegenden Gegenstands und des Quadrats seiner Geschwindigkeit zu errechnen (also als mv^2), um seine Energie zu erhalten. Wenn die Geschwindigkeit einer Kugel oder eines Steines 100 km/h beträgt, dann entspricht, so wußten sie, seine Bewegungsenergie seiner Masse, multipliziert mit 100 zum Quadrat. Wenn die Geschwindigkeit so weit wie nur denkbar ansteigt, also bis auf 1.079.000.000 km/h, dann ist fast die Energie erreicht, die der Gegenstand maximal aufweisen könnte: mc^2. Das ist natürlich kein Beweis. Doch als in Einsteins detaillierten Herleitungen plötzlich der Ausdruck mc^2 auftrat, erschien dies so natürlich, so »passend«, daß seine verblüffende Schlußfolgerung plausibel wurde, nach der die scheinbar getrennten Domänen von Energie und Masse miteinander zusammenhängen können. Die Brücke zwischen beiden war dabei die Größe c, eben die Lichtgeschwindigkeit. (Wer sich für Einsteins

Ableitungen näher interessiert, möge meine für dieses Buch eingerichtete Webseite www.davidbodanis.com aufrufen, in der die zugrundeliegenden Gedankengänge erläutert werden.)

Der Faktor c^2 ist nun ganz entscheidend dafür, wie dieser Zusammenhang aussieht und wirkt. Wenn unser Universum anders beschaffen wäre – wenn c^2 einen viel kleineren Zahlenwert hätte –, dann würde nur eine kleine Masse in eine entsprechend geringe Energiemenge umgewandelt. Aber im tatsächlich bestehenden Universum und aus der Perspektive unseres kleinen Planeten Erde ist c^2 eine ungeheuer riesige Zahl. In der Einheit Stundenkilometer (km/h) hat c den Zahlenwert 1.079.000.000, und dessen Quadrat ist (näherungsweise) 1.164.000.000.000.000.000. Stellen wir uns vor, das Gleichheitszeichen in $E = mc^2$ wirke wie ein Tunnel oder eine Brücke. Eine sehr kleine Masse wird enorm vergrößert, sobald sie sozusagen durch die Gleichung reist und auf der anderen Seite, der Energie-Seite, wieder zum Vorschein kommt.

Das bedeutet: Masse ist letztlich die höchste Form von kondensierter oder konzentrierter Energie. Energie ist dann die Umkehrung: Sie ist das, was sich bei geeigneten Bedingungen als eine andere Form von Masse »aufbläht«. Stellen wir uns zum Vergleich vor, ein Holzscheit gehe in Flammen auf und erzeuge eine enorme Menge an aufsteigendem Rauch. Jemand, der noch nie ein Feuer gesehen hat, wäre verblüfft, daß all dieser Rauch in dem bißchen Holz »geschlummert« hatte. Die Gleichung besagt, daß jegliche Form von Masse – theoretisch – dazu gebracht werden kann, sich auf analoge Weise »auszudehnen«. Zudem drückt sie aus, das diese Expansion weitaus heftiger sein wird als die Rauchentwicklung bei einer chemischen Verbrennung. Der unvorstellbar große Umrechnungsfaktor 1.164.000.000.000.000.000 gibt also an, wie stark eine Masse »vergrößert« würde, wenn sie gemäß der Gleichung vollständig transformiert, also durch den Tunnel »=« geführt würde.

TEIL 3

Die frühen Jahre

7

Einstein und die Gleichung

Als Einstein 1905 seine Gleichung $E = mc^2$ veröffentlichte, wurde sie zunächst weitgehend ignoriert. Sie paßte einfach nicht in das Gedankengebäude der meisten Wissenschaftler. Die bedeutenden Erkenntnisse von Faraday und Lavoisier und all den anderen waren zwar allgemein bekannt, aber niemand hatte sie bislang auf diese Weise miteinander verknüpft – und kaum jemand war auch nur auf den Gedanken gekommen, daß man es überhaupt versuchen könnte.

Die meisten Forscher konzentrierten sich damals auf die Produkte der weltweit wichtigsten Industrien, auf Stahl, Eisenbahnen und Farbstoffe, zudem auf die Düngemittelproduktion für die Landwirtschaft. Zwar gab es schon an einigen Universitäten Institute mit eher theoretischer Ausrichtung, doch vieles von dem, worüber dort geforscht wurde, hätte nicht einmal einen Zeitgenossen Newtons in großes Erstaunen versetzt. Man befaßte sich dort vor allem mit herkömmlicher Optik, mit Schall und Elastizität, kaum jedoch mit den rätselhaften Radiowellen oder der Radioaktivität.

Wie wir im 1. Kapitel erfahren haben, hatte Einstein im Sommer 1905 erkannt, daß die Energie E dem Ausdruck mc^2 entspricht. Während er die Abhandlung mit der Gleichung zu Papier brachte, hatte er oft seinen kleinen Sohn Hans Albert zu beaufsichtigen, was jedoch kein Problem darstellte. Besucher erinnerten sich später, wie er völlig entspannt und zufrieden im Wohnzimmer seiner kleinen Wohnung arbeitete, dabei mit der freien Hand die Wiege des Einjährigen schaukelte und bei Bedarf dem Kleinen etwas vorsummte oder sang. Was ihn motivierte, war die wissenschaftliche Neugier, die Faszination des Unbekannten. Er wollte begreifen, was »der Alte« (wie er Gott zu nennen pflegte) mit unserem Universum beabsichtigt hatte.

»Wir befinden uns in derselben Situation«, erklärte Einstein später, »wie ein kleines Kind, das in eine riesige Bibliothek kommt, deren Regale bis zur Decke vollgestopft sind mit Büchern in den verschiedensten Sprachen. Das Kind weiß, daß irgend jemand jene Bücher geschrieben haben muß. Es weiß aber nicht, wer das war und wie er das getan hat, und es versteht die Sprachen nicht, in denen sie geschrieben sind. Das Kind bemerkt nun eine gewisse Regel in der Anordnung der Bücher, eine geheimnisvolle Reihenfolge, deren Prinzip es nicht versteht, sondern nur erahnen kann.«

Als sich nun die Chance ergab, das Dunkel zu durchdringen und das Buch des »Alten« herauszuziehen, auf dessen Seiten die Gleichung $E = mc^2$ sozusagen durchschimmerte, war Einstein bereit, sie zu nutzen.

Seiner überraschenden Erkenntnis – daß Masse und Energie letztlich eines sind – lag die scheinbar irrelevante Beobachtung zugrunde, daß sich ein Lichtstrahl niemals einholen läßt. Wie unser Beispiel mit dem Raumschiff zeigte, hat aber gerade dieser Sachverhalt zur Folge, daß die einem beweglichen Objekt zugeführte Energie für einen äußeren Beobachter so wirkt, als nähme die Masse des Raumschiffs zu. Oder anders herum betrachtet: Unter geeigneten Bedingungen kann ein Objekt Energie aussenden, die es aus seiner eigenen Masse erzeugt.

Bereits im letzten Jahrzehnt des 19. Jahrhunderts hatten mehrere Forscher Hinweise darauf gefunden, wie dies möglich sein könnte. Im Kongo, in Böhmen und in anderen Ländern waren seltsame, von Metalladern durchzogene Erze gefunden worden, deren Untersuchung in Laboratorien in Paris, München, Montreal und anderswo ergeben hatte, daß sie geheimnisvolle Energiestrahlen aussendeten. Wären die Gesteine dabei irgendwann »verbraucht« gewesen, so hätte das niemanden verwundert, konnte man doch annehmen, daß hier eine Art Verbrennung ablief. Aber selbst mit den damals modernsten Meßmethoden konnte man an den emmittierenden Erzen nicht die geringste Veränderung feststellen.

Marie Curie gehörte zu den ersten, die dieses Phänomen erforschten, und prägte 1898 dafür den Begriff *Radioaktivität*. Doch auch sie konnte zunächst nicht ahnen, daß diese Strahlungsenergie dieser Metalle auf der Umwandlung unmeßbar winziger Materieteilchen in Energie beruhte. Die Mengen, um die es hier ging, erschienen absolut unglaubhaft: Ein faustgroßer Brocken eines solchen Erzes konnte nämlich pro Sekunde viele Billionen überaus schneller Alphateilchen emittieren: unaufhörlich – über Stunden, Wochen oder Monate hinweg –, ohne daß ein Verlust an Masse meßbar gewesen wäre.

Später, als Einstein schon berühmt war, traf er Curie mehrmals, aber er verstand sie nie. Nach einem Wanderausflug beschrieb er sie als kalt wie ein Fisch und fügte hinzu, sie beklage sich ständig. Tatsächlich jedoch war sie ein leidenschaftlicher Mensch und damals heftig in einen, leider bereits verheirateten, französischen Wissenschaftler verliebt. Daß sie während jenes Urlaubs häufiger klagte, mag daran gelegen haben, daß sie bereits an Krebs litt. Jahrelang hatte sie mit dem Element Radium gearbeitet, von dessen Eigenschaften und vor allem Gefahren man praktisch noch nichts wußte.

Wohin Marie Curie auch ging, sie trug stets – ohne es zu ahnen – Spuren von Radium an Kleidung und Händen. Seit Jahrtausenden schon hatte dieses Element gemäß der (damals noch nicht bekannten) Einsteinschen Gleichung Energie emittiert, ohne daß seine Menge merklich geschrumpft wäre. Der Emissionsvorgang dauerte auch nach dem Abbau des Erzes aus den Minen in Belgisch-Kongo – und während Curie mit Radium experimentierte – unvermindert an und führte letztlich zu ihrem Krebstod. Noch über siebzig Jahre später war der Radiumstaub auf Marie Curies Laborbüchern, ja sogar auf ihren Kochbüchern zu Hause unverändert aktiv und sandte schädliche Strahlung aus.

Einsteins Gleichung machte dann deutlich, welche ungeheure Strahlungsmenge bei der Umwandlung von Masse in Energie entstehen kann. Stellen wir uns eine ganz winzige Materiemenge vor und multiplizieren ihre Masse mit dem Quadrat der gigantischen Lichtgeschwindigkeit, dann erhalten wir einen riesigen Zahlenwert. Dieser gibt an, wieviel Energie bei der Umwandlung der winzigen Materieportion in Strahlung entstehen wird.

Man könnte leicht übersehen, welche Urgewalt dahintersteckt, denn die Gleichung $E = mc^2$ selbst sagt ja nichts darüber aus, welche Art von Masse hier einzusetzen ist. Unter geeigneten Bedingungen ließe sich theoretisch *jegliche* Substanz in Energie umwandeln, zuweilen allerdings unter Aufwand von Energie. Diese Urgewalt lauert im Grunde überall, steckt in ganz normalem Gestein, aber auch in Pflanzen oder Flüssen. Eine Seite dieses Buches, wenige Gramm schwer, scheint nichts als ein harmloses, stabiles Gebilde aus Zellstoffasern mit etwas Druckerschwärze zu sein. Könnte sie jedoch vollständig in Energie umgewandelt werden, so würde mehr Energie frei, als wenn ein ganzes Kraftwerk explodierte.

Je größer die umgewandelte Masse ist, desto furchterregender ist natürlich die freigesetzte Energiemenge. Nehmen wir einmal ein einziges Pfund an Materie und multiplizieren diese Masse mit dem Quadrat der Lichtgeschwindigkeit. Wenn diese in der Einheit Kilometer pro Stunde (km/h) angegeben wird, dann beträgt der Faktor, wie im vorigen Kapitel errechnet, etwa 1.164.000.000.000.000.000. Die Umwandlung von einem halben Kilogramm Materie in Energie liefert demnach die unvorstellbare Energiemenge von rund 12,5 Milliarden Kilowattstunden. Um diese Energiemenge zu erzeugen, muß ein Großkraftwerk mit einer Leistung von 1300 Megawatt rund 10.000 Stunden, laufen; das sind knapp 14 Monate! Aufgrund des enorm großen Umrechnungsfaktors genügt bei einer Atombombe, die eine ganze Großstadt in Schutt und Asche legt und Zigtausende von Körpern zerfetzt und verbrennt, ein wirksamer Kern, der so klein ist, daß er in eine Aktentasche paßt.

Eine Uranbombe funktioniert schon dann, wenn weniger als 1 Prozent ihrer Masse in Energie verwandelt wird. Die viel, viel größere Materiemenge, die in einem Stern komprimiert ist, liefert über Milliarden von Jahren hinweg genug Energie, um die ihn umkreisenden Planeten zu erwärmen. Dabei wird ständig ein winziger Bruchteil der Masse des Sterns »herausgequetscht« und in Form von Strahlungsenergie in den Weltraum gesandt.

Als Einstein 1905 seine Gleichung niederschrieb, war er dem Wissenschaftsbetrieb so fern, daß er seine Abhandlung über die Spezielle Relativitätstheorie weder mit Fußnoten noch mit Anmerkungen versah, was in der Wissenschaft geradezu unerhört ist. Die einzige Danksagung in Einsteins Publikation galt seinem Freund Michele Besso, einem Ingenieur in den Dreißigern, der ebenfalls am Patentamt arbeitete. Einsteins Artikel erschienen immerhin in den renommierten *Annalen der Physik* – auf seine Karriere war er also doch so bedacht, daß er in den Jahren zuvor mit den Herausgebern Kontakt gehalten und Rezensionen eingereicht hatte. Aber offenbar hielten sich die Physiker schon damals für überlastet, denn einer nach dem anderen übersah oder ignorierte beim Durchblättern der Zeitschrift Einsteins Artikel, der doch schon vom Aufbau her so ungewöhnlich war.

Kurz darauf bewarb sich Einstein um eine Hilfsdozentenstelle an der Universität Bern, um dem Patentamt zu entkommen. Neben anderen Aufsätzen fügte er der Bewerbung seinen Artikel über die Spezielle Relativitätstheorie bei, auf den er so stolz war. Er wurde abgelehnt. Etwas später bemühte er sich um eine Anstellung als Gymnasiallehrer. Auch hier schickte er den Artikel mit seiner Gleichung an den Direktor. Von den einundzwanzig Bewerbern wurden drei zu einem Vorstellungsgespräch eingeladen. Einstein war nicht unter ihnen.

Mit der Zeit wurden dann doch einige Wissenschaftler auf Einsteins Arbeit aufmerksam, und sofort stellten sich Neid und Mißgunst ein. Henri Poincaré war eine der Koryphäen im Frankreich der Dritten Republik und galt – zusammen mit dem Deutschen David Hilbert – als einer der bedeutendsten Mathematiker der Welt. Als junger Mann hatte Poincaré Überlegungen zu Papier gebracht, aus denen dann Jahrzehnte später die Chaostheorie hervorging. Während seines Studiums – so erzählte man sich – habe er einmal eine ältere Frau an einer Straßenecke stricken sehen und beim Weitergehen über die Geometrie ihrer Stricknadeln nachgedacht. Dann sei er eilig umgekehrt und habe ihr erklärt, daß man auch ganz anders stricken könne. Ganz von allein war er da auf die Technik des Linksstrickens gekommen.

Poincaré war inzwischen über fünfzig und hatte nicht mehr genug Energie, die Ideen, die ihm immer noch kamen, zu entwickeln oder zu Ende zu denken. Vielleicht steckte auch mehr dahinter. Wissenschaftler mittleren Alters behaupten des öfteren, das Problem bestehe nicht darin, daß das Gedächtnis oder die Schnelligkeit des Denkens nachlasse, sondern lähmend wirke vielmehr die Angst vor dem Schritt ins Unbekannte. Im übrigen war Poincaré einmal nahe daran gewesen, das zu erkennen, was Einstein nun erkannt hatte.

Poincaré hatte zu der großen Gruppe etwas desorientierter europäischer Intellektueller gehört, die 1904 zur Weltausstellung in St. Louis eingeladen worden waren. (Auch der deutsche Soziologe Max Weber war dort und fühlte sich äußerst abgestoßen von der unbändigen Energie, die er in Amerika spürte – er verglich Chicago mit »einem Menschen, dem die Haut abgezogen ist und dessen Eingeweide man arbeiten sieht«. Dieser Schock riß ihn sogar aus einer Depression, unter der er seit Jahren gelitten hatte.) Auf der Weltausstellung hatte der Franzose einen Vortrag über das gehalten, was er eine »Theorie der Relativität« nannte. Doch diese Bezeichnung ist irreführend, denn seine Theorie berührte das, was Einstein kurz darauf präsentierte, nur ganz am Rande. Wäre Poincaré jünger gewesen, hätte er die Theorie vielleicht gründlich durchdenken und auf dieselben Ergebnisse kommen können, zu denen Einstein im folgenden Jahr gelangte – und sicher auch auf die verblüffende Gleichung. Aber nach seinem Vortrag und dem anstrengenden Programm, das seine Gastgeber in St. Louis im Anschluß für ihn geplant hatten, beließ es der nicht mehr junge Mathematiker dabei. Angesichts der Tatsache, daß sich viele französische Wissenschaftler von Lavoisiers praktischer Methodik schon lange abgewandt und sich auf unfruchtbares Theoretisieren versteift hatten, war es für Poincaré noch schwerer, sich in die praktischen Konsequenzen seiner Theorie zu vertiefen.

Als ihm dann 1906 klar wurde, daß dieser junge Mann in der Schweiz ein riesiges neues Feld erschlossen hatte, reagierte Poincaré eingeschnappt. Anstatt sich mit Einsteins Gleichung, die er als sein Stiefkind hätte ansehen können, näher zu befassen und sie seinen Kollegen in Paris zur Weiterentwicklung nahezubringen, blieb er auf Distanz. Über die Gleichung sprach er nie, und Einstein erwähnte er nur selten.

Andere Zeitgenossen untersuchten Einsteins Arbeit genauer. Zunächst entgingen ihnen aber ganz zentrale Aspekte, darunter die Frage, warum Einstein die Größe c als so entscheidend herausgestellt hatte. Sie hätten die Arbeit ja verstehen können, wenn das Relativitätsprinzip und die Gleichung aus neuen experimentellen Ergebnissen hervorgegangen wären, wenn Einstein also irgendeine neuartige Apparatur in einem Labor aufgebaut hätte, um eingehend zu erforschen, was Marie Curie oder andere gefunden hatten, und somit eine Entdeckung gemacht hätte, die bisher niemandem gelungen war. Nicht begreifen konnten sie indes, daß er überhaupt kein Labor hatte. Die »neuesten Ergebnisse«, mit denen er arbeitete, stammten von Wissenschaftlern, die schon vor Jahrzehnten oder gar Jahrhunderten gestorben waren. Doch darauf kam es überhaupt nicht an. Einstein war auf seine Ideen nicht dadurch gekommen, daß er geduldig etliche neue Befunde zusammenfügte. Vielmehr verbrachte er, wie wir sahen, lange Zeit damit, geradezu »träumerisch« über das Licht und seine Geschwindigkeit nachzusinnen, und sich zu fragen, was in unserem Universum logisch möglich ist und was nicht. Aber das wirkte »verträumt« nur auf Außenstehende, die ihn nicht verstanden. Was ihm schließlich gelang, war eine der bedeutendsten geistigen Leistungen aller Zeiten.

Seit der Entstehung der mathematisch fundierten Wissenschaft im 17. Jahrhundert glaubten die Wissenschaftler jahrhundertelang, daß sie das Universum in seinen Grundzügen erkannt und beschrieben hätten. Zwar waren noch viele Details zu klären, doch die mit dem gesunden Menschenverstand einsehbaren Eigenschaften der Welt um uns galten als gesicherte Erkenntnisse. Der Mensch lebte in einer Welt, in der die Gegenstände dieselbe Masse behielten, während sie sich bewegten, in der die Zeit gleichmäßig voranschritt und in der jeder stets genau wußte, wo er sich in deren Fluß gerade befand.

Einstein erkannte nun, daß das Universum ganz anders geartet ist, als man bisher angenommen hatte. Ihm schien es, als habe Gott uns in einen kleinen Laufstall – die Erdoberfläche – gesperrt und uns noch dazu in dem Glauben gelassen, daß das, was wir von dort aus beobachten können, alles ist, was tatsächlich im Universum geschieht. Dennoch gab es darüber hinaus schon immer einen Bereich, der sich unserer Vorstellung entzieht. Nur durch reines Nachdenken können wir erkennen, was dort vor sich geht.

Die Tatsache, daß Energie und Masse austauschbar sind, wie es die Gleichung $E = mc^2$ besagt, ist nur eine der tieferen Konsequenzen. Es gibt noch andere. Um diese zu erkennen, sollten wir uns eine Welt vorstellen, in der das oberste Geschwindigkeitslimit nicht bei der Lichtgeschwindigkeit von etwa 1.079 Millionen km/h liegt, sondern bei mageren 50 km/h. Was können wir dann aus Einsteins Spezieller Relativitätstheorie von 1905 folgern?

Der erste frappierende Sachverhalt ergibt sich wiederum aus unserem Beispiel mit dem Raumschiff. Demnach hätten die Autos in dieser Welt ihre gewöhnliche Masse, wenn sie an einer roten Ampel stehen. Wenn sie aber bei Grün beschleunigten, nähme ihre Masse um so stärker zu, je schneller sie würden. Das gleiche gälte auch für Fußgänger, Jogger und Radfahrer – kurzum für alles, was sich bewegt. Ein Radrennfahrer wöge vor dem Start mit seinem Fahrrad beispielsweise 100 Kilogramm. Daraus würde bei einer Geschwindigkeit von 45 km/h eine Masse von 230 Kilogramm, und knapp unterhalb des Limits, also bei 49,95 km/h, betrüge sie 2.000 Kilogramm. Nach dem Rennen wären alle Werte wieder die gewöhnlichen.

Wie gesagt: Alle Autos und Fahrräder, selbst Fußgänger, wären derartigen Veränderungen unterworfen. Ein vier Meter langes Auto erschiene einem stehenden Fußgänger um so kürzer, je schneller es auf ihn zu führe. Bei 49,9 km/h käme ihm die Länge des Autos verschwindend gering vor. Auch der Fahrer und die Fahrgäste erschienen ihm entsprechend geschrumpft – und nähmen nach dem Anhalten wieder ihre normalen Ausmaße an.

Wenn Autos an ihnen vorbeirasten, nähmen die Passanten am Straßenrand nicht nur eine Massen- und Längenänderung wahr: Außerdem verginge die Zeit in den Fahrzeugen langsamer. Wenn der Fahrer die Hand ausstreckte, um das Radio einzuschalten, sähen sie seine Hand sich in extremer Zeitlupe bewegen. Zudem würden die Passanten die Musik aus dem Radio im fahrenden Auto entsetzlich verlangsamt hören: Sogar die flotten Rhythmen eines Michael Jackson würden zu schwermütigen Klageliedern mutieren.

In einer solchen Sichtweise des Universums gibt es keine »wahre« Perspektive, von der aus man behaupten könnte, daß die Autos diese seltsamen Veränderungen durchmachen und nur die stehenden Passanten unverändert und offenkundig »normal« erscheinen. Denn warum sollten die stehenden Passanten einen Sonderstatus genießen und nur die bewegten Objekte sich verändern? Tatsächlich hätten die Autofahrer oder der Radler durchaus nicht das Gefühl, daß sie sich verändern. Der Radfahrer würde um sich blicken und feststellen, daß die Lenkstange, sein Körper und die Getränkeflasche am Rahmen keineswegs schwerer geworden sind. Vielmehr würden sich für ihn die Zuschauer an der Piste verändern: Für ihn wären *sie* es, deren Masse zunähme.

Gleiches würden Fahrer und Fahrgäste im Auto feststellen. Die Musik aus dem Autoradio klänge ganz normal, und Michael Jackson würde so munter trällern wie eh und je.

Doch für die Insassen des Autos wirkten die Bewegungen der Passanten verlangsamt: Die Hotelpförtner würden ihre Arme nur mühsam und schwerfällig anheben, und ihre Wangen würden sich nur langsam aufblähen – fast wie die Kiemen eines behäbigen Tiefseefisches –, wenn sie in die Trillerpfeife bliesen, um ein Taxi herbeizurufen.

Die hier beschriebenen Effekte sind Konsequenzen des Relativitätsprinzips. Dieses besagt, daß für einen ruhenden Beobachter bei einem sich sehr schnell entfernenden Gegenstand dessen Masse ansteigt, dessen Länge abnimmt und dessen Uhr langsamer geht. So nehmen es in unserem Beispiel die Passanten am Straßenrand beim Auto wahr, und so erfahren es entsprechend auch die Insassen des Autos beim Zurückschauen auf die Passanten.

Wenn man das alles zum ersten Mal liest, kommt es einem unsinnig vor. Sogar Einstein hatte damit seine Schwierigkeiten – daher vielleicht die unerklärliche Spannung, die er an jenem Sommertag während des Gesprächs mit Michele Besso empfand, als er immer noch versuchte, diese Zusammenhänge zu ergründen. Aber es ist für uns nur deshalb so schwer einzusehen, weil wir eben nie mit Geschwindigkeiten zu tun haben, die der Lichtgeschwindigkeit von 1.079 Millionen km/h auch nur im entferntesten nahekommen. Und bei unseren gewöhnlichen Geschwindigkeiten sind die beschriebenen Effekte nicht meßbar. Stellen wir uns beispielsweise vor, wir haben zum Picknick einen tragbaren CD-Spieler mitgenommen. In geringer Entfernung hört man ihn relativ laut, aber anderen Leuten, die sich ein paar hundert Metern weiter weg aufhalten, kommt die Musik leise vor. Verschiedene Personen werden also unterschiedliche Antworten auf die Frage geben, wie laut die Musik »wirklich« ist. Dies macht uns gedanklich keine Schwierigkeiten, weil wir eine Strecke von wenigen hundert Metern in kurzer Zeit zurücklegen können. Aber bei manchen Insekten, die im Boden leben, können sich vielleicht erst spätere Generationen vom CD-Spieler so weit entfernen, daß sie ihn leiser wahrnehmen. Für sie wäre unsere Aussage, daß sich die Lautstärke mit dem Abstand von der Schallquelle ändert, der reine Unsinn.

In meiner Webseite wird im einzelnen dargelegt, wie sich die beschriebenen Effekte zwangsläufig aus der Tatsache ergeben, daß die Lichtgeschwindigkeit konstant ist. Doch es gibt auch im Alltag etliche Objekte, die so schnell sind, daß diese Effekte offenbar werden. Die Elektronen, die in einer herkömmlichen Fernsehröhre vom hinteren Teil auf den Bildschirm geschossen werden, sind wirklich so schnell, daß ihre Massenzunahme nicht zu vernachlässigen ist. Würden die Ingenieure dies bei der Konstruktion der Ablenkmagnete nicht berücksichtigen, hätten wir im Prinzip ein etwas unschärferes Bild auf dem Schirm.

Die Navigationssatelliten des *Global Positioning System* (GPS) fliegen einige tausend Kilometer über der Erde und senden Signale aus, mit denen die Navigationscomputer in Autos, Flugzeugen und Schiffen, aber auch in tragbaren Geräten für Wanderer, die jeweilige Position auf der Erde errechnen. Dabei bewegen sich diese Satelliten so schnell, daß ihre Uhren – von uns aus gesehen – meßbar langsamer gehen. Diese Abweichungen müssen bei ganz genauen Positionsbestimmungen berücksichtigt werden; das geschieht natürlich automatisch und gemäß den Gleichungen zur Speziellen Relativitätstheorie.

Einstein mochte die Bezeichnung *Relativitätstheorie* für das, was er erarbeitet hatte, nie besonders. Er meinte, sie sei irreführend und verleite zu der Auffassung, daß alles irgendwie möglich sei und es künftig keine exakten Ergebnisse mehr gebe. Das entspräche aber nicht den Tatsachen, denn die Voraussagen der Relativitätstheorie seien präzise.

Irreführend ist die Bezeichnung *Relativitätstheorie* auch deshalb, weil alle von Einstein aufgestellten Gleichungen zusammenhängen und in sich widerspruchsfrei sind. Obwohl vielleicht jeder von uns manches im Universum anders wahrnimmt, wird es doch genug an Übereinstimmung geben, so daß sich die unterschiedlichen Sichtweisen verbinden und alles zusammenpaßt. Die althergebrachte Vorstellung, daß sich die Masse niemals ändert und daß die Zeit für alle Objekte stets gleichmäßig vergeht, ergab Sinn, solange die Menschen ausschließlich mit gewöhnlichen, sich nur langsam bewegenden Objekten zu tun hatten. Im gesamten Universum trifft diese Vorstellung jedoch nicht mehr zu – aber es gibt exakte Gesetzmäßigkeiten, die erklären, *wie* sich Masse und Zeit verändern.

Eine so großartige Leistung wie die Einsteins wurde in der ganzen Geschichte nur ganz selten vollbracht. Stellen wir uns vor, wir könnten ein schimmerndes Kristallmodell bauen, das klein genug ist, um es mit der Faust zu umschließen. Dann öffnen wir die Hand – und auf einmal erhebt sich vor uns das gesamte Universum in all seiner Pracht. Newton war der erste, der dies hervorgebracht hatte: ein vollständiges System der Welt, das mit einer Handvoll Gleichungen auskam und dennoch alle Regeln enthielt, nach denen man aus dem allgemeinen Prinzip auf den Ablauf konkreter Bewegungen – sogar derjenigen im ganzen Sonnensystem – schließen konnte.

Einstein war der nächste.

Sowohl Einstein als auch Newton vollendeten einen großen Teil ihrer Arbeiten im Alter zwischen zwanzig und dreißig und in erstaunlich kurzer Zeit. Newton hatte sich für eine Weile auf den Bauernhof seiner Mutter in Lincolnshire zurückgezogen, weil die Universität wegen der Pest geschlossen worden war. In diesen rund achtzehn Monaten schuf er die Grundlagen der Infinitesimalrechnung und erarbeitete das allgemeine Gravitationsgesetz sowie weitere entscheidende Gesetze der Mechanik, die für das gesamte Universum Gültigkeit besaßen. Und Einstein entwickelte innerhalb von kaum acht Monaten – während derer er sechs volle Tage pro Woche, montags bis samstags, im Patentamt arbeitete – seine erste Relativitätstheorie und stellte die Gleichung $E = mc^2$ auf. Mit ihr schuf er außerdem die theoretische Basis für viel später einsetzende Entwicklungen, die zu Lasern, Computerchips und Computervernetzungen führten, aber auch zu den heutigen pharmazeutischen und biotechnologischen Verfahren. Er befand sich »im besten Alter für Entdeckungen«, wie Newton von sich schrieb, als er Mitte zwanzig war. Auf jedem der von ihm bearbeiteten Gebiete ging Einstein über das hinaus, was seinerzeit bekannt war. Er vereinigte Gebiete, die zuvor als getrennt galten, und er hinterfragte Annahmen, die niemand bisher in Zweifel gezogen hatte.

Die wenigen Forscher, die bis zum Jahre 1905 einen kleinen Teil dessen enthüllt hatten, was Einstein später erarbeiten sollte, waren ihm nicht ebenbürtig. Poincaré kam ihm noch am nächsten, aber als es darum ging, die gewohnten Anschauungen über den Zeitverlauf oder das Wesen der Gleichzeitigkeit über Bord zu werfen, zauderte er und war unfähig, die Konsequenzen einer derartig neuen Sichtweise zu bedenken.

Warum war Einstein so viel erfolgreicher? Man ist versucht zu sagen, er sei eben intelligenter gewesen als all die anderen. Aber auch etliche von Einsteins Freunden in Bern waren hochintelligent, und jemand wie Poincaré wäre mit einem IQ-Test überhaupt nicht mehr einzuordnen gewesen. Der amerikanische Volkswirtschaftler Thorstein Veblen schrieb einmal einen interessanten kleinen Aufsatz, in dem er – wie ich meine – dem eigentlichen Grund näherkommt. Nehmen wir an, so Veblen, ein kleiner Junge lernt von seiner Mutter, daß alles, was in der Bibel steht, wahr ist. Später studiert er an der Universität und bekommt das Gegenteil gesagt: »Was Sie von Ihrer Mutter gelernt haben, ist grundfalsch. Aber was wir Ihnen hier beibringen, ist absolut richtig.« Einige Studenten lassen sich davon beeindrucken, doch andere sind vorsichtiger. Sie waren schon einmal getäuscht worden, als sie einer in Traditionen verankerten Welt vertraut hatten, und wollen nicht erneut genarrt werden. Also lernen sie, was ihnen angeboten wird, bewerten es jedoch stets kritisch und als nur eine Möglichkeit unter vielen. Einstein war Jude, und das bedeutete, daß er in einem kulturellen Umfeld heranwuchs, dessen Auffassungen von persönlicher Verantwortung, Gerechtigkeit und Autoritätsgläubigkeit sich von den in Deutschland und der Schweiz damals üblichen erheblich unterschieden.

Schon als kleiner Junge war Einstein von Magneten fasziniert gewesen. Seine Eltern neckten ihn jedoch deswegen nicht, sondern nahmen sein Interesse ernst. Wie funktionieren Magnete? Ihre Kraft mußte eine Ursache haben, und diese mußte wiederum eine Ursache haben, und wenn man all das zurückverfolgte, käme man ... Ja, wohin käme man eigentlich?

Auf diese Frage hätte man in früheren Zeiten, etwa als Einsteins Großeltern heranwuchsen, eine klare Antwort parat gehabt. Damals hingen die meisten Juden in Deutschland noch dem traditionellen, orthodoxen Glauben an. Sie lebten in einer Welt, die von der Bibel durchdrungen war und durch den Talmud rational gedeutet wurde. Es kam darauf an, bis zur Grenze dessen vorzustoßen, was man wissen konnte, und die letztlich zugrundeliegenden Strukturen zu verstehen, die Gott unserer Welt verliehen hatte. Bis zum Alter von rund zehn Jahren war Einsteins Leben religiös geprägt, aber als er später in Aarau das Gymnasium besuchte, kam ihm dieser Glaube abhanden. Doch das Verlangen, die tiefsten Geheimnisse zu ergründen, war ihm geblieben, ebenso wie die unerschütterliche Zuversicht, etwas Wunderbares zu entdecken, wenn man so weit vorstößt. Dort gab es ein »Guckloch«; beim Blick hindurch würden die Dinge klar, und man fände eine verständliche, rationale Deutung. Früher war dieses »Guckloch« von der Religion ausgefüllt worden, und nun konnte es ohne weiteres auf die Wissenschaft erweitert werden. Einstein glaubte fest daran, daß die Antworten geradezu darauf warteten, gefunden zu werden.

Zugute kam ihm auch, daß er im Unterschied zu seinen Kollegen an der Universität als Patentamtsangestellter nicht unter dem Druck stand, laufend wissenschaftliche Abhandlungen zu produzieren (»eine Verführung zur Oberflächlichkeit«, so schrieb Einstein, »der nur starke Charaktere zu widerstehen vermögen«). Das verschaffte ihm die für seine Überlegungen notwendige Muße. Und, was vielleicht am wichtigsten war, seine Familie glaubte an ihn und stärkte so sein Selbstvertrauen. Dabei pflegte man im Hause Einstein einen munteren, ironisierenden Plauderton. Dies war genau das richtige Umfeld, in dem er zu den landläufigen Auffassungen »Abstand gewinnen« und sich so absonderliche Dinge ausdenken konnte wie Raketen, die fast bis an die Lichtgeschwindigkeit getrieben werden, oder eine Person, die einem davonflitzenden Lichtstrahl hinterherjagt.

Diese Selbstironie spricht auch aus den Äußerungen seiner Schwester Maja, die sich später an die gemeinsame Kindheit erinnerte. Einmal habe er ihr vor lauter Wut mit einer Spielzeughacke »ein Loch in den Kopf [geschlagen]. ... Das genügt als Beweis dafür«, so bemerkte Maja weiter, »daß auch ein gesunder Schädel dafür erforderlich ist, die Schwester eines Denkers zu sein.« Der Griechischlehrer am Gymnasium hatte einmal geäußert, »es werde nie in seinem Leben etwas Rechtes aus ihm werden«. Hierzu merkte sie an: »Wirklich hat Albert

Einstein es nie zur Professur für griechische Formenlehre gebracht.«

Doch der starke innere Antrieb, den Einstein für sein Vorhaben benötigte, hatte noch andere Ursachen. Mit nunmehr Mitte zwanzig hatte er praktisch keinen Kontakt zu ernstzunehmenden Wissenschaftlern, während viele seiner früheren Kommilitonen inzwischen bereits Karriere machten. Hinzu kamen heftige Schuldgefühle angesichts der geschäftlichen Schwierigkeiten, in die sein Vater geraten war. Während Einsteins Kindheit hatte das väterliche Elektrounternehmen floriert, und die Familie war wohlhabend gewesen, doch später liefen die Geschäfte zunehmend schlechter, vermutlich, weil immer weniger wichtige Aufträge an Firmen in jüdischem Besitz vergeben wurden. Nach dem Konkurs war sein Vater mit der Familie nach Italien übergesiedelt, um neu anzufangen. Aufgrund der Umzugskosten und einer Reihe von Fehlschlägen konnte Einstein senior seinem Schwager die Kredite nicht fristgerecht zurückzahlen. Dieser Schwager war der etwas nörglerische Onkel Rudolf »der Reiche« (wie ihn Einstein spöttisch nannte). All das ruinierte natürlich auch die Gesundheit des Vaters, aber dennoch brachte die Familie die Mittel auf, dem Jungen das Studium zu finanzieren. (»Dabei drückt ihn noch das Bewußtsein, daß er uns, die wir wenig vermögende Leute sind, zur Last falle«, wie sein Vater im Brief von 1901 an Professor Ostwald geschrieben hatte.) Einstein fühlte sich also geradezu verpflichtet, sich all dieser Opfer würdig zu erweisen.

Nach und nach wurden einige Physiker auf Einstein aufmerksam. Manche reisten nach Bern, um mit ihm über seine Gleichung und die anderen Ergebnisse zu diskutieren. Genau das hatten sich Einstein und Besso erhofft, aber es führte schließlich zu einer allmählichen Entfremdung der beiden. Einstein bewegte sich mehr und mehr in Vorstellungswelten, in die ihm sein bester Freund nicht zu folgen vermochte. Obwohl Besso sehr intelligent war, hatte er sich nicht für die akademische Laufbahn, sondern für eine Tätigkeit in der Industrie entschieden. (»Ich drang heftig in ihn damit er [Hochschullehrer] werde, aber ich zweifle daran, … daß er es wird. Er will einfach nicht.«)

Besso, der seinen jüngeren Freund sehr bewunderte, versuchte auch ernsthaft, wenn sie abends bei Greyerzer, Wurst und Tee zusammensaßen, mit den immer neuen Ideen Schritt zu halten, die Einstein entwickelte. Sie unternahmen weiterhin Wanderungen, kehrten gemeinsam ein, besuchten Konzerte und trieben ihren Schabernack mit anderen Freunden. Aber es war ein bißchen wie mit zwei alten Schulfreunden, die getrennte Wege gehen, sobald sie ihr Studium beginnen oder ihre erste Arbeitsstelle antreten. Beide wünschen sich aufrichtig, daß es nicht so wäre – aber alles, was sie von jetzt an tun, entfernt sie nur noch weiter voneinander. Wenn sie sich treffen, können sie über die alten Zeiten reden, aber die Begeisterung ist etwas aufgesetzt, obwohl keiner es zugeben will.

Zu einer ähnlichen Entfremdung kam es zwischen Albert Einstein und seiner Frau Mileva. Sie hatte mit ihm zusammen Physik studiert und war sehr intelligent. Es kommt selten vor, daß Wissenschaftler Kommilitoninnen oder Fachkolleginnen heiraten, und Einstein rühmte sich den Freunden gegenüber, wieviel Glück er gehabt habe. Seine ersten Briefe an sie waren noch sachlich:

Zürich, Mittwoch [16. Februar 1898]

…wenn ich Ihnen sagen soll, was wir durchgenommen. … Hurwitz las Differentialgleichungen (exklusive der partiellen), daneben Fouriersche Reihen.

Aber die Beziehung entwickelte sich, wie Auszüge aus einer
Reihe von Briefen im August und September 1900 zeigen:

> Schon wieder sind ein paar träge öde Tage an meinem schläfrigen
> Auge vorübergelaufen, weißt Du, solche Tage, an denen man spät
> aufsteht, weil man nichts Rechtes zu thun weiß, dann fortgeht, bis
> das Zimmer gemacht ist … Dann drückt man sich so herum und
> freut sich so halb auf Essen …
>
> Was übrigens auch immer werden mag, wir kriegen das reizend-
> ste Leben von der Welt. Schöne Arbeit und beisammen …
>
> Sei vergnügt, Herzchen, und sei innig geküßt von Deinem
>
> Albert

Ihr gemeinsames Leben begann sehr glücklich. Seine Frau
hatte zwar in der Physik nicht dasselbe Niveau erreicht wie er,
war aber eine wirklich gute Studentin gewesen. Bei der Ab-
schlußprüfung erreichte er 4,96 Punkte und sie 4,0. Sie wäre
also durchaus in der Lage gewesen, seiner Arbeit zu folgen.
(Die Mär, daß seine entscheidenden Ergebnisse eigentlich auf
sie zurückgingen, kam in den sechziger Jahren auf und wurde
von serbischer Propaganda in die Welt gesetzt, da die Familie
von Mileva Marić aus der Gegend von Belgrad stammte.)
Nachdem sich aber die beiden Kinder eingestellt hatten, setzte
sich die traditionelle Rollenverteilung durch. Wenn Freunde
oder Kollegen zu Besuch kamen, wollte Mileva natürlich dabeisein. Aber mit einem lebhaften Dreijährigen auf dem
Schoß, der ständig Aufmerksamkeit beansprucht, ist das nicht
einfach. Dennoch versuchte sie, der Konversation zumindest
teilweise zu folgen. Doch nach zu vielen Störungen – durch
Spielzeugholen oder Bildermalen, vielleicht auch durch das
Aufwischen von verschüttetem Essen – werden die Gäste ihr
Gespräch nicht mehr unterbrechen, bis die Mutter wieder
zurück ist, damit sie nichts versäumt. Also wird sie irgendwann
praktisch ausgeschlossen.

Im Jahre 1909 kündigte Einstein beim Patentamt, sehr zur
Verwunderung seines Vorgesetzten, der nicht begreifen konnte,
wie dieser junge Mann eine solche Karriere aufgeben konnte.
Endlich hatte man ihm eine Stelle an einer Schweizer Universität angeboten. Es schloß sich ein Zwischenspiel in Prag an;
hier musizierte und diskutierte er des öfteren in einem Salon,
den gelegentlich auch ein schüchterner junger Mann namens
Franz Kafka aufsuchte. Nach einem weiteren Intermezzo in
Zürich wurde Einstein schließlich Professor in Berlin. Der erfolgreiche junge Mann hatte inzwischen fast keinen Kontakt
mehr zu seinen Freunden in Bern. In dieser Zeit wurde das
Ehepaar Einstein geschieden, und von da an sah er seine über
alles geliebten Kinder nur noch selten.

Später sollte Einstein seiner Arbeit eine andere Richtung
geben, doch zunächst führte er die Relativitätstheorie weiter.

Die Gleichung $E = mc^2$ war ja nur ein Aspekt der Speziellen Relativitätstheorie, und 1915 konnte er eine noch großartigere Theorie vollenden, von der wiederum die Spezielle Relativitätstheorie nur ein Teil war. (Im Epilog dieses Buches werden einige Höhepunkte aus jener Zeit geschildert. Einstein selbst bemerkte einmal:»Gegen dies Problem ist die ursprüngliche Relativitätstheorie eine Kinderei.«) Jahrzehnte später erst sollte er noch einmal kurz mit seiner berühmten Gleichung zu tun haben.

An dieser Stelle gibt es nun einen Bruch in unserer Geschichte. Die theoretischen Arbeiten, die unter anderem zur Gleichung $E = mc^2$ geführt hatten, waren erst einmal abgeschlossen, und Einstein trug im folgenden immer weniger dazu bei. Die Physiker in Europa akzeptierten inzwischen die Gleichung und damit auch die Tatsache, daß Materie im Prinzip so umgewandelt werden kann, daß die in ihr »eingefrorene« Energie frei wird. Aber niemand konnte sich vorstellen, wie dies gehen sollte.

Doch es gab einen Hinweis, und zwar in Gestalt jener seltsamen Substanzen, die Marie Curie und andere untersuchten. Die schweren Metalle Radium und Uran sowie einige andere Materialien konnten über Wochen und Monate hinweg Energie ausstrahlen, ohne daß sich ihre im Inneren »verborgene« Quelle zu erschöpfen schien.

An vielen Instituten ging man nun daran, die Ursachen dieses geheimnisvollen Prozesses zu erforschen. Aber wenn man herausfinden wollte, welche Mechanismen diese enorme Energieabgabe bewirkten, genügte es nicht mehr, nur die Oberfläche der sonderbar warmen Radium- oder Uranproben zu betrachten, immer wieder ihre Masse zu bestimmen oder ihre Färbung sowie ihre chemischen Eigenschaften zu untersuchen.

Die Forscher mußten ins Innere dieser Substanzen eindringen. Dann würde man vielleicht endlich einen Zugang zu der verheißungsvollen Energie $E = mc^2$ finden. Doch was erwartete die Forscher bei dem Versuch, in diese winzigsten, innersten Strukturen der Materie hineinzuspähen?

8

Ins Innere des Atoms

Um 1900 lernten die Studenten, daß jegliche Materie – Backsteine, Stahl, Uran und alle anderen Substanzen – aus kleinen Teilchen aufgebaut ist, den sogenannten Atomen. Aber woraus die Atome bestanden, wußte niemand. Einer verbreiteten Ansicht zufolge ähnelten sie den harten, glänzenden Kügelchen in einem Kugellager: glänzende Gebilde, in die niemand hineinsehen konnte. Erst die Arbeiten Ernest Rutherfords brachten um das Jahr 1910 neue Einblicke.

Rutherford, ein Bär von einem Mann, lehrte nicht etwa in Oxford oder Cambridge, sondern an der Universität von Manchester, was nicht so sehr daran lag, daß er aus Neuseeland stammte und kein Oxford-Englisch sprach. Darüber hätte man bei einem bescheidenen Dozenten hinweggesehen. Der eigentlich Grund war vielmehr darin zu suchen, daß Rutherford während seiner Studienzeit in Cambridge den dortigen Professoren nicht den gebührenden Respekt entgegengebracht und zudem eine Zusammenarbeit mit Wirtschaftsunternehmen angeregt hatte, um mit einer seiner Erfindungen Geld zu verdienen – eine Todsünde. Daß gerade er es war, der sozusagen einen ersten Blick in die Atome werfen konnte, hatte damit zu tun, daß sein geschärftes Bewußtsein für potentielle Diskriminierungen ihn zu einem äußerst angenehmen Chef machte. Seine rauhe Schale und polternde Art waren im Grunde nur Fassade, denn er verstand es wie kein anderer, begabte Mitarbeiter zu motivieren und zu för-

Ernest Rutherford
Foto: C. E. Wynn-
Williams, AIP Emilio
Segrè Visual Archives

dern. Sein entscheidendes Experiment wurde von einem jungen Mann überwacht, der später einen sehr nützlichen mobilen Strahlungsdetektor perfektionieren sollte, dessen Konzeption auf Rutherfords Ideen zurückging. Dieses Gerät ist der je nach Strahlungsstärke mehr oder weniger intensiv tickende Geigerzähler, denn der besagte Assistent war Hans Geiger.

Das Ergebnis des erwähnten Experiments ist schon so lange Gegenstand des Physikunterrichts, daß es heute schwerfällt, sich in eine Zeit zurückzuversetzen, in der es noch Überraschung auslöste. Rutherford erkannte, daß jene festen, offenbar unzerstörbaren Atome fast vollständig leer sind. Stellen wir uns vor, ein Meteorit stürzt in den Atlantik. Aber anstatt auf den Meeresboden zu sinken, schießt er unter gewaltigem Getöse wieder aus dem Wasser empor. Angesichts dieses seltsamen Vorgangs müßten wir schweren Herzens unsere vorgefaßten Meinungen über Bord werfen und zu dem Schluß gelangen, daß es unter der Meeresoberfläche gar kein Wasser gibt, sondern daß die Meeresoberfläche nur eine dünne, gummiartige Schicht bildet, unter der nicht – wie wir seit jeher glaubten – tiefe Wellen, Strömungen und vor allem Unmengen Wasser existieren, sondern ganz einfach überhaupt nichts ist.

Unter der Meeresoberfläche befände sich demnach nichts als leerer Raum, und eine herabgelassene Kamera würde den Meteoriten zeigen, der die obere Schicht durchstoßen hätte und nun durch leeren Raum fiele. Ganz unten aber, am Meeresboden, befände sich irgendeine starke, extrem kompakte Vorrichtung, die den ankommenden Meteor packte und wieder nach oben und durch die Atmosphäre hindurch zurück in den Weltraum schleuderte. Das Analogon im Inneren eines Atoms ist der winzige Atomkern. Und nur außen, praktisch an der Oberfläche des Atoms, wirbeln die Elektronen herum, die an den gewöhnlichen Reaktionen beteiligt sind, zum Beispiel, wenn ein Holzscheit im Kaminfeuer verbrennt. Die Elektronen sind also weit entfernt vom zentralen Kern, der tief darunter schimmert, und dazwischen ist nichts als leerer Raum.

Wenn man die Atome als kleine Kugeln ansieht, dann sind sie nach Rutherfords Entdeckung fast völlig hohl, und in ihrem Zentrum befindet sich ein winziges, festes Stäubchen, der Atomkern. Eine bestürzende Erkenntnis: Die Atome, und somit auch unser Körper, bestehen zum größten Teil aus leerem Raum! Doch allein dadurch wäre noch niemand auf den Gedanken gekommen, daß die Gleichung $E = mc^2$ damit zu tun haben könnte. Die »festen« Elektronen an der Atomhülle neigten ja nicht dazu, ihre materielle Existenz aufzugeben und sich in einer gewaltigen Explosion in Wolken von Energie zu verwandeln.

Es war klar, daß sich die Forscher nun als nächstes dem Atomkern zuwenden mußten. Im Atom befindet sich eine konzentrierte elektrische Ladung, deren eine Hälfte diffus und auf die Umlaufbahnen der Elektronen verteilt ist, während sich die andere Hälfte im extrem dichten, zentrierten Atomkern zusammengeballt. Man konnte sich keine Methode vorstellen, eine so starke elektrische Ladung in ein so winziges Volumen zu packen. Und doch mußte es im Atomkern offenbar irgend etwas geben, das die Ladung so stark komprimieren und am Entweichen hindern kann. Genau dort mußte der geheimnisvolle – verborgene – »Energiespeicher« liegen, auf den Einsteins Gleichung hindeutete. Im Kern befinden sich positive Teilchen, die sogenannten Protonen, doch Näheres konnte seinerzeit noch niemand ausmachen.

Die nächste wichtige Erkenntnis trug im Jahre 1932 James Chadwick bei, ein Assistent Rutherfords. Er entdeckte im Atomkern ein weiteres Elementarteilchen: das Neutron. Diesen Namen erhielt es, weil es nicht geladen, also elektrisch neutral ist; in seiner Größe ähnelt es dem Proton. Chadwick brauchte über fünfzehn Jahre, bis er es identifizieren konnte. Da das so lange gesuchte Teilchen nur wenige (engl. *few*) faßbare, charakteristische Eigenschaften besaß, schlugen seine Studenten scherzhaft vor, es »Fewtron« zu nennen. Chadwick war über Jahre hinweg mit Rutherfords brummiger Ungeduld klargekommen, und vertrug es ohne weiteres, wenn die Studenten ihren Spaß hatten. Obwohl Chadwick ein ruhiger Mann ohne viel Temperament war, legte er doch große Entschlossenheit an den Tag, wenn er seine Ziele verfolgte.

Chadwick war in den Slums von Manchester aufgewachsen, und seine Karriere schien schon fast zu Ende, noch ehe sie richtig begonnen hatte. Nach seiner Promotion bei Rutherford war er nach Berlin gegangen, um am Institut von Hans Geiger zu forschen, der inzwischen nach Deutschland zurückgekehrt war. Als der erste Weltkrieg begann, hielt sich Chadwick an die Information des englischen Reisebüros, wonach kein Grund bestand, umgehend das Land zu verlassen. Die Folge war, daß er vier Jahre lang als Internierter in den zugigen, zum Lager umgebauten Ställen einer Pferderennbahn bei Potsdam zubringen mußte. Auch dort versuchte er, so gut es ging zu forschen, und es gelang ihm sogar, sich radioaktive Proben zu beschaffen. Eine einfallsreiche Firma, die Berliner Auer-Gesellschaft, besaß reichlich Thorium und verkaufte es als Zusatzstoff für Zahnpasta, damit die Zähne strahlend weiß wirkten. Chadwick bestellte dieses Wundermittel einfach bei den Wachmannschaften und benutzte es dann für seine Experimente. Aber seine technische Ausrüstung war natürlich so schlecht, daß bei seinen Versuchen nicht viel herauskam. Er fiel daher wissenschaftlich zurück, und als er nach dem Krieg im November 1918 nach England zurückkehrte, hatte er Mühe, wieder in der Forschung Fuß zu fassen. Allerdings schwor er sich, nie mehr unbesehen fremdem Rat zu folgen.

Eigentlich hätte Chadwicks 1932 gelungene Entdeckung des Neutrons sehr schnell zu neuen Erkenntnissen führen müssen. Eine Reihe von radioaktiven Substanzen setzen nämlich Neutronen frei, die man als »Mikrokanonen« verwenden und damit Atome bestimmter Elemente beschießen kann. Weil Neutronen elektrisch neutral sind, werden sie durch die negativ geladenen Elektronen der Atomhülle praktisch kaum beeinflußt, und Gleiches gilt, wenn sie auf den Atomkern treffen. Also müßten Neutronen fähig sein, in einen Atomkern einzudringen, und man könnte sie womöglich als »Sonden« einsetzen, um zu beobachten, was in diesem vor sich geht.

Zu Chadwicks großer Enttäuschung gelang ihm das aber nicht. Je heftiger er Neutronen auf Atome schoß, desto weniger drangen sie in den Atomkern ein. Erst zwei Jahre später sollte ein anderer Forscher eine Methode finden, Neutronen problemlos in den Atomkern einschzuleusen, so daß man nähere Aufschlüsse über dessen Strukutur gewinnen konnte. Und dabei arbeitete jener Forscher keineswegs in einem noch besser ausgestatteten Institut, sondern an einem Ort, an dem man einen solchen Erfolg am allerwenigsten erwartet hätte.

In Rom, wo Enrico Fermi lebte, erinnerte zwar noch vieles an vergangene Größe, doch war Italien in den Jahrzehnten vor 1930 gegenüber dem übrigen Europa immer mehr in Rückstand geraten. Das Institut, das die Regierung Professor Fermi – immerhin einem der führenden europäischen Physiker – zur Verfügung gestellt hatte, lag in einem stillen, gepflegten Park, abseits der großen Straßen. Hier gab es gekachelte Decken und kühle Marmorsimse, wie auch einen Goldfischteich unter schattenspendenden Mandelbäumen. Für jemanden, der sich für eine Weile vom europäischen Wissenschaftsbetrieb zurückziehen wollte, wäre dies ein geradezu idealer Ort gewesen.

In diesem idyllischen Refugium erkannte Fermi, warum es anderen Forscherteams, die Atomkerne mit immer schnelleren Neutronen beschossen hatten, nicht gelungen war, diese in den Atomkern einzudringen zu lassen. Schnelle Neutronen, die man auf die Atome richtet, also im wesentlichen auf deren leeren Raum, rasen zumeist einfach durch sie hindurch. Nur wenn die Neutronen *abgebremst* werden, so daß sie bei ihrem Flug zum Atomkern fast trödeln, haben sie die Möglichkeit hineinzuschlüpfen. Langsamere Neutronen, so fand Fermi heraus, verhalten sich wie klebrige Kugeln. Der Grund, weshalb sie an den Atomkernen besser haften, liegt darin, daß sie sich beim relativ langsamen Flug »ausdehnen«. Selbst wenn ihr Zentrum den Kern verpaßt, können sich daher ihre weiter außen liegenden Teile mit diesem verbinden.

An jenem Nachmittag, an dem Fermi erkannte, daß abgebremste Neutronen ins Atom eindringen können, schleppten seine Assistenten eimerweise Wasser aus dem Goldfischteich ins Labor. Durch dieses Wasser leiteten sie sodann schnelle Neutronen aus der üblichen radioaktiven Quelle. Die Wassermoleküle sind so beschaffen, daß die ankommenden schnellen Neutronen von ihnen abprallen und dabei allmählich langsamer werden. Wenn die Neutronen dann schließlich aus dem Wasser austreten, bewegen sie sich langsam genug, um in Atomkerne einzudringen, die auf ihrem Weg liegen.

Durch Fermis Trick verfügten die Forscher nun über eine Sonde zur Erkundung des Atomkerns. Aber selbst das brachte noch keine Klarheit. Denn was geschieht eigentlich, wenn die abgebremsten Neutronen in den Kern eindringen? Die ungeheure Energie, von der in Einsteins Gleichung die Rede ist, tritt dabei nicht aus. Bestenfalls entstehen leicht veränderte Atomkerne, die eine schwache Strahlung emittieren. Solche sogenannten Tracer verwendet man seit einiger Zeit in der Medizin: Der Patient schluckt eine Verbindung mit dem entsprechenden Element, dessen Weg durch den Organismus man anhand seiner Strahlung verfolgen kann. Einer der ersten Wissenschaftler, der diesen Effekt ausnutzte, war Georg Karl von Hevesy. Er bewies damit, daß das »frische« Haschee, das ihm seine Pensionswirtin in Manchester vorsetzte, zumeist vom Vortag stammte und nur auf einem frischen Teller serviert wurde. – Ein so schwacher Energieaustritt aus Substanzen, die man sogar relativ gefahrlos schlucken konnte, war nun allerdings keineswegs das, was der gewaltige Faktor c^2 in Einsteins Gleichung versprach.

Es mußte also noch irgendeine andere Erklärung geben, irgendein Detail, das die Physiker noch nicht durchschauten. Atome, so hatte Rutherford erkannt, sind keine festen Materiekugeln, sondern bestehen weitgehend aus leerem Raum – wie ein leergepumpter See – mit einem im Vergleich zur Gesamtgröße winzigen Kern im Zentrum. Doch auch der Kern ist keine einfache feste Kugel, sondern enthält Protonen mit einer positiven elektrischen Ladung, zwischen denen sich ungeladene Neutronen befinden. Das war im Jahre 1932 bereits klar. Die eingestrahlten Neutronen können recht leicht in diesen Kern hinein- oder aus ihm herausgelangen, paradoxerweise, wenn man sie vorher abbremst. Das hatte Fermi 1934 herausgefunden, und das blieb für mehrere Jahre der Kenntnisstand.

9

Weihnachtsspaziergang im Schnee

Erst im Jahre 1938 fand man heraus, was im Atomkern vorgeht – und enthüllte damit auch den tieferen Mechanismus, der schließlich die in der Gleichung $E = mc^2$ verheißene Energie zutage förderte. Diese Leistung ging im wesentlichen auf eine einsame, damals sechzigjährige Österreicherin zurück, die es an den Rand Europas, nach Stockholm, verschlagen hatte und die nicht einmal schwedisch sprach.

»Ich habe hier eben«, schrieb sie, »einen Arbeitsplatz und keinerlei Stellung, die mir irgendein Recht auf etwas geben würde. Versuche Dir einmal vorzustellen, wie das wäre, wenn Du ... ein Arbeitszimmer in einem *fremden* Institut hättest, ohne jede Hilfe, ohne alle Rechte...«

Bis noch wenige Monate zuvor hatte Lise Meitner – »unsere Frau Curie«, wie Einstein sie einmal nannte – zu den führenden Naturwissenschaftlern Deutschlands gehört. 1907 war sie als schüchterne Studentin aus Österreich nach Berlin gekommen. Aber sie taute allmählich auf und freundete sich an der Universität rasch mit einem sehr gutaussehenden jungen Mann an. Er hieß Otto Hahn, strahlte gelassene Zuversicht aus, sprach mit einem netten Frankfurter Tonfall und empfand es offenbar als seine Pflicht, diesem stillen Neuankömmling die Befangenheit zu nehmen.

Bald schon teilten sie sich ein Labor im Untergeschoß des chemischen Instituts. Beide waren fast gleichaltrig, damals Ende zwanzig. Er ermunterte sie, mit ihm Lieder von Brahms zu

summen, obwohl sie keine Melodie halten konnte. Wenn ihre gemeinsame Arbeit besonders gut voranging, schrieb sie später, »pfiff er große Teile aus dem Violinkonzert von Beethoven und änderte manchmal absichtlich den Rhythmus des letzten Satzes, nur um über meinen Protest dagegen lachen zu können.« An anderer Stelle berichtete sie: »Mit den jungen Kollegen am nahegelegenen Physikalischen Institut hatten wir menschlich und wissenschaftlich ein sehr gutes Verhältnis. Sie kamen uns öfters besuchen, und es konnte passieren, daß sie durch das Fenster der Holzwerkstatt hereinstiegen, statt den üblichen Weg zu nehmen.« Die Abende und Wochenenden verbrachte sie allein in einer Einzimmerwohnung, und wenn sie zuweilen ins Konzert ging, nahm sie den billigsten Studentenplatz. Nur im Institutslabor war sie in Gesellschaft.

Sie war eine viel bessere Analytikerin und Theoretikerin als Hahn, und er war intelligent und klug genug, um zu erkennen, daß ihm das nur zugute kommen konnte; im übrigen hatte er immer schon ein Talent gehabt, ausgezeichnete Mentoren zu finden. Nach ihren ersten gemeinsamen Entdeckungen wurde Meitner und Hahn im neuen Kaiser-Wilhelm-Institut an der westlichen Peripherie von Berlin ein großes Labor zur Verfügung gestellt, von dessen Fenstern man auf Windmühlen und ein nahes Wäldchen blickte. Schnell machten sie sich als wichtiges und vertrauenswürdiges Forschungsteam einen Namen. Sie trugen entscheidend zum Wissen über Aufbau und Verhalten der Atome bei, und ihre Forschungsergebnisse galten bald als ebenso bedeutend wie die Rutherfords in England.

Bei alledem wahrten Meitner und Hahn stets eine gewisse Förmlichkeit und vermieden sorgsam das zwanglosere »Du«. Und so begann sie ihre Briefe an ihn immer mit »Lieber Herr Hahn«. Dennoch kann es auf diese Weise eine besondere Übereinkunft geben, ein unausgesprochenes Bewußtsein der Tatsache, daß die strikt eingehaltene Förmlichkeit die beiden von einer tieferen Beziehung abhält.

Im Jahre 1912, nach vier Jahren Zusammenarbeit – Meitner war nun vierunddreißig – heiratete Hahn eine jüngere Kunststudentin. Meitner erzählte jedem, es mache ihr nichts aus. Gewiß, sie war niemals mit Hahn ausgegangen, aber sie ging in den Jahren danach auch mit keinem anderen aus. Außerdem gab es noch einen jungen Kollegen, James Franck, mit dem sie sich gut verstand und zu dem sie über ein halbes Jahrhundert lang Kontakt hielt – auch nach seiner Heirat und später, als er Deutschland verlassen mußte und in die USA emigrierte. »Ich habe mich in Sie verliebt«, scherzte Franck einmal mit ihr, als sie beide schon über achtzig waren. »Spät!« lachte Lise.

Im Ersten Weltkrieg arbeitete Meitner als Krankenschwester in verschiedenen Lazaretten, darunter auch in einigen besonders schlimmen nahe den Schlachtfeldern im Osten. Hahn wurde zum Heer eingezogen. Das moralische Dilemma, in das er durch seine Experimente mit Giftgas geriet, schien weder ihm noch ihr schlaflose Nächte bereitet zu haben. Sie schrieb ihm regelmäßig und berichtete dabei vom Laborklatsch, von Badeausflügen mit seiner Frau, gelegentlich auch, stark verharmlosend, von ihrer Arbeit als Krankenschwester. Daneben fand sie sogar etwas Zeit für die Forschung:

»Lieber Herr Hahn! ... Holen Sie tief Athem, bevor Sie mit dem Lesen beginnen, es wird ein sehr langer Brief werden. ... wollte ich erst ein bisl mit den Messungen durch sein, um Ihnen das, was Sie ja vor Allem von mir hören wollen, erzählen zu können. Und ich werde Ihnen allerlei Erfreuliches erzählen.«

Meitner hatte eine der letzten Lücken gefüllt, die im Periodensystem der Elemente noch bestanden. Dies war ihre eigene Arbeit, doch sie setzte ihrer beider Namen darüber und bestand gegenüber dem Redakteur der *Physikalischen Zeitschrift* darauf, daß Hahns Name zuerst genannt wurde. Während sie infolge der Kriegsereignisse getrennt waren, unternahm sie keinen Versuch, ihn zum Beantworten Ihrer Briefe zu drängen, aber manchmal rutschte ihr doch eine Bemerkung heraus, die ihre Ungeduld erkennen ließ: »Lieber Herr Hahn! ... Lassen Sie sichs gut gehen und schreiben Sie einmal, wenn schon nichts anderes, so wenigstens über die radioaktiven Sachen. Ich erinnere mich einer ganz fernen Zeit, da Sie hier und da auch ohne Radioaktivität ein Lebenszeichen von sich gaben.«

Kurz nach Kriegsende wechselten sie in verschiedene Institute. Mitte der zwanziger Jahre wurde Meitner Direktorin der Abteilung für Theoretische Physik am Kaiser-Wilhelm-Institut für Chemie. Sie wirkte immer noch etwas schüchtern, hatte jedoch inzwischen an Selbstvertrauen gewonnen. Bei den renommierten Theorieseminaren saß sie stets in der ersten Reihe neben Albert Einstein oder Max Planck. Hahn wußte, daß er den hochtheoretischen Untersuchungen, die dort vorgestellt wurden, nicht folgen konnte, und blieb bei seiner eher »handfesten« Chemie. Als 1934 Fermis Fortschritte zeigten, daß sich das Neutron als Sonde zur Erkundung des Atomkerns geradezu anbot, orientierte sich Meitner wiederum neu: Sie wollte die Eigenschaften der Atomkerne erforschen. Und dafür würde sie Hahn gewinnen können, wurden doch Chemiker gebraucht, um die neuen Substanzen zu untersuchen, die bei diesen Arbeiten entstanden.

Von 1934 an arbeiteten Meitner und Hahn also wieder zusammen. Ihr Assistent wurde der gerade promovierte Fritz Strassmann. Im Vorjahr war Hitler an die Macht gekommen. Als Jüdin hatte Lise Meitner umgehend ihre Professur an der Universität Berlin verloren, aber sie fühlte sich nicht bedroht, denn sie war ja österreichische Staatsbürgerin. Das Kaiser-Wilhelm-Institut verfügte über eigene Finanzquellen, so daß Meitner weiter ihr volles Gehalt erhielt.

Mit dem Anschluß Österreichs an Deutschland 1938 wurde sie jedoch automatisch deutsche Staatsbürgerin. Das Institut hätte sie vielleicht dennoch halten können, aber jetzt hing viel von den Meinungen ihrer Kollegen ab. Und da gab es einen Chemiker namens Kurt Heß, einen eher unbedeutenden Forscher, der seit langem ein kleines Büro im Institut hatte. Er war voller Haß und Mißgunst; als eines der ersten Institutsmitglieder wurde er aktiver Nazi. »Die Jüdin gefährdet das Institut,« ließ er bei jeder Gelegenheit verlauten. Meitner erfuhr davon durch einen ihrer ehemaligen Studenten, der loyal geblieben war. Sie besprach sich mit Hahn. Dieser wandte sich sofort an Heinrich Hörlein, den Kämmerer der Organisation, die das Kaiser-Wilhelm-Institut für Chemie finanzierte.

Und Hahn bat Hörlein, Meitner zu entlassen.

Wenn man sagt, ein Mensch sei liebenswert, wie es Hahn sein Leben lang war, so heißt das nur, daß er einen Reflex entwickelt hat, sich genau so zu verhalten, daß sich die Leute in seiner Umgebung wohlfühlen. Es sagt jedoch nichts über seine moralische Integrität aus. Hahn mag durchaus bekümmert gewesen sein über das, was er seiner alten Kollegin da antat: »Lise war sehr unglücklich und böse mit mir, daß ich sie nun auch im Stich gelassen hatte.« Aber die meisten deutschen Physiker taten inzwischen, was die neue Regierung von ihnen verlangte, und auch viele von Hahns ehemaligen Studenten, jetzt auf Seiten der Nazis, hatten nun einflußreiche Stellungen inne. Mit ihnen – und weniger mit Meitner – würde er in Zukunft zusammenarbeiten müssen; sie waren es also, die er zufriedenstellen mußte.

Er half ihr ein wenig beim Packen, aber wieviel sie davon in ihrem Schockzustand mitbekam, weiß man nicht. In ihrem Tagebuch notierte sie: »Hahn sagt, ich möge nicht mehr ins Institut kommen. Im Grunde hat er mich hinausgeworfen.«

Nachdem sich Meitner im August 1938 in Stockholm niedergelassen hatte, erwähnte sie niemandem gegenüber, wie sich Hahn verhalten hatte. Vielmehr nahm sie selbst aus der Ferne noch – fast zwanghaft, könnte man sagen – an den Arbeiten teil, die sie früher geleitet hatte. Mit Strassmanns und Hahns Hilfe hatte sie abgebremste Neutronen auf Uran geschossen, das schwerste aller natürlich vorkommenden Elemente. Weil die Neutronen in die Atomkerne eindrangen und, anstatt wieder auszutreten, dort auch blieben, ging nun jeder davon aus, daß dabei ein neues Element entstehen würde, dessen Dichte dann noch höher wäre als die des Ausgangsmaterials Uran. Aber die Forscher in Berlin konnten versuchen, was sie wollten – die neu entstandenen Substanzen waren nicht eindeutig zu identifizieren.

Wie immer schien Hahn als letzter zu verstehen, was da vor sich ging. Im November traf ihn Meitner in Kopenhagen (Dänemark war damals noch nicht von den Deutschen besetzt). Nachdem er zugegeben hatte, nicht weiter zu wissen, gab sie ihm konkrete Ratschläge für die weiteren Experimente. Er sollte die besten Neutronenquellen sowie Zähler und Verstärker einsetzen, die sie montiert hatte und die sich noch genau so in ihrem einst gemeinsamen Labor befanden, wie sie sie zurückgelassen hatte. Der Briefverkehr zwischen Stockholm und Berlin funktionierte noch reibungslos, so daß sie ihm jeden einzelnen Schritt vorgeben konnte. Strassmann berichtete später: »Zum Glück hatte L. Meitners Ansicht und Urteil bei uns in Berlin ein so großes Gewicht, daß die erforderlichen Kontrollversuche sofort unternommen wurden.« Wie tief Lise Meitner auch verletzt gewesen sein mag, sie konnte doch wenigstens die Arbeit fortsetzen, die ihr seit Jahren am Herzen lag.

Meitner riet ihren ehemaligen Kollegen, auf Varianten (das heißt Isotope) des Radiums zu achten, die bei dem anhaltenden Beschuß des Urans mit Neutronen möglicherweise entstehen konnten. (Radium ist ein metallisches Element, und sein Atomkern ist fast so schwer wie der des Urans. Beide haben sehr viele Neutronen, die sie als radioaktive Strahlung nach und nach abgeben.) Zum damaligen Zeitpunkt war das nur eine Vermutung, die sich auf bestimmte Ähnlichkeiten zwischen den beiden Metallen stützte sowie auf den Umstand, daß Uran und Radium in Erzlagerstätten oft zusammen vorkommen.

Aber Meitners Ratschlag bedeutete auch, daß sich die umfassenderen Konsequenzen der Gleichung $E = mc^2$ allmählich abzeichneten.

Liebe Lise!   Montag Abend, im Labor

... Es ist nämlich etwas bei den »Radium-Isotopen«, was so merkwürdig ist, daß wir es vorerst nur Dir sagen. ... Vielleicht kannst Du irgend eine phantastische Erklärung vorschlagen. ... Falls Du irgend etwas vorschlagen könntest, das Du publizieren könntest, dann wäre es doch noch eine Arbeit zu Dreien! ...

Otto Hahn

Sie hatten im Labor gewöhnliches Barium dazu verwendet, die Fragmente des mit Neutronen beladenen Radiums zu binden und zu sammeln. Sobald dieser Vorgang beendet war, wurde das Barium in einer Säure aufgelöst und vom übrigen Metall abgetrennt. Nun sah sich Hahn aber mit dem Problem konfrontiert, daß sich das Barium nicht vollständig abtrennen ließ. An einem Teil des Bariums schien immer noch eine winzige Menge radioaktiven Materials zu haften.

Hahn und Strassmann wußten nicht mehr weiter. »Lise Meitner war die geistig Führende in unserem Team gewesen«, erklärte Strassmann. Aber jetzt war sie nicht mehr da. Hahn schrieb ihr zwei Tage später erneut: »Du siehst, Du tust ein gutes Werk, wenn Du einen Ausweg findest.« Mehr konnten Hahn und Strassmann nicht tun. Das seltsame Ergebnis – warum war die Strahlung von dem einfachen Barium nicht zu entfernen? – konnte anscheinend nur von Meitner erklärt werden.

Inzwischen stand Weihnachten vor der Tür, und ein schwedisches Ehepaar, das wußte, daß Meitner in Stockholm allein war, lud sie ein, das Fest mit ihm an seinem Urlaubsort Kungälv an der schwedischen Westküste zu verbringen. Damals hielt sich ihr Neffe Robert Frisch in Kopenhagen auf, und auf Meitners Vorschlag wurde auch er in das Hotel eingeladen.

Meitner hatte diesen Neffen erst näher kennengelernt, als er Ende der zwanziger Jahre in Berlin studierte, und mochte ihn sehr. Des öfteren hatten sie vierhändig Klavier gespielt, obwohl sie nur mit Mühe Schritt halten konnte. (Sie hatten viel Spaß dabei und übersetzten *allegro ma non tanto* scherzhaft mit »schnell, aber nicht Tante«.)

Mittlerweile war Robert ein vielversprechender Physiker und arbeitete an Niels Bohrs Institut in Dänemark. Am Abend seiner Ankunft in Kungälv fühlte er sich jedoch nicht mehr in der Lage, physikalische Probleme zu diskutieren. Als er am nächsten Morgen in den Frühstücksraum des Hotels kam, saß dort seine Tante und zerbrach sich den Kopf über Hahns Brief. Das Barium, das die Berliner Forscher beim Experiment verwendet hatten, zeigte eine derart dauerhafte Radioaktivität – emittierte also so viel Energie –, daß sie dafür keine Erklärung fanden. War womöglich im Verlauf der Experimente irgendwie weiteres Barium entstanden?

Frisch vermutete einen Fehler in Hahns Experimenten, aber seine Tante schloß dies aus. Hahn war vielleicht kein Genie, doch zweifellos ein guter Chemiker. In anderen Instituten mochten solche Fehler vorkommen, nicht aber in ihrem ehemaligen Labor. Frisch ließ sich schnell überzeugen und glaubte, daß sie recht hatte.

Während er frühstückte, besprachen sie das Problem. Das Resultat des Experiments, das Meitner den Berlinern vorgeschlagen hatte, wäre erklärbar gewesen, wenn sich die Atomkerne des Urans irgendwie geteilt hätten. Ein Bariumkern ist ungefähr halb so groß wie ein Urankern. Und wenn das Barium, das sie entdeckten, nun einfach eines der beiden Spaltprodukte wäre? Aber nach allem, was die Kernphysiker festgestellt hatten – nach allen Beobachtungen von Rutherford und anderen –, war das eigentlich unmöglich. Ein Urankern enthält über 230 Elementarteilchen, und zwar Protonen und Neutronen. Sie werden durch die sogenannte starke Kernkraft zusammengehalten, die stärker ist als alle anderen bekannten Kräfte. Wie könnte also ein einzelnes eindringendes Neutron so viele jener Bindungen aufbrechen, daß ein großer Teil des Atomkerns abgespalten wird? Wenn man einen Kieselstein gegen einen großen Felsbrocken wirft, erwartet man ja auch nicht, daß dieser in zwei Hälften zerspringt.

Sie beendeten das Frühstück und brachen zu einem Spaziergang auf. Gleich hinter dem Hotel lag ein tiefverschneiter

Wald. Frisch schnallte Skier an und schlug seiner Tante vor, ihr auch ein Paar zu besorgen, aber sie lehnte ab. (»Lise Meitner bewies ihre Behauptung«, schrieb Frisch später, »daß sie zu Fuß gerade so schnell vorwärts kam«).

Niemandem war es bis dahin gelungen, mehr als ein kleines Stückchen von einem Atomkern abzusplittern. Sie konnten sich Hahns Ergebnis einfach nicht erklären. Selbst wenn ein auftreffendes Neutron auf eine Art Schwachstelle gestoßen wäre – wie konnten bei einem einzigen Aufprall Dutzende von Protonen und Neutronen herausgeschlagen werden? Der Atomkern war ja nicht wie eine Felsklippe aufgebaut, die in verschiedene Teile zerbrechen kann, sondern über Jahrmillionen hinweg völlig unversehrt geblieben.

Woher sollte die Energie kommen, die einen Atomkern schlagartig auseinanderreißt?

Meitner hatte Einstein 1909 während einer Tagung in Salzburg kennengelernt. Sie waren praktisch gleichaltrig, und Einstein war damals schon berühmt. Auf jener Konferenz hatte er eine Zusammenfassung seiner Ergebnisse aus dem Jahre 1905 gegeben. Die Erkenntnis, daß Energie aus verschwindender Masse hervorgehen kann, war »dermaßen überwältigend neu und überraschend«, berichtete Meitner Jahrzehnte später, »daß ich mich noch heute sehr gut an diesen Vortrag erinnere«.

Nachdem Lise Meitner und ihr Neffe eine Weile durch den Schnee gestapft waren, ließen sie sich auf einem Baumstumpf nieder, um jenes Rätsel zu lösen. Das damals neueste Modell des Atomkerns stammte von Niels Bohr, dem freundlichen Dänen, bei dem Robert Frisch arbeitete. Bohr hielt den Atomkern nicht für ein starres, metallartiges Gebilde aus winzigen Kügelchen, sondern verglich ihn eher mit einem Wassertropfen.

Ein Wassertropfen ist wegen seines Gewichts immer im Begriff auseinanderzuplatzen. Damit läßt sich im Atomkern die

Wirkung der elektrischen Ladung der Protonen vergleichen, die einander abstoßen. (Das tun gleichnamige elektrische Ladungen ja immer.) Doch ein Wassertropfen bewahrt seine Form, weil die Oberflächenspannung ihn wie ein Gummituch zusammenhält. Dieser Spannung entspricht im Atomkern die starke Kernkraft, die die Protonen und Neutronen am Auseinanderstreben hindert.

In einem kleinen Kern wie dem des Kohlenstoffs ist die starke Kernkraft groß genug, um ihn stabil zu halten. Aber wie ist das bei einem großen, schweren Atomkern, zum Beispiel dem des Urans? Könnten hier möglicherweise zusätzliche Neutronen das Gleichgewicht zwischen starker Kernkraft und Abstoßung stören?

Lise Meitner und ihr Neffe waren nicht umsonst Physiker. Sogar auf diesem Weihnachtsspaziergang hatten sie Papier und Bleistift dabei, nahmen es zur Hand und begannen, draußen in der Kälte des schwedischen Waldes, zu rechnen. Was wäre, wenn sich nun herausstellte, daß der Urankern so groß und aufgrund seiner vielen Neutronen (anderthalb mal mehr als Protonen) so instabil ist, daß er sich bereits vor dem Eindringen zusätzlicher Neutronen in einem prekären Zustand befindet? Damit würde der Urankern einem Wassertropfen ähneln, der schon so weit auseinandergezogen ist, daß er gleich platzen wird. Und was geschieht, wenn in diesen überladenen Kern noch ein weiteres Neutron hineingeschossen wird?

Meitner begann mit einer Skizze. Sie konnte ungefähr so gut zeichnen wie Klavier spielen. Frisch nahm ihr daher höflich den Bleistift aus der Hand und vervollständigte die Zeichnung. Das einzelne, zusätzlich eingebrachte Neutron bringt den Kern dazu, sich in der Mitte zu dehnen. Das ist ungefähr so, als drücke man einen mit Wasser gefüllten Luftballon in der Mitte zusammen: Die beiden Enden blähen sich auf. Wenn man Glück hat, hält der Gummi des Luftballons, und man wird nicht naß. Dann drückt man stärker, so daß sich der Luftballon seitwärts noch weiter ausdehnt; läßt man los, so zieht er sich zur Mitte zusammen. Doch dann drückt man quer zur vorherigen Richtung von neuem. Das ganze wiederholt man einige Male, und irgendwann wird der Luftballon platzen. Tut man das im richtigen Rhythmus, so muß man gar nicht heftig drücken, sondern stets nur genau im richtigen Moment, wenn sich der wassergefüllte Ballon gerade zusammengezogen hat.

Genau so hatten sich bei Hahns Experiment die Neutronen im Urankern verhalten. Hahn konnte seine Ergebnisse offenbar deshalb nicht deuten, weil er überzeugt war, zusätzliche Neutronen würden den Atomkern nur schwerer machen. In Wahrheit aber hatten sie den Urankern auseinandergesprengt.

Das war nun – wenn es sich wirklich so verhielt – eine einschneidende Erkenntnis, die freilich noch überprüft werden mußte. Man wußte, daß die elektrische Ladung der Protonen dazu beitragen kann, daß die Teile des Atomkerns auseinanderfliegen. In der Energieeinheit, die die Physiker hier gern benutzen, müßte die auf der elektrischen Ladung beruhende Energie ungefähr 200 MeV, also 200 Millionen Elektronenvolt, ausmachen. Frisch und Meitner rechneten das meiste im Kopf aus. Ging aus Einsteins Gleichung von 1905 wirklich hervor, daß eine derartige Energiemenge im Atomkern schlummert, um ihn auseinanderzutreiben? Frisch berichtete später:

> Zum Glück erinnerte sich Lise Meitner an die empirische Formel zur Berechnung von Kernmassen. Wir fanden heraus, daß die zwei Kerne, die sich bei der Spaltung eines Urankerns bildeten, insgesamt leichter als der ursprüngliche Urankern sein würden; der Unterschied betrug etwa 1/5 Protonenmassen. Wenn aber Masse verschwindet, entsteht Energie nach Einsteins Formel $E = mc^2$.

Aber wieviel Energie würde das sein? Ein Fünftel eines Protons ist bei einem so großen Atomkern lächerlich wenig. Schon in einem *i*-Pünktchen befinden sich mehr Protonen, als es in unserer Galaxis Sterne gibt. Und dennoch reicht das »Verschwinden« eines einzigen Fünftels eines Protons – dieses submikroskopischen Teilchens – aus, um 200 MeV an Energie zu erzeugen. Im kalifornischen Berkeley wurde ein riesiger, haushoher Magnet konstruiert, der, wenn er mit einer höheren elektrischen Leistung versorgt wird, als die ganze Stadt normalerweise benötigt, einem Teilchen eine Energie von 100 MeV verleihen konnte. Und hier sollte ein einziges Teilchen noch mehr Energie hervorbringen?!

Das erschien unmöglich; aber Einsteins Gleichung enthält ja den enorm hohen Faktor c^2. Durch diese gigantische Brücke sind die Welt der Masse und die der Energie miteinander verknüpft. Aus unserer Perspektive betrachtet, gleitet der Bruchteil eines Protons über die Fahrbahn dieser Brücke – das Gleichheitszeichen – und verwandelt sich; es wächst. Und wächst.

Meitner und Frisch kamen auf ihrem Spaziergang über ein zugefrorenes Flüßchen; sie hatten sich so weit von Kungälv entfernt, daß um sie herum völlige Stille herrschte. Meitner rechnete weiter. Frisch erinnerte sich später: »...nun entsprach ein Fünftel einer Protonenmasse gerade 200 MeV. Hier war also die Energiequelle: alles stimmte!«

Das Atom war enträtselt, und alle hatten sich bisher geirrt. Es kam gar nicht darauf an, es immer heftiger mit Elementarteilchen zu beschießen. Das hatten eine Frau und ihr Neffe bei ihrem Weihnachtsspaziergang im Schnee nun erkannt. Man mußte nicht einmal viel Energie zuführen, um einen Urankern auseinanderzusprengen, dazu genügten schon ein paar zusätzliche Neutronen. Dann nämlich beginnt er zu zittern, vibriert immer heftiger, bis die ihn zusammenhaltenden Kräfte nachgeben und seine elektrischen Ladungen ihn auseinandertreiben. Diese Explosionsreaktionen lösen weitere aus, und die sogenannte Kettenreaktion unterhält sich selbst.

Meitner und Robert Frisch lebten noch in der Vorstellung, ihre Wissenschaft sei politisch neutral, und so machten sie sich daran, ihre Entdeckung zu veröffentlichen, für die jedoch noch ein Name gefunden werden mußte. Frisch erinnerte sich dabei an die Teilung von (einzelligen) Bakterien. Wieder nach Kopenhagen zurückgekehrt, fragte er einen amerikanischen Biologen, der gerade als Gast in Bohrs Institut weilte, nach dem entsprechenden englischen Begriff für diesen Vorgang, und erhielt die Auskunft: *fission*, zu deutsch *Spaltung*. Diese Bezeichnung, die er in seinem kurz darauf erschienen Aufsatz einführte, hat sich durchgesetzt; heute wird meist der genauere Begriff *Kernspaltung* verwendet. Hahn hatte inzwischen die Berliner Forschungsergebnisse veröffentlicht und dabei Meitners Beitrag nur am Rande gewürdigt. Fast ein Vierteljahrhundert lang sollte er von nun an das Verdienst für die Erkenntnisse für sich allein beanspruchen.

Die gut dreißigjährige Suche war zu Ende. In den Jahrzehnten nach der Veröffentlichung von Einsteins berühmter Gleichung hatten die Physiker allmählich das Innere des Atoms erkundet. Jetzt wußten sie auch, wie sich die in ihm komprimierte, »eingefrorene« Energie $E = mc^2$ freisetzen ließ. Sie hatten den Atomkern und ein Teilchen namens Neutron gefunden, das relativ leicht in ihn hinein- und wieder herausgelangen konnte (vor allem, wenn man den Trick anwandte, es vorher abzubremsen). Schließlich waren sie auch dahintergekommen, was zusätzliche Neutronen in einem schweren, neutronenreichen Kern wie dem Uran bewirken: Der Atomkern wird instabil, vibriert und explodiert sodann.

Dies war, wie Lise Meitner erkannt hatte, deshalb möglich, weil die konzentrierte elektrische Ladung im Atomkern durch die starke Kernkraft zusammengehalten wird. Bringt man ein zusätzliches Neutron in den Kern ein, so daß dessen Teile vibrieren, dann vermindert sich die Wirkung der starken Kernkraft derart, daß der Atomkern auseinanderfliegt. Könnte man den Atomkern vorher und die davonflitzenden Bruchstücke nachher wiegen, dann würde sich herausstellen, daß alle Bruckstücke zusammen etwas leichter sind als der gesamte, intakte Kern. Was die Bruchstücke auseinandertreibt, ist die »verschwundene« Masse, die somit nicht wirklich verschwunden sein kann. Einsteins Gleichung liefert den Zusammenhang, denn nach ihr ergibt das Produkt aus der »verschwundenen« Masse m und dem ungeheuer großen Faktor c^2 die Energie der davonfliegenden Bruchstücke. (Dabei hat c^2 den Zahlenwert 1.164.000.000.000.000.000, wenn die Lichtgeschwindigkeit c in km/h eingesetzt wird.)

Es war eine unheilvolle Erkenntnis, denn theoretisch konnte sich ihrer nun jeder bedienen, um Atomkerne zu spalten und damit unvorstellbare Energiemengen freizusetzen. Zu anderen Zeiten hätte man vielleicht die nächsten Schritte sorgfältig und behutsam erwogen, und die Atombombe wäre womöglich erst in den sechziger oder siebziger Jahren erfunden worden. Doch man schrieb das Jahr 1939, und der größte Krieg in Geschichte der Menschheit stand unmittelbar bevor.

Der Wettlauf um die Atombombe begann.

TEIL 4

Die Gleichung wird erwachsen

10

Deutschland

Im Jahre 1939 war Einstein längst nicht mehr der unbekannte junge Mann, dessen Vater sich genötigt sah, einen Leipziger Professor um die Vermittlung einer Stelle zu bitten. Seine Arbeiten über die Relativitätstheorie hatten ihn zum wohl berühmtesten Physiker der Welt gemacht. Er war der tonangebende Professor Berlins gewesen, und als ihm die antisemitischen Machthaber und der braune Mob das Leben in Deutschland unmöglich gemacht hatten, emigrierte er 1933 nach Amerika und trat eine Stelle am damals neuen *Institute for Advanced Studies* in Princeton, New Jersey, an.

Als man in Amerika von Meitners Ergebnissen erfuhr und auch davon hörte, daß andere Forscherteams noch darüber hinausgingen, hielten einige aus Europa stammende Wissenschaftler es für erforderlich, sich an den Präsidenten zu wenden. Im Juli schrieben sie einen Brief, den Einstein unterzeichnete und den einer der Vertrauten des Präsidenten ihm Anfang August persönlich überbrachte:

F. D. Roosevelt,
Präsident der Vereinigten Staaten,
Das Weiße Haus
Washington, D. C.

Sehr geehrter Herr!

Einige mir im Manuskript vorliegende neue Arbeiten ... lassen mich annehmen, daß das Element Uran in absehbarer Zeit in eine neue wichtige Energiequelle verwandelt werden könnte. Gewisse

Aspekte der Situation scheinen die Aufmerksamkeit und, wenn nötig, rasches Handeln zu erfordern. ...

Das neue Phänomen würde auch zum Bau von Bomben führen, und es ist denkbar – obwohl weniger sicher –, daß auf diesem Wege neuartige Bomben von höchster Detonationsgewalt hergestellt werden können. Eine einzige Bombe dieser Art, auf einem Schiff befördert oder in einem Hafen explodiert, könnte unter Umständen den ganzen Hafen und Teile der umliegenden Gebiete völlig vernichten. ...

Ihr sehr ergebener
Albert Einstein

Leider erhielt er darauf die folgende Antwort:

Das Weiße Haus
Washington, D. C.
19. Oktober 1939

Lieber Herr Professor!

Ich möchte Ihnen für Ihren kürzlich gesandten Brief und die äußerst interessanten und wichtigen Beilagen danken.

Ich fand diese Mitteilungen so bedeutungsvoll, daß ich einen Ausschuß ins Leben gerufen habe. ... Bitte nehmen Sie meinen aufrichtigen Dank entgegen.

Ihr sehr ergebener
Franklin D. Roosevelt

Selbst jemandem, der – wie Einstein damals – erst seit einigen Jahren in Amerika lebte, mußte klar sein, daß sich hinter der Wendung »äußerst interessant« eine höfliche Ablehnung seines Vorstoßes verbarg. Präsidenten werden ständig mit unbrauchbaren Ideen behelligt. Wenn derjenige, der sie vorbringt, berühmt ist, sehen sich Politiker zu einer gewissen Höflichkeit verpflichtet. Doch eines war klar: Roosevelt und seine Berater schenkten der Behauptung, eine einzige Bombe könne einen ganzen Hafen zerstören, keinerlei Glauben.

Albert Einstein
Image Select /
Art Resource,
New York

Der Brief verschwand von Roosevelts Schreibtisch und landete bei Lyman J. Briggs, dem gemütlichen, pfeiferauchenden Direktor des *Bureau of Standards*, das der US-Regierung unterstand. Diese Institution sollte bei der Entwicklung der amerikanischen Atombombe federführend werden.

Es kam zu allen Zeiten vor, daß eine Regierung eine bestimmte Aufgabe dem falschen Mann übertragen hat – aber dieser Fall war geradezu ein Musterbeispiel. Briggs war 1897, noch vor dem spanisch-amerikanischen Krieg, unter der Präsidentschaft Grover Clevelands in den Staatsdienst eingetreten. Er lebte im Grunde in der Vergangenheit, als alles einfacher zu sein schien und den Vereinigten Staaten noch keine Gefahr drohte. Diese Verhältnisse wollte er bewahren.

Im April 1940 hatte Meitners Neffe Robert Frisch, der damals in England lebte, die englische Regierung fast schon von der Machbarkeit einer Atombombe überzeugt. Ein streng geheimes Memorandum mit dieser Information gelangte später nach Washington. Inzwischen tobten in ganz Europa schwere Schlachten. Einige Länder waren von deutschen Panzerarmeen überrollt worden. Aber Lyman J. Briggs war nicht zu überlisten. Dieser idiotische Bericht der Briten konnte gefährlich werden, wenn er jemals bekannt würde. Also schloß er ihn in seinen Safe ein.

Deutschlands Beamte, sogar die wissenschaftlich ungebildeten, sahen die Geschichte ganz anders. Was sollte schon an der jüngsten Vergangenheit gut gewesen sein? Sie hatte nach dem Ende des Ersten Weltkriegs nur zum Bankrott geführt, zur Korruption in der Weimar Republik, zu Inflation und Arbeitslosigkeit. Es winkte eine bessere Zukunft. Daher setzte man auf neue Straßen, neue Autos, neue Maschinen – und neue Eroberungen. Auch die jüngsten physikalischen Erkenntnisse und Theorien verhießen Neues und Großartiges. Knapp drei Jahre später schrieb Josef Goebbels in sein Tagebuch: »Mir wird Vortrag gehalten über die neuesten Ergebnisse der deutschen Wissenschaft. Die Forschungen auf dem Gebiet der Atomzertrümmerung sind so weit gediehen, … [daß sich] bei kleinstem Einsatz derart immense Zerstörungswirkungen [ergeben]. … Es ist auch notwendig, daß wir auf diesem Gebiet die ersten sind.«

Und die Deutschen hatten den richtigen Mann für diese Aufgabe.

Im Sommer 1937, genauer gesagt Anfang Juli, stand Werner Heisenberg im Zenit seiner Laufbahn. Er war nach Einstein der bedeutendste lebende Physiker der Welt, berühmt durch seine Arbeiten zur Quantenmechanik und zum Unbestimmtheitsprinzip. Er hatte kurz zuvor geheiratet und kehrte nun von ausgedehnten Flitterwochen in die alte Wohnung der Familie in München zurück. Hier lebte noch seine Mutter, und sogar das anderthalb Meter lange, elektrisch angetriebene Schlachtschiffmodell, das er als Jugendlicher gebaut hatte, stand noch immer auf der Kommode. Nun hatte er ein angenehmes Telefonat zu führen, denn er war soeben auf einen Lehrstuhl an der Universität berufen worden, an der er fünfzehn Jahre zuvor – als Wunderkind des deutschen Wissenschaftsbetriebs – promoviert hatte. Vom Telefon seiner Mutter aus rief er also den Rektor der Universität an.

In gespannter Erwartung stand er da, die Schultern gestrafft, wie immer, wenn er sich über etwas freute. Er erreichte den Rektor, doch dieser eröffnete ihm, es gebe da ein ernstes Problem. Ein älterer Physiker, Johannes Stark, hatte in der Wochenzeitschrift der SS einen anonymen Artikel lanciert, in dem Heisenberg mangelnder Patriotismus und Zusammenarbeit mit Juden vorgeworfen wurden; er lasse es auch an der rechten deutschen Gesinnung fehlen, und so weiter.

Auf derartige öffentliche Angriffe folgte des öfteren die Verhaftung im Morgengrauen mit anschließender Einweisung in ein Konzentrationslager. Heisenberg war geschockt, aber auch wütend. Da trafen sie nun wirklich den Falschen! Gewiß, er hatte mit jüdischen Physikern zusammengearbeitet, aber Niels Bohr, Albert Einstein, Wolfgang Pauli und viele andere waren eben Juden oder sogenannte Halbjuden, so daß er gar keine andere Wahl gehabt hatte. Dennoch war er in öffentlichen Diskussionen stets für sein Land eingetreten, hatte Hitlers Vorgehen verteidigt und mehrere Angebote von erstklassigen Universitäten des Auslands abgelehnt.

Hilfesuchend wandte sich Heisenberg an seine engsten Freunde, aber das nützte nichts. Kurz darauf wurde er zum Verhör in den Keller des Gestapo-Hauptquartiers in der

Prinz-Albrecht-Straße in Berlin gebracht. Die Wände bestanden hier aus nacktem Beton, und auf einem Schild stand der zynische Rat »Tief und ruhig durchatmen«. (Heisenberg wurde zwar nicht mißhandelt, und ein SS-Mann, der ihn verhörte, hatte sogar in Leipzig promoviert, wobei Heisenberg einer der Prüfer gewesen war. Doch seine Frau berichtete später, er habe noch Jahre danach Alpträume gehabt.) Als sich abzeichnete, daß die SS nicht locker ließ, griff die Person ein, die ihm wohl am nächsten stand: seine Mutter.

Die Heisenbergs gehörten zum Bildungsbürgertum, wie auch die Himmlers, und Werner Heisenbergs Mutter kannte die Mutter Heinrich Himmlers seit ihrer Jugendzeit. Im August 1937 suchte sie also Frau Himmler auf, die in einer kleinen, aber sehr sauberen Wohnung wohnte, in der stets frische Blumen vor dem Kruzifix standen. Frau Heisenberg übergab ihr einen Brief ihres Sohnes. Anfangs weigerte sich Frau Himmler, ihren Sohn damit zu behelligen, doch dann spielte, wie Heisenberg sich später erinnerte, seine Mutter ihren Trumpf aus: »»Ach, wissen Sie, Frau Himmler, wir Mütter, wir verstehen ja nichts von der Politik – weder von Ihrem Sohn noch von meinem Sohn, aber wir wissen, daß wir für unsere Jungen sorgen müssen. Und darum bin ich bei Ihnen.‹ Und das hat sie verstanden.« – Es funktionierte:

Der Reichsführer SS

Sehr geehrter Herr Professor Heisenberg!

Ich komme erst heute dazu, Ihnen abschliessend auf Ihren Brief vom 21. 7. 1937, in dem Sie sich wegen des Artikels im Schwarzen Korps von Prof. Stark an mich wandten, zu antworten.

Ich habe, gerade weil Sie mir durch meine Familie empfohlen wurden, Ihren Fall besonders korrekt und besonders scharf untersuchen lassen.

Ich freue mich, Ihnen heute mitteilen zu können, dass ich den Angriff ... nicht billige, und daß ich unterbunden habe, dass ein weiterer Angriff gegen Sie erfolgt.

Ich hoffe, dass ich Sie im Herbst – allerdings erst sehr spät, im November oder Dezember – einmal bei mir in Berlin sehen kann, sodass wir uns eingehend mündlich von Mann zu Mann aussprechen können.

Mit freundlichem Gruß und
Heil Hitler!
Ihr H. Himmler,

P. S. Ich halte es allerdings für richtig, wenn Sie in Zukunft die Anerkennung wissenschaftlicher Forschungsergebnisse von der menschlichen und politischen Haltung des Forschers klar vor Ihren Hörern trennen.

Das Postskriptum war so zu verstehen, daß Heisenberg zwar Einsteins Ergebnisse in der Relativitätstheorie sowie die Gleichung $E = mc^2$ verwenden durfte, zugleich aber den Menschen Einstein verleugnen mußte. Außerdem hatte er sich von liberalem oder internationalistischem Gedankengut deutlich zu distanzieren, das Einstein und andere jüdische Physiker verbreiteten, beispielsweise durch ihr Eintreten für den Völkerbund oder ihre öffentlichen Stellungnahmen gegen Rassismus.

Es fiel Heisenberg nicht sonderlich schwer, diese Bedingungen zu akzeptieren. In seiner Jugend war er in der Wandervogelbewegung aktiv gewesen, in der Jugendliche für einige Tage oder Wochen durch die Natur streiften und den völkischen Wurzeln ihrer Nation nachspürten. Am Lagerfeuer wurden mythische Helden beschworen und – dem damaligen Zeitgeist gemäß – Möglichkeiten erwogen, wie das Vaterland unter einem weitblickenden »Führer« als »Drittes Reich« wieder erstarken könne. Viele kehrten sich von diesem Gedankengut ab, als sie älter wurden, aber Heisenberg hing noch mit Mitte zwanzig der Bewegung an, trotz spöttischer Bemerkungen von seiten erwachsenerer oder liberalerer Kommilitonen. Während seines Studiums verließ er zuweilen ein Seminar, um sich mit einer Jugendgruppe zu treffen und mit ihr eine ausgedehnte Wanderung zu unternehmen, die bis tief in die Nacht dauerte, so daß er erst am nächsten Morgen, gerade noch rechtzeitig zur ersten Vormittagsvorlesung, mit dem Zug zurückkehrte.

Als das deutsche Heereswaffenamt im September 1939 – knapp einen Monat nach Einsteins Brief an Roosevelt – seine Arbeit aufnahm, gehörte Heisenberg zu den ersten, die sich freiwillig erboten, alles zu tun, was verlangt wurde. Das Dritte Reich befand sich bereits im Krieg: Artillerie, Bodentruppen und Luftwaffe rückten siegreich in Polen vor. Aber möglicherweise traten bald mächtigere Feinde auf den Plan. Heisenberg hatte schon immer hart gearbeitet, und jetzt übertraf er sich selbst. Im Dezember legte er den ersten Teil eines umfassenden Berichts darüber vor, wie eine einsatzbereite Atombombe zu konstruieren sei. Im Februar 1940 war der zweite Teil abgeschlossen. Als dann eine eigens dafür eingesetzte Einheit in Berlin einen Reaktor baute, leitete er – neben seiner Professur an der Universität Leipzig – auch die weiteren Forschungsarbeiten. Dazu mußte er ständig zwischen Leipzig und Berlin pendeln, was den meisten Wissenschaftlern zu anstrengend gewesen wäre, doch Heisenberg stand im Zenit seiner Schaffenskraft. Er war noch keine vierzig und ein geübter Bergsteiger und ausdauernder Reiter; zudem nahm er als Reserveoffizier zwei Wochen im Jahr an Wehrübungen der Gebirgsinfanterie teil.

Die ersten Tests für das Atombombenprojekt wurden in einem gewöhnlichen Holzhaus am Berliner Stadtrand durchgeführt, unweit des Insituts, in dem einst Lise Meitner geforscht hatte. Nahe am Haus standen Kirschbäume, die in jenem warmen, sonnigen Sommer des Jahres 1940 herrlich blühten. Um Neugierige fernzuhalten, nannte man das Gebäude das »Virus-Haus«. Heisenberg orderte zunächst eine ausreichende

Menge Uran – weit mehr als die paar Gramm, die Meitner im Jahre 1938 für Hahns Experimente hatte besorgen lassen. Seinerzeit konnten nur wenige Urankerne gespalten werden, denn die Probe war so klein gewesen, daß die meisten Neutronen, die von den Atomen freigesetzt wurden, aus dem Metallblock entwichen, bevor sie andere Atomkerne treffen konnten.

Heisenberg orderte einige Dutzend Kilogramm Uran, das relativ leicht zu erhalten war, weil die Wehrmacht bereits ein halbes Jahr vor dem Einfall in Polen die Tschechoslowakei besetzt hatte. Europas größte Uranquelle, das Bergwerk bei Sankt Joachimsthal (Jáchymov) im Erzgebirge, war schon von Marie Curie genutzt worden. Das bestellte Uran wurde prompt geliefert. Unter Berufung auf den angesehenen Namen seines Forschungsleiters sorgte das Heereswaffenamt dafür, daß diesen Gütertransporten Vorrang eingeräumt wurde.

Die Lagerung einer großen, kompakten Uranmenge würde noch keine Reaktion in Gang setzen, denn ein Atomkern ist ja, wie wir gesehen haben, ein verschwindend kleines Stäubchen, gemessen am Volumen der ihn umgebenden Atomhülle aus Elektronen. Die meisten der bei den ersten Kernspaltungen freigesetzten Neutronen fliegen an den Kernen der anderen Atome vorbei, ähnlich wie heute unsere Raumsonden an den Planeten des Sonnensystems.

Der Trick, auf den Fermi gekommen war – nämlich die viel wirksameren langsamen Neutronen einzusetzen –, konnte bei der Lösung des Problems helfen und eine Reaktion in Gang setzen. Schnelle Neutronen kann man sich als »stromlinienförmig« vorstellen, während langsame Neutronen, wie wir schon wissen, sozusagen etwas »schlottern« und ein wenig ausgedehnter sind. Wenn das Zentrum eines solchen Neutrons auch nur in die Nähe eines der wartenden Atomkerne kommt, wird sich bereits ein Teil von ihm mit dem Kern verbinden. Was bei

Werner Heisenberg (sitzend, rechts). Er trägt eine Armbinde zum Zeichen der Trauer um seinen verstorbenen Vater.
AIP Emilio Segrè Visual Archives, Peierls Collection

einem schnellen Neutron ein knapper Fehlschuß würde, führt bei einem langsamen Neutron viel eher zu einem »Einfang« durch den Atomkern. Und nun sind plötzlich die Bedingungen erfüllt, unter denen die Gleichung $E = mc^2$ ihre Wirkung entfalten kann: Der Kern vibriert, zerplatzt dann und sendet bei dieser heftigen Explosion eine ungeheure Energiemenge aus – daneben aber auch etliche Neutronen, die ihrerseits weitere Atomkerne treffen und sie spalten können.

Heisenberg suchte nun nach einer Substanz, mit der diese Neutronen abgebremst werden können. Eine wasserstoffreiche Verbindung schien ihm dafür geeignet zu sein, weil das Wasserstoffatom eine kleine Elektronenhülle hat. Daher hatte Fermi schon im Jahre 1934 mit gewöhnlichem Wasser (H_2O) aus dem Goldfischteich im Park seines Instituts experimentiert und dabei einen gewissen Effekt erzielt. Aber als es das deutsche Team mit normalem Wasser versuchte, ereigneten sich zwar etliche Kernspaltungen im Zentrum der Uranprobe, doch die entweichenden Neutronen bewegten sich immer noch zu schnell, um die Reaktion aufrechtzuerhalten.

Heisenberg brauchte also eine bessere »Neutronenbremse«, einen besseren Moderator. Er wußte, daß etwa gleichzeitig mit Fermi ein amerikanischer Chemiker namens Harold C. Urey festgestellt hatte, daß das Wasser der Meere und aller anderen Gewässer nicht nur aus normalem H_2O besteht, sondern in sehr geringen Mengen noch eine etwas schwerere Molekülvariante enthält. Ihre Wasserstoffatome haben einen doppelt so schweren Atomkern, der nicht nur ein Proton, sondern auch ein Neutron aufweist. Dieses Wasserstoff-Isotop nennt man Deuterium (D) oder schweren Wasserstoff. Das »schwere Wasser« mit der chemischen Formel D_2O unterscheidet sich praktisch nicht vom gewöhnlichen Wasser H_2O: Es ist genauso flüssig, findet sich, wie gesagt, in allen Gewässern sowie natürlich auch in Regen, Eis und Schnee, und wir trinken es immer mit. Auf rund 10.000 gewöhnliche Wassermoleküle kommt nur ein Molekül des schweren Wassers; deshalb hatte man es lange Zeit nicht gefunden. (In einem großen Schwimmbecken befindet sich – gleichmäßig verteilt – rund ein viertel Liter schweren Wassers.) Dieses schwere Wasser eignet sich ganz hervorragend zum Abbremsen schneller Neutronen, denn bei einem Aufprall auf den schwereren Deuteriumkern büßen sie viel mehr Geschwindigkeit ein als bei einem Stoß gegen den Wasserstoffkern, so daß sie schon nach einigen Dutzend Stößen merklich langsamer werden.

Die deutschen Institute hatten damals erst wenige Liter schweren Wassers angesammelt. Die Gesamtmenge reichte nicht aus, um sie zwischen Leipzig und Berlin aufzuteilen. Heisenberg zog es gefühlsmäßig nach Leipzig, und so bereitete man im Kellergeschoß des dortigen Physikalischen Instituts die wichtigsten Versuche vor. Gegen Ende 1940 wurde das kostbare schwere Wasser zusammen mit einigen Pfund Uran in einen stabilen, kugelförmigen Behälter gegeben und dieser dann mit einer Winde soweit angehoben, daß man unter ihm Meßgeräte anordnen konnte. Normalerweise kümmern sich Professoren nicht um die experimentellen Details, doch Heisenberg hielt sich auf seine praktischen Fähigkeiten ebenso viel zugute wie auf seine theoretische Begabung. Einige der Meßgeräte hatte er, zusammen mit Robert Döpel, dem Leiter der Experimente, sogar selbst konstruiert und gebaut.

Als die Uranstücke richtig plaziert, das schwere Wasser eingefüllt und alle Meßgeräte angeschlossen waren, sollte das Experiment – im Februar 1941 – beginnen. Zum Zünden von Schießpulver genügt ein Streichholz, und Dynamit explodiert mit Hilfe einer Sprengkapsel. Um Kernreaktionen in Uran einzuleiten, das für eine Kettenreaktion von zu minderer Qualität ist, benötigt man zu Anfang eine Neutronenquelle. Döpel hatte am Boden des Gefäßes eine verschließbare Öffnung vorgesehen, durch die die Neutronenquelle eingeführt werden sollte. Als solche diente eine kleine Menge einer radioaktiven Substanz, ähnlich wie Chadwick sie seinerzeit benutzt hatte. Zuletzt wurde das längliche Röhrchen mit der Neutronenquelle herbeigeholt und durch die Öffnung in den Behälter eingeführt. Man hatte nun alle für eine Atombombe nötigen Komponenten beisammen und stellte sich den weiteren Ablauf folgendermaßen vor:

Kaum wäre die Neutronenquelle an ihrem Platz im Uranblock, würden darin die ersten schnellen Neutronen freigesetzt. Einige der Urankerne würden gespalten und flögen viel heftiger auseinander, als man es früher – bevor Meitner einen Zusammenhang mit Einsteins Gleichung $E = mc^2$ postulierte – jemals erwartet hätte. Zusammen mit den Bruchstücken der Atomkerne entstünden schnelle Neutronen und durchdrängen ohne weiteres die ersten Schichten der Uranatome, auf die sie träfen. Doch wenn sie das schwere Wasser erreichten, prallten sie zwischen den Deuteriumkernen hin und her und würden dadurch abgebremst. Wenn sie anschließend die nächste Schicht des Urans erreichten, wären sie so langsam und auch so weit verteilt, daß sie jetzt viel eher von Urankernen eingefangen würden. Daher träten sie vor allem in die instabilsten Kerne ein, ließen diese vibrieren und schließlich auseinanderplatzen.

Jeder Kernzerfall wäre eine weitere, energiereiche Manifestation der Gleichung $E = mc^2$, und die Geigerzähler würden schneller und schneller ticken. Nach Heisenbergs Berechnungen würden in den ersten paar millionstel Sekunden rund 2.000 Kerne gespalten, in der nächsten gleichgroßen Zeitspanne 4.000, dann 8.000, dann 16.000 und so weiter. Diese sukzessive Verdopplung sollte sehr rasch zu enorm hohen Zahlen führen. Wenn alles wie gewünscht funktionierte, sollten sich im Bruchteil einer Sekunde bereits Billionen dieser winzigen Kernexplosionen ereignen, dann Hunderte von Billionen, und so fort – in einer sogenannten Kettenreaktion, die sich selbst immer weiter beschleunigte. Das wäre wie ein »Riß« im normalen Gefüge der Materie, wobei alle Energie zutage käme, die seit Milliarden von Jahren in diesen Atomen komprimiert war. All das sollte also in jenem Kellerlabor des Leipziger Instituts geschehen; in dieser Universität unter der Leitung von Wissenschaftlern und von Offizieren der Deutschen Wehrmacht; in dieser Universität mit Studenten, die oben in den Hörsälen stolz das Hakenkreuz trugen. Um eine Milliarde Atome zu spalten, müßte man also kein großes Laboratorium einrichten, das womöglich mit unzähligen Neutronenquellen für die Initialzündung auszustatten wäre. Sobald auch nur sehr wenige Atome damit begonnen hätten, ihre Fragmente – darunter auch Neutronen – wegzuschleudern, würde sich alles weitere von selbst und äußerst rasch ereignen. Möglicherweise würde sich jene erste, in Leipzig verwendete

Uranprobe als nicht rein genug erweisen, um eine Kettenreaktion zu unterhalten. Aber ein Anfang schien möglich.

Die Professoren gaben ihre Anweisungen, und Döpels Assistent, Wilhelm Paschen, führte die Neutronenquelle ein. Es war, wie gesagt, Februar 1941. Die Neutronen zur Auslösung der Kettenreaktion waren jetzt im Uran! Alle Anwesenden starrten auf die Meßgeräte, um den Verlauf des Experiments zu verfolgen.

Und es geschah – nichts.

Das vorhandene Uran reichte nicht aus, um die erwartete Reaktion in Gang zu bringen. Heisenberg ließ sich davon nicht entmutigen, sondern bestellte bei den rührigen Berliner Auer-Werken noch mehr Uran. Das Unternehmen, das schon seit Jahren keine Zahnpasta mehr herstellte, betrieb inzwischen einen schwunghaften Handel mit mehreren uranhaltigen Produkten, wobei der Nachschub an Rohstoffen kein Problem darstellte. Darauf hatte bereits Einstein in seinem Brief an Roosevelt aufmerksam gemacht. (»Es wurde mir mitgeteilt, daß Deutschland den Verkauf von Uran aus den von ihm übernommenen tschechoslowakischen Bergwerken eingestellt hat«, hatte Einstein geschrieben und hinzugefügt: »Die ergiebigsten Lager für Uran liegen in Belgisch-Kongo.«) Die Union Minière im ebenfalls besetzten Belgien verfügte über erhebliche Uranvorräte aus den Bergwerken im Kongo. Als die Lieferungen aus Sankt Joachimsthal verebbten, nahmen die Deutschen die belgischen Vorräte ins Visier.

Die Verarbeitung des Urans zu einer waffenfähigen Form ist kompliziert und aufwendig. Zudem fallen große Mengen an feinem uranhaltigem Staub an, der die Gesundheit der Arbeiter gefährdet. Aber Heisenberg konnte eine Beschaffungsorganisation nutzen, die nicht durch »überholte« Vorstellungen von Menschenrechten behindert wurde. In Deutschland gab es etliche Konzentrationslager voller Gefangener, die ohnehin bald sterben würden. Warum also sollten sich kriegswichtige Projekte diese Leute nicht zunutze machen? Im Verlauf des Krieges kauften die Manager der Berliner Auer-Werke insgeheim Zwangsarbeiterinnen aus dem Konzentrationslager Sachsenhausen, die zur Herstellung des für das deutsche Atombombenprojekt benötigten Uranoxids eingesetzt werden sollten. Bereits im April 1940 hatte Heisenberg seinen Unmut darüber geäußert, daß die ersten Lieferungen der Auer-Werke so lange auf sich warten ließen. Die für das Projekt verantwortlichen Militärbehörden versicherten ihm, daß die Auer-Werke nun mit Hochdruck daran arbeiteten. Im Sommer 1940 trafen größere Lieferungen ein, und jetzt, 1941, wurde immer mehr und immer schneller geliefert.

In Herbst 1941 verliefen die Experimente vielversprechender, und im Frühjahr 1942 gelang schließlich der Durchbruch. Aus dem Gefäß entwichen Neutronen, und zwar 13 Prozent mehr, als von der Neutronenquelle hineingestrahlt worden waren. Die verborgene Energie, über die Einstein vor über nunmehr fast 40 Jahren erstmals geschrieben hatte, wurde jetzt freigesetzt. Es war, als dehnte sich ein schmaler Trichter aus dem tiefen Untergrund aus und als breche daraus ein Sturm hervor – die freigesetzte Energie. Himmlers Vertrauen in Heisenberg war also berechtigt gewesen. Heisenberg triumphierte: Er hatte es geschafft, die Energie gemäß Einsteins Gleichung herauszuholen. Nun stand sie Nazi-Deutschland zur Verfügung.

Von Heisenbergs Erfolg erfuhr Einstein durch den ehemaligen Direktor des Kaiser-Wilhelm-Instituts für Physik, den Holländer Peter Debye, der im Jahre 1940 ebenfalls aus Deutschland vertrieben worden war. Als er nach Amerika kam, berichtete er seinen Kollegen dort, was er von der Arbeit im »Virus-Haus« und in Leipzig mitbekommen hatte.

Einstein richtete einen weiteren Brief an Roosevelt, in dem er unter anderem schrieb: »Ich habe jetzt gehört, daß die Forschungen [in Deutschland] in größter Verschwiegenheit fortgeführt werden und auf einen weiteren Zweig der Kaiser-Wilhelm-Gesellschaft, das Institut für Physik, ausgedehnt worden sind.« Diesmal würdigte ihn die Regierung anscheinend nicht einmal einer Antwort. Einerseits schrieb hier ein berühmter Wissenschaftler, wenn auch Ausländer; doch andererseits nahmen im Vorfeld des amerikanischen Kriegseintritts die innenpolitischen Spannungen zu. Das FBI sah sich jetzt veranlaßt, Einsteins Äußerungen kritisch zu bewerten, denn er war Sozialist und Zionist – und hatte sich sogar gegen weitere Profite der Waffenproduzenten ausgesprochen. Daher berichtete das FBI dem militärischen Geheimdienst:

Wegen seines radikalen Hintergrundes würde dieses Büro nicht die Befassung Dr. Einsteins mit Angelegenheiten geheimer Natur ohne sorgfältige Untersuchung empfehlen, da es unwahrscheinlich erscheint, daß ein Mann seines Hintergrundes in so kurzer Zeit ein loyaler amerikanischer Bürger werden kann.

Als die Vereinigten Staaten dann schließlich doch ein ernsthaftes Atomforschungsprojekt auflegten, ging das vor allem auf einige geschickte Aktionen von ungeduldigen Besuchern aus Großbritannien zurück. Mark Oliphant, einer von Rutherfords jüngeren Assistenten, startete im Sommer 1941 eine Initiative mit zwei verschiedenen Stoßrichtungen. Zunächst reiste er nach Washington und stellte den Amerikanern in Aussicht, ihnen das Hohlraum-Magnetron zu überlassen. Mit Hilfe dieser Vorrichtung konnten die bis dahin noch etliche Kubikmeter großen Radargeräte so klein gebaut werden, daß sie in Flugzeuge paßten und zudem noch wesentlich präziser waren. (Dabei fand Oliphant heraus, daß Lyman J. Briggs, Leiter des amerikanischen Atomforschungsprojekts, die streng geheimen britischen Ergebnisse in seinem Safe weggeschlossen hatte.) Danach begab sich Oliphant nach Berkeley, wo der Physiker Ernest Lawrence arbeitete.

Lawrence war kein besonders begabter Physiker, aber er liebte Maschinen – große, starke Maschinen –, und gerade seiner etwas einfältigen und direkten Art hatte er es zu verdanken, daß sie gebaut wurden. So erinnert sich beispielsweise Samuel Allison (damals an der Universität Chicago tätig), daß Briggs einen kleinen Uranwürfel auf seinem Schreibtisch stehen hatte und ihn gern Besuchern zeigte. »Briggs sagte immer: ›Ich will ein ganzes Pfund davon haben.‹ Lawrence hätte an seiner Stelle gesagt, er wolle vierzig Tonnen – und er hätte sie bekommen«.

Im Herbst 1941 wurde Briggs seines Postens enthoben, und das Projekt wurde von engagierteren Leuten geleitet, zu denen auch Lawrence gehörte. Im Dezember, als die Vereinigten Staaten nach dem japanischen Überfall auf Pearl Harbor in den Weltkrieg eintraten, lief das Vorhaben endlich an. Es wurde Manhattan-Projekt genannt, denn aus Gründen der Tarnung stand es unter der offiziellen Leitung des Distrikts Manhattan der US-Streitkräfte. Zudem war ein Teil der für das Projekt benötigten Grundlagenforschung an der *Columbia University* im New Yorker Stadtteil Manhattan durchgeführt worden.

Die Emigranten, die Briggs von oben herab behandelt hatte, erwiesen sich nun als unentbehrlich. Eugene Wigner beispielsweise war ein ausgesprochen stiller, bescheidener Mann, der einer ebenso ruhigen und anspruchslosen ungarischen Familie entstammte. Nach Ausbruch des Ersten Weltkriegs hatte sich sein Vater aus politischen Debatten herausgehalten und ganz nüchtern darauf hingewiesen, daß sich der Kaiser wohl kaum von den Ansichten der Familie Wigner werde umstimmen lassen. Diese Vorsicht führte aber auch dazu, daß er Eugene, der ein ausgezeichneter Schüler war, Maschinenbau studieren ließ, da die Aussichten für eine Karriere in theoretischer Physik als schlecht galten.

Wigner wurde dennoch ein erfolgreicher Physiker, und nachdem er in den dreißiger Jahren Europa hatte verlassen müssen, arbeitete er schließlich im amerikanischen Gegenstück zu Heisenbergs Projekt mit, das herausfinden sollte, wie eine Kettenreaktion zu starten sei. Aufgrund seines Ingenieurstudiums war er aber in der Lage, die nächsten Schritte weit besser zu planen als Heisenberg. In welcher Form sollte man beispielsweise die vorliegende Uranmenge am besten in den Reaktor einbauen? Am günstigsten war wohl die Kugelform, bei der die Anzahl der Neutronen im Zentrum maximal wäre. Am zweitbesten – falls es zu schwierig sein sollte, eine exakte Kugel zu formen – wäre eine Eiform. Danach kämen Zylinder und Würfel sowie, als schlechteste Möglichkeit, flache Platten, in die das Uran zu pressen wäre.

Für seine Apparatur in Leipzig hatte Heisenberg Uranplatten gewählt. Das hatte den schlichten Grund, daß bei einer flachen Form die weiteren Vorgänge am einfachsten theoretisch zu berechnen sind. Aber Ingenieure mit praktischer Erfahrung verlassen sich niemals nur auf die Theorie. Sie verfügen über so manche Kunstgriffe, Ei- oder andere Formen zu bewerten und ihre Eigenschaften zu berechnen. Wigner kannte solche Tricks, und etliche andere emigrierte Physiker kannten sie auch, die ähnlich vorsichtig gewesen waren und auf Anraten ihrer Familien nicht Physik, sondern Maschinenbau studiert hatten. Heisenberg kannte die Tricks nicht, und das sollte sich entscheidend auswirken. Professoren neigen zu autoritärer Selbstherrlichkeit, und vor dem Zweiten Weltkrieg war diese Haltung bei den deutschen Professoren besonders ausgeprägt. Im Laufe des Krieges erkannten einige jüngere Forscher in Deutschland den einen oder anderen Fehler in Heisenbergs

Ansatz oder Berechnungen. Doch Heisenberg weigerte sich fast immer, sie anzuhören; er reagierte gereizt und verbat sich weitere Einwände.

Dennoch konnte selbst angesichts dieser Sachlage damals niemand sicher sein, daß die Vereinigten Staaten den Wettlauf um die Atombombe gewinnen würden. Amerika hatte gerade die große Wirtschaftskrise hinter sich; ein erheblicher Teil seiner Industrie lag darnieder, und die Anlagen und Fabriken waren marode oder verlassen. Als Heisenberg seine Forschung für das Heereswaffenamt aufnahm, war die deutsche Wehrmacht die schlagkräftigste Streitmacht der Welt. Dieses Amt ließ ganze Armeeverbände mit Ausrüstungen beliefern, von denen andere Länder nur träumen konnten. Die Vereinigten Staaten verfügten über eine Armee, die gerade einmal zwei Divsionen auszurüsten vermochte – teilweise mit schon jahrzehntealten Gerätschaften aus dem Ersten Weltkrieg. Damit lag die US-Streitmacht weltweit nicht einmal an zehnter Stelle, etwa gleichauf mit der belgischen Armee.

Deutschland besaß auch die besten Ingenieure und ein leistungsfähiges Universitätssystem – obwohl so viele jüdische Akademiker außer Landes getrieben worden waren. Vor allem aber hatte es in der Atomforschung einen Vorsprung: Zwei wertvolle Jahre lang hatten Heisenberg und seine Mitarbeiter schon intensiv gearbeitet, während Briggs in seinem Büro noch über vergangene Zeiten grübelte. Solche Launen des Schicksals spielten eine Rolle, als es darum ging, wer Einsteins Gleichung $E = mc^2$ als erster würde nutzen können. Die Alliierten mußten sich wirklich beeilen; außerdem mußten sie versuchen, die Bemühungen der Deutschen zu sabotieren.

11

Norwegen

Der britische Geheimdienst hatte das deutsche Forschungs-
programm von Anfang an überwacht und schnell erkannt, wo
man ansetzen mußte, um es zu Fall zu bringen. Der Schwach-
punkt war weder das Uran – in Belgien gab es so viel davon,
daß jeder Versuch, es unbrauchbar zu machen, scheitern mußte –, noch war es Heisenberg selbst. Kein Attentatskommando
käme in Berlin oder in Leipzig an ihn heran, und das Ferien-
haus der Familie in den bayerischen Alpen war zu weit weg
und vermutlich ebenfalls zu gut bewacht.

Der wunde Punkt des Projekts war das schwere Wasser. Ein
Kernreaktor kann nicht in vollen Betrieb gehen, wenn die
Neutronen der ersten Kernspaltungen nicht abgebremst werden. Denn nur langsame Neutronen sind, wie wir gesehen haben, in der Lage, andere Kerne zu spalten und die in ihnen
verborgene Energie freizusetzen. Heisenberg hatte sich für
schweres Wasser als Bremssubstanz entschieden. Aber um dieses vom gewöhnlichen Wasser zu trennen, braucht man eine
sehr große Anlage und enorme Energiemengen.

Einige vorsichtige Mitarbeiter Heisenbergs hatten vorgeschlagen, eine solche Anlage in Deutschland zu errichten, wo
sie vor feindlichen Übergriffen sicher wäre. Doch Heisenberg, der von den Militärs unterstützt wurde, wußte, daß es
in Norwegen bereits eine gut funktionierende Fertigungsstätte für schweres Wasser gab, die den benötigten Strom aus
der dort reichlich vorhandenen Wasserkraft bezog. Norwe-

gen war zwar bis vor kurzem ein unabhängiges Land gewesen, inzwischen jedoch von der deutschen Wehrmacht besetzt.

Das war eine verhängnisvolle Entscheidung, aber seit Generationen schon hatten deutsche Nationalisten ihr Land von Feinden umzingelt und massiv bedroht gewähnt. Auch Heisenberg glaubte an das Recht des neuen Deutschen Reiches, ganz Europa zu beherrschen, und empfahl daher, sich der norwegischen Fabrik zu bedienen. Während des Krieges besuchte er ein unterworfenes Land nach dem anderen und ging dort durch die Insitute seiner einstigen Kollegen, stets in Begleitung von Kollaborateuren. In den Niederlanden erklärte er dem entsetzten Hendrik Casimir, er wisse zwar von den Konzentrationslagern, aber »die Demokratie [könne] nicht genügend Kraft entwickeln«. Hinsichtlich der Sowjetunion fügte er hinzu: »Und dann wäre vielleicht ein Europa unter deutscher Führung das kleinere Übel«.

Die norwegische Fabrik lag in einer Gebirgsschlucht bei Vemork, etwa 150 Kilometer von Oslo entfernt. Vor dem Krieg waren hier pro Monat lediglich 24 Kilogramm schweres Wasser für Forschungszwecke erzeugt worden. Ingenieure des weltweit größten Chemiekonzerns I. G. Farben in Deutschland hatten größere Mengen verlangt und dafür sogar über dem Marktpreis liegende Summen geboten, aber die norwegischen Manager hatten abgelehnt, da sie die Nazis nicht unterstützen wollten. Einige Monate später erneuerten die I.G.-Farben-Leute ihre Forderung, diesmal unterstützt von Soldaten mit Maschinenpistolen, denn inzwischen hatte die Wehrmacht die norwegische Armee überrannt. Der Firmenleitung blieb nichts anderes übrig als einzuwilligen. Bis Mitte 1941 war die Produktion auf jährlich 1.500 Kilogramm gesteigert worden, und jetzt, Mitte 1942, belief sie sich auf jährlich 5.000 Kilogramm schweres Wasser, das regelmäßig nach

Die Fabrikationsanlage »Norsk Hydro« für schweres Wasser bei Vemork, Norwegen
Norsk Hydro

Leipzig, Berlin und in die anderen Zentren der deutschen Atomforschung transportiert wurde.

Da die Fabrik bei Vemork aufgrund ihrer Lage uneinnehmbar schien, wurde sie nur von einigen hundert Soldaten bewacht. Die norwegische Widerstandsbewegung war eindeutig zu schwach und zu schlecht ausgebildet, als daß von ihr ein Angriff auf eine so große Produktionsstätte zu befürchten gewesen wäre. Um den Gebäudekomplex zogen sich Stacheldrahtzäune, die nachts mit Bogenlampen beleuchtet wurde; eine Hängebrücke stellte den einzigen Zugang dar. Die Schlucht, auf deren Talsohle die »Norsk Hydro« lag, war so tief, daß mehr als fünf Monate lang im Jahr kein Sonnenstrahl auf die Gebäude fiel. Wenn die Arbeiter die Sonne sehen wollten, mußten sie mit einer kleinen Drahtseilbahn auf ein höher gelegenes Plateau fahren.

Dieser Fabrik galt nun das Augenmerk der britischen Regierung. Wäre Vemork ein Küstenort gewesen, hätte die Königliche Marine einen Angriff versuchen können. Aber das Werk lag 160 Kilometer landeinwärts, und man entschied sich für den Einsatz von Fallschirmjägern. Viele von ihnen waren harte Jungs aus der Londoner Arbeiterschicht, die sich während der Wirtschaftskrise hatten durchboxen müssen. Sie hatten inzwischen eine systematische Ausbildung durchlaufen und den Umgang mit Waffen, Funkgeräten und Sprengstoffen gelernt. Erst unmittelbar vor Beginn der Operation erfuhren sie, wohin es ging. Bis dahin hatte man sie in dem Glauben gelassen, sie bereiteten sich auf einen Wettkampf mit amerikanischen Fallschirmjägern vor. Daß ihre Aufgabe darin bestand, die praktischen Folgen der Einsteinschen Gleichung und der Forschungen Rutherfords zu verhindern – davon hatten sie nicht die geringste Ahnung.

Nach Einbruch der Dunkelheit starteten im Norden Schottlands zwei Lastensegler, hochgeschleppt von den neuen, schnellen Halifax-Bombern. In den beiden Segelflugzeugen saßen insgesamt rund dreißig Soldaten. (Heute denken wir bei »Segelflugzeug« an ein Ein-Mann-Gerät, aber damals, ehe die Hubschrauber aufkamen, waren sie oft viel größer und ähnelten kleinen Transportflugzeugen ohne Motor.) Es war eine schreckliche Nacht, denn ein Schneesturm kam auf. Die gewaltigen Erzlagerstätten in den norwegischen Bergen, an denen sie vorbeiflogen, scheinen den Kompaß in einem der Schleppflugzeuge fehlgeleitet zu haben, so daß es gegen einen Bergrücken prallte.

Der Pilot des anderen Lastenseglers, ein Australier, stand vor einer schweren Entscheidung. Blieb er in diesem Schneesturm am Haken und ließ sich vom Halifax-Bomber weiterschleppen, dann würden Tragflächen und Steuerseile so stark vereisen, daß ein Absturz drohte. Aber wenn er sich ausklinkte und damit zu früh zu tief weiterflog, würden ihn die Winde in den Bergen vollends vom Kurs abbringen. Dennoch klinkte der

Australier seinen Lastensegler in einer dichten Wolke aus, aber auch hier ging irgend etwas schief, und es folgte eine schwere Bruchlandung.

Bei beiden Abstürzen gab es eine Reihe von Überlebenden. Einige von ihnen spritzten sich Morphium gegen die Schmerzen und schluckten Amphetamine, um sich für den Marsch durch den Schnee aufzuputschen. Es gelang ihnen zwar, sich bis zu abgelegenen Gehöften durchzuschlagen, doch schließlich fielen sie allesamt deutschen Soldaten oder Kollaborateuren in die Hände. Die meisten von ihnen wurden auf der Stelle erschossen, die anderen wochenlang gefoltert, ehe man auch sie umbrachte.

Noch wenige Jahre zuvor hatte R.V. Jones am Balliol College in Oxford astrophysikalische Forschungen betrieben. Jetzt, mit gerade einmal Anfang dreißig, war er Direktor beim Geheimdienst der Luftwaffe und befand sich in einem Dilemma, das bei einem Dinner in Oxford Anlaß zu geistreichen Ausführungen geboten hätte, im wirklichen Leben jedoch quälende Selbstzweifel auslöste. Dreißig Fallschirmjäger waren losgeschickt worden, und kein einziger hatte letztlich überlebt. Dabei waren sie noch nicht einmal bis zur »Norsk Hydro« vorgedrungen. »Mir oblag die Entscheidung«, erinnerte sich Jones Jahrzehnte später, »ob ein zweiter Stoßtrupp angefordert werden sollte oder nicht. Dies erschien mir besonders hart, weil ich ja sicher in London bleiben würde, gleichgültig, was bei dem zweiten Unternehmen geschähe. Und das hielt ich für eine außerordentlich unpassende Voraussetzung dafür, weitere dreißig Männer in den Tod zu schicken. ... Ich überlegte, daß wir schon vor der Tragödie des ersten Stoßtrupps – also frei von Gefühlsregungen – entschieden hatten, die Fabrikationsanlage für schweres Wasser auf jeden Fall zu zerstören. Im Krieg muß man mit Gefallenen rechnen, und wenn es richtig gewesen war, den ersten Stoßtrupp auszusenden, dann mußte dies auch bei einer Wiederholung richtig sein.«

Diesmal nahmen die Norweger die Sache selbst in die Hand. Es wurden sechs Freiwillige ausgewählt, die das Kommandounternehmen für Großbritannien durchführen sollten. Einer war Klempner und kam aus Oslo, ein anderer hatte als Schlosser gearbeitet. Zeitgenössischen Berichten zufolge hegten die Engländer keine große Zuversicht, daß die Norweger schaffen würden, woran Dutzende erstklassiger Fallschirmjäger gescheitert waren. Daher machte man sich kaum Gedanken darüber, wie sie sich nach dem Anschlag in Sicherheit bringen konnten. Aber was sollte man anderes tun, als noch einmal einen Stoßtrupp zu entsenden? Je mehr schweres Wasser nach Deutschland gelangte, desto größere Fortschritte würden die Arbeiten in Leipzig machen und desto eher konnte auch das Team im Berliner »Virus-Haus« aufholen.

Die sechs Norweger wurden so gut wie möglich ausgebildet und dann in eine abgesicherte Villa außerhalb von Cambridge gebracht, um letzte Vorbereitungen zu treffen und auf besseres Wetter zu warten. Mit jungen Engländerinnen vertrieben sie sich die Zeit, und gelegentlich gab es für die Gruppe ein Abendessen in Cambridge. Im Februar 1943 besserten sich die Wetteraussichten, und das Haus leerte sich schlagartig.

Nachdem die sechs Fallschirmspringer über Norwegen abgesetzt worden waren, trafen sie sich mit einem Voraustrupp von drei anderen Norwegern, die den Winter über in abgelegenen Berghütten abgewartet hatten. Auf Langlaufskiern erreichten sie an einem Sonntagabend gegen 9 Uhr die Gegend von Vemork.

»Ein Stück unterhalb von uns sahen wir unser Ziel zum ersten Mal, auf der anderen Talseite. ... Der gewaltige Komplex lag da wie eine mittelalterliche Burg, genau an der unzugänglichsten Stelle errichtet und durch Abgründe und Wasserläufe geschützt.«

Dies war also auch eine Konsequenz dessen, was in Einsteins stillen Gedanken seinen Anfang genommen hatte: Ein knappes Dutzend bewaffneter Norweger, die keuchend durch den tiefen Schnee stapften und mitten in der Nacht auf eine beleuchtete Festung starrten. Nun war klar, warum die Deutschen nur eine kleine Wachmannschaft zurückgelassen hatten. Der einzige Zugang führte über eine Hängebrücke, die eine absolut unpassierbare, einige hundert Meter tiefe Felsschlucht überspannte. Dennoch schien es möglich, die Wachen auf der Brücke in einem Feuergefecht niederzumachen. Aber dann hätten die Deutschen sicher damit begonnen, Einheimische zu erschießen. Das wußten beide Seiten. Als im Jahr zuvor auf der Insel Telavaag ein Funkgerät enttarnt worden war, wurden alle Häuser und Boote verbrannt, und sämtliche Bewohner der Insel, auch Frauen und Kinder, kamen in Konzentrationslager. Jones in London würde das wahrscheinlich nicht noch einmal in Kauf nehmen – und die neun Norweger, die jetzt auf die Fabrik herunterblickten, erst recht nicht. Aber das hieß noch lange nicht, daß sie umkehrten. Es gab nämlich doch eine Möglichkeit, hineinzukommen.

Auf stark vergrößerten Aufnahmen der englischen Luftaufklärung hatte ein Mitglied des Teams – Knut Haukelid – einige Büsche entdeckt, die ein Stückchen weiter weg am Rand der Felsschlucht standen. »Wo Bäume wachsen«, hatte er bemerkt, »kann auch ein Mann einen Weg finden«. Einer der Männer hatte am Tag zuvor das Gelände dort erkundet und konnte das bestätigen. Also kletterten sie hinunter, verwünschten dabei ihre schweren Rucksäcke, überquerten dann den zugefrorenen Fluß, durch dessen Eis das Wasser schon bedrohlich emporquoll, und fluchten noch mehr über ihre Rucksäcke, als sie nun zu der Fabrik hochklettern mußten. Da keiner die anderen enttäuschen wollte, beschleunigte jeder allmählich seine Schritte, so daß sie bald erschöpft waren.

Vor dem Fabrikgelände mußten sie erst einmal ausruhen. Sie teilten ihre Schokolade, um sich etwas zu stärken. Die Turbinen summten laut, denn auf Befehl aus Leipzig und Berlin wurde in dem Werk rund um die Uhr gearbeitet. Worüber mögen die neun schwer bewaffneten Männer wohl gesprochen haben? Einer wurde aufgezogen, weil er klammheimlich zwischen seinen Zähnen herumstocherte, um Essensreste zu entfernen. Andere erzählten, ernsthafter nun, von zwei jungverheirateten Paaren, mit denen sie sich am letzten Abend vor der Skitour nach Vemork getroffen hatten. Einer der Fallschirmjäger war mit einem der beiden jungen Ehemänner zur Schule gegangen. Die Paare waren sehr erschrocken gewesen, als sie den bewaffneten Fremden erblickten, denn sie hatten ihn zunächst nicht erkannt. Danach aber war ihnen allen sofort klar geworden, daß es gefährlich war, offen zu reden, obwohl die aus dem Ausland zurückgekehrten Fallschirmjäger nur zu gern vom Alltag in Norwegen während der letzten Monate erfahren hätten. Sie hatten die Nacht im schwachen Lichtschein aus den Zimmern der Paare und beim Rauch der Herdfeuer verbracht und sich dabei bemüht, nicht an zu Hause zu denken; sie hatten auch ihre Gewehre, Munition und Sprengstoffvorräte überprüft und die Skier gewachst.

Einer der Männer blickte jetzt auf seine Armbanduhr. Die kurze Rast war zu Ende. Sie schulterten die Rucksäcke und gingen auf die Tore zu. Nun zahlte es sich aus, daß ein erfahrener Klempner unter ihnen war: Er nahm einen riesigen Bolzenschneider aus seinem Rucksack und trennte die Eisenstäbe durch. Nun waren sie drin.

Dies war der entscheidende Augenblick. Heisenberg und das deutsche Heereswaffenamt hatten eine »Maschine« konstruiert, eine riesige Anlage, bedient von ausgebildeten Physi-

kern und Ingenieuren und bestehend aus Stromversorgungs-
einrichtungen, stabilen Behältern und Neutronenquellen sowie natürlich dem Uran. Nur wenn jeder und alles an seinem
Platz war, konnte die Masse aus dem Zentrum der Uranatome
entnommen und mit einzelnen Kernspaltungen gemäß der
Gleichung $E = mc^2$ in gewaltige Energiemengen umgewandelt werden. Das schwere Wasser, das die emittierten Neutronen genügend abbremste, damit sie weitere Spaltungen auslö-
sen konnten und der Uran-Kernbrennstoff »zündete«, war der
letzte Teil dieser »Maschine«, die es in Betrieb zu setzen galt.
Deutschlands Macht, basierend auf Truppen und Radarstel-
lungen, auf Kollaborateuren und SS-Schergen, hatte verhindert, daß die britischen Luftstreitkräfte jene »Maschine«
blockierten, die die Energie $E = mc^2$ in Unmengen hervorbringen sollte.

Die neun Norweger waren das letzte Aufgebot der Briten.
Ein Teil von ihnen bezog nun Posten vor den Baracken der
Wachmannschaft. Andere beobachteten die riesigen Hauptto-
re der Fabrik. Sie aufzusprengen, wäre möglich gewesen, hätte
jedoch Vergeltungsmaßnahmen ausgelöst. Nun hatte aber ein
Ingenieur, der in der Fabrik arbeitete, der norwegischen Widerstandsbewegung von einem kleinen, praktisch unbenutzten
und seitlich gelegenen Kabelschacht erzählt. Zwei der Männer
nahmen den gesamten Sprengstoff an sich, fanden den Schacht
und krochen hinein.

Die Arbeiter in der Fabrik hegten für die I. G. Farben keinerlei Sympathie und ließen die Eindringlinge nur zu gern
passieren. Nach etwa zehn Minuten waren die Sprengladungen angebracht. Die Arbeiter wurden weggeschickt, und auch
die beiden Norweger machten sich eilends davon.

Gegen 1 Uhr nachts hörte man ein dumpfes Dröhnen, und
an einigen Fenstern blitzte es kurz auf. Die achtzehn brustho-
hen »Zellen«, in denen das schwere Wasser aus dem gewöhnli-

chen Wasser separiert wurde, bestanden aus dickem Stahlblech und sahen aus wie überdimensionale Gasboiler. Von der Sprengstoffmenge, die die neun Männer auf ihrer Klettertour tragen konnten, wären sie gewiß nicht zerstört worden. Doch die Norweger hatten mehrere kleine Sprengladungen am Boden einer jeden Zelle angebracht. Diese rissen bei der Explosion Löcher in die Zellen, und die herausfliegenden Splitter durchtrennten die freiliegenden Leitungen.

Inzwischen war Föhn aufgekommen, und die Norweger bemerkten auf dem Rückweg durch die Felsschlucht, wie der Schnee zu schmelzen begann. In der Fabrik wurden Suchscheinwerfer eingeschaltet, und die Alarmsirenen heulten, aber das spielte keine Rolle mehr. Das Gelände war so unübersichtlich, daß die Männer leicht Deckung fanden. Während sie den Hang hochkletterten und dann auf ihren Skiern wegfuhren, schoß das schwere Wasser aus den Röhren der »Norsk Hydro« und ergoß sich in die Bergbäche.

12

Amerika am Zuge

Die Aktion in Norwegen verschaffte den Alliierten einen Zeitgewinn. Doch auch der wäre nutzlos zerronnen, wenn die falsche Person ihr Atombombenprojekt geleitet hätte. Irgendwann wurde der Name des in Berkeley tätigen Physikers Ernest Lawrence ins Spiel gebracht, doch dessen Fähigkeiten bereiteten Heisenberg keinerlei Kopfzerbrechen. Das Niveau der amerikanischen Physik war in den 20er und 30er Jahren so niedrig, daß die Konstruktion einer Atombombe weitgehend in den Händen der begabteren europäischen Emigranten liegen würde. Niemand schien ungeeigneter, ein solches Team zu leiten, als der breitschultrige Ernest Lawrence aus South Dakota.

An dessen Institut hatte der aus Italien emigrierte Emilio Segrè 1938 eine mit monatlich 300 US-Dollar dotierte Stelle erhalten. Für den Juden Segrè war das ein Geschenk des Himmels; denn wenn er mit seiner jungen Frau wieder in seine Heimat hätte zurückkehren müssen, wäre er dort an keiner Universität mehr untergekommen. Wie viele ihrer Verwandten wäre das Ehepaar wahrscheinlich sogar an die Deutschen überstellt und mit seinen Kindern womöglich umgebracht worden. Segrè schrieb später über Lawrences Verhalten:

> Im Juli 1939 fragte mich Lawrence, dem meine Situation inzwischen klar sein mußte, ob ich nach Palermo zurückkehren könne. Ich rückte bei meiner Antwort mit der Wahrheit heraus, und er warf sofort ein: »Aber warum sollte ich Ihnen dann 300 Dollar pro Monat zahlen? Sie erhalten ab jetzt 116 Dollar.«

> Ich war wie betäubt und selbst jetzt, so viele Jahre danach, wun-
> dere ich mich …, [daß] er nicht eine Sekunde lang daran dachte,
> welchen Eindruck er damit bei mir hinterließ.

Die Gesamtverantwortung für das Atombombeprojekt wurde
Leslie Groves übertragen. Er war etwas besser als Lawrence –
zumindest in dem Sinne, daß er seinen Mitarbeitern nicht
gleich mit dem Tode drohte. Wie Lawrence verstand er es, seine Pläne durchzusetzen. Er hatte am Massachusetts Institute of
Technology (MIT) gearbeitet und die Ausbildung an der Mi-
litärakademie von West Point als Viertbester seines Jahrgangs
abgeschlossen. Danach war er für die Fertigstellung des Penta-
gon-Gebäudes mitverantwortlich gewesen. Ehe das Atombombenprojekt richtig anlief, mußte zunächst ein gewaltiger
Reaktor gebaut werden, und zwar an einem Fluß, dem man
das benötigte Kühlwasser entnehmen konnte. Außerdem
mußten Fabrikhallen von mehreren hundert Metern Länge
errichtet werden, versehen mit Filtern, um den giftigen Uran-
staub zu binden. Unter Groves' Leitung wurde alles pünktlich
fertig, sogar mit geringeren Kosten, als zuvor veranschlagt.

Aber Groves hatte eine jähzornige Art an sich, die in der
amerikanischem Öffentlichkeit damals weniger Irritationen
auslöste, als das heute der Fall wäre. Er brüllte und drohte, und
er putzte seine Mitarbeiter öffentlich herunter, wobei ihm vor
lauter Wut die Halsschlagader hervortrat. (Es erleichterte ihm
das Leben nicht gerade, daß er es jetzt mit Physikern zu tun
hatte, deren intellektuelles Niveau sein eigenes, auf das er in
West Point so stolz gewesen war, bei weitem übertraf.)

Als im April 1943 das streng geheime Forschungszentrum
für das Atombombenprojekt in Los Alamos, New Mexico,
eröffnet wurde, hielt Groves eine kurze Ansprache. Einer der
Zuhörer, der damals noch recht junge Robert Wilson, erinnerte sich später: »Nach seinen Worten zu urteilen, glaubte er
nicht an einen Erfolg dieses Unternehmens. Er betonte, wenn

– oder wann – der Mißerfolg eintrete, könnte er es sein, der vor einem Kongreßausschuß zu verantworten hätte, wie das Geld vergeudet worden sei. ... Einen entmutigenderen Anfang hätte er für diese Versammlung nicht finden können.«

Viele realistische Projekte scheiterten, wenn Leute wie Groves ans Ruder kamen. So war zum Beispiel bereits 1941 in England ein brauchbarer Prototyp eines Strahltriebwerks gebaut und in Betrieb genommen worden, doch aufgrund einer unzulänglichen Organisation wurden viel zu geringe Stückzahlen gefertigt, um für die Luftwaffe von Nutzen sein zu können. Groves konnte Bauingenieure motivieren, die nach konkreten Entwürfen vorzugehen hatten, aber er scheiterte fast zwangsläufig, wenn er Theoretiker inspirieren sollte, an ihren Erfolg auf intellektuellem Neuland zu glauben. Doch im Herbst 1942 – während Heisenberg nach seinen erfolgreichen Leipziger Tests weitere Versuche vorbereitete – traf Groves eine geniale Entscheidung: er übertrug dem hochsensiblen J. Robert Oppenheimer die Leitung der Forschergruppe in Los Alamos.

Oppenheimer hätte sich in dieser aufreibenden Position beinahe seine Gesundheit ruiniert, denn als die erste Bombe gezündet wurde, war der 1,85 Meter große Mann bis auf rund 58 Kilogramm abgemagert. Die Arbeit am Manhattan-Projekt sollte schließlich seine Karriere zerstören und ihn in den Vereinigten Staaten so sehr zum Ausgestoßenen machen, daß er sogar eingesperrt worden wäre, wenn er versucht hätte, die Geheimdokumente über seine Vergangenheit einzusehen. Aber er brachte das Projekt zum Abschluß.

Seltsamerweise rührte Oppenheimers große Stärke von seinem tiefliegenden Mangel an Selbstvertrauen her, was den meisten Menschen, die ihn nur oberflächlich kannten, natürlich nicht auffiel. Nach nur drei Jahren hatte er sein Studium in Harvard mit Bestnoten abgeschlossen, dann an Rutherfords

Institut geforscht und anschließend in Göttingen promoviert. Wenig später, mit noch nicht einmal dreißig Jahren, galt er als einer der besten theoretischen Physiker Amerikas. Alles schien ihm zuzufallen. Einmal bat er einen jungen Kollegen, Leo Nedelsky, ihn bei einigen seiner Vorlesungen in Berkeley zu vertreten: »›Das ist überhaupt kein Problem‹, sagte Oppenheimer zu ihm, ›…es steht alles im Lehrbuch‹.« Als Nedelsky bemerkte, daß das Buch auf Holländisch geschrieben war, das er nicht verstand, erhob er Einwände. Oppenheimer wischte sie beiseite: ›Aber es ist doch ganz einfaches Holländisch‹.«

Trotz all seiner Fähigkeiten wirkte Oppenheimer jedoch verletzlich, hektisch und unsicher. Das schien ihm angeboren. Sein Vater hatte sich in New York im Lumpenhandel hochgearbeitet und dann eine Dame aus besseren Kreisen geheiratet, die darauf bestand, daß ihre Familie alles »richtig« mache: Man hatte nun mehrere Villen, gebot über Bedienstete und hörte klassische Musik. In der Sommerfrische sorgte sie dafür, daß die anderen Jungen angehalten wurden, mit ihrem Robert zu spielen. Zu ihrer großen Überraschung wurde er schikaniert, einmal sogar über Nacht nackt ins Kühlhaus gesperrt. In Rutherfords Institut zeigte er sich dermaßen verzweifelt darüber, nicht der Beste zu sein, daß er in einer Art Anfall seinen einzigen Freund zu erwürgen versuchte. In Göttingen ließ er sich seine Bücher eigens von Hand binden und bezeichnete ein Studentenpaar als bäuerisch, weil es sich keinen Babysitter leistete – und litt dann sehr darunter, daß die Leute ihn für arrogant hielten.

Oppenheimer hatte infolgedessen einen scharfen Blick für Schwächen oder Selbstzweifel anderer Menschen. Während seiner Zeit als Professor in Berkeley mäkelte er gern an den Kollegen herum, erkannte er doch stets mit untrüglicher Sicherheit, auf welchem Gebiet sich jemand besonders schwach fühlte – schließlich wußte er nur zu gut, wie es ist, wenn man sich unsicher fühlt. Selbst auf seinem Spezialgebiet war er nicht mit sich zufrieden und verachtete sich dafür, daß er regelmäßig – allerdings fast unmerklich – gerade dann einen Rückzieher machte, wenn er einen entscheidenden Durchbruch hätte erzielen können.

Doch dann, in Los Alamos, veränderte er sich. Er legte, zumindest für die Dauer des Krieges, seinen Sarkasmus ab. Aber die Fähigkeit, die tiefsten Ängste oder Sehnsüchte anderer Menschen zu erkennen, blieb ihm erhalten, so daß seine Menschenführung hervorragend war.

In Los Alamos wurde ihm sofort klar, daß junge Physiker, die er in großer Anzahl brauchte, nicht bereit sein würden, ihre Arbeit an der Radar-Entwicklung beim MIT oder an anderen kriegswichtigen Projekten aufzugeben und sich in jenes Nest in New Mexico zu begeben, nur weil man ihnen dort höhere Gehälter und die Aussicht auf zukünftige Jobs bot. Sie würden nur kommen, so Oppenheimers Überlegung, wenn sie sich in Gesellschaft der besten Physiker Amerikas wähnen konnten. Also warb er zunächst erfahrene Wissenschaftler an, und schnell folgten etliche Universitätsabsolventen nach. Er zog sogar den genialen Physiker Richard Feynman auf seine Seite, der sich von Autoritäten nicht beeindrucken ließ. (Man mußte Feynman nur sagen, es liege ein nationaler Notstand vor und sein Land brauche ihn – schon würde er seine New Yorker Schnoddrigkeit an den Tag legen und antworten, man solle sich zum Teufel scheren.) Oppenheimer erkannte jedoch, daß Feynmans Feindseligkeit zum großen Teil aus schwerem Kummer herrührte: Seine junge Frau litt an Tuberkulose und würde wahrscheinlich bald sterben, da es noch keine Antibiotika gab. Oppenheimer besorgte ihr einen seinerzeit kaum mit Gold aufzuwiegenden Reisepaß, so daß sie nach New Mexico kommen konnte; und er verschaffte ihr einen Platz in einem Sanatorium, das nahe genug bei Los Alamos lag, damit ihr Mann sie regelmäßig besuchen konnte. In seinen Memoiren machte sich Feynman später über alle höheren Beamten lustig, unter denen er je gearbeitet hatte – mit Ausnahme von Oppenheimer, für den er in seinen zwei Jahren in Los Alamos alles tat, was dieser verlangte.

Oppenheimers Fähigkeiten wurden vollends offenbar, als er das schwierigste Problem in Los Alamos lösen mußte. In Amerika arbeitete man damals an zwei völlig unterschiedlichen Bomben. Ein Team in Tennessee, geleitet von Lawrence, versuchte es ganz einfach damit, den explosiven Bestandteil des natürlichen Urans zu extrahieren. Sobald genug beisammen wäre, so meinte man, hätte man eine Bombe. Dieses Vorgehen entsprach der guten alten Ingenieurstradition, der Lawrence und andere unkomplizierte Amerikaner anhingen. Obwohl es Ausnahmen gab, wurde diese Methode vor allem von gebürtigen Amerikanern favorisiert.

Ein anderes Team, im US-Staat Washington, ging raffinierter vor. Hier versuchte man, gewöhnliches Uran in ein ganz neues Element umzuwandeln, ähnlich wie sich mittelalterliche Alchimisten und sogar noch Newton mit der sogenannten Transmutation abgemüht hatten, um aus Blei Gold zu machen. Wenn die Arbeitsgruppe in Washington Erfolg hätte, so würde aus normalem Uran das gefährliche Plutonium entstehen. Von einigen Ausnahmen abgesehen, wurde dieser abstrus erscheinende Ansatz hauptsächlich von den europäischen Emigranten vertreten, deren Ausbildung eher theoretischer Natur gewesen war.

Das Pentagon neigte Lawrence und den praktisch denkenden Amerikanern in Tennessee zu. Doch es stellte sich heraus, daß die Ausländer in Washington am besten vorankamen. Trotz aller Wutausbrüche, Vorhaltungen und Drohungen von Lawrence und trotz einer riesigen Anlage, die selbst nach damaligem Geldwert über eine Milliarde Dollar verschlungen hatte, konnte man in Tennessee auch nach mehreren Monaten nur eine so geringe Menge an gereinigtem Uran vorweisen, daß damit nie und nimmer eine Atombombe herzustellen war.

Die Washingtoner Gruppe erzeugte zwar das versprochene Plutonium, aber in Los Alamos erkannte man schnell, daß sich damit keine Atombombe zünden ließ. Das Problem war nicht, daß dieses neue Element nicht explodierte, sondern daß es *zu leicht* explodierte. Eine einfache Uranbombe zu bauen − falls man in Tennessee jemals genug gereinigtes Uran zusammenbringen würde −, schien nicht allzu schwierig zu sein. Wenn für eine Explosion 25 Kilogramm ausreichten, dann müßte man eine 20 Kilogramm schwere Urankugel mit einem großen Loch darin anfertigen, eine Kanone darauf richten und mit ihr die restlichen fünf Kilogramm Uran hineinschießen. So käme die nötige Masse schnell zusammen, und die Reaktion fände in einem so kleinen Volumen statt, daß ein großer Teil des Uran 235 ausreichend Energie freisetzte, um die Explosion einzuleiten.

Plutonium verhält sich jedoch anders. Schießt man zwei Portionen zusammen, so beginnt eine Reaktion bereits, bevor sie richtig aufeinandertreffen. Niemand darf sich dabei in der Nähe aufhalten, denn es entweicht ein Schwall von flüssigem oder gar gasförmigem Plutonium. Aber das ist schon alles, denn es findet praktisch keine Kernreaktion statt: Der größte Teil des Rohplutoniums wird nicht umgewandelt, sondern spritzt einfach weg.

Hier nun kamen Oppenheimers Klarsicht und seine Qualitäten als Manager zum Tragen. Zwei Portionen Plutonium zusammenzuschießen, war der falsche Weg. Um das in Washington produzierte Plutonium nutzen zu können, so erkannte er, müßte man eine Plutoniumkugel mit ziemlich geringer Dichte einsetzen. Diese Kugel explodiert noch nicht. Wenn man sie aber mit Sprengstoff ummantelt und dessen gesamte Menge *exakt im gleichen Augenblick* zündet, dann wird die Plutoniumkugel so schnell komprimiert, daß in ihr die Kernreaktionen beginnen, sich ausbreiten und gemäß $E = mc^2$ eine enorme Energiemenge abgeben, bevor die Plutoniumkugel auseinanderfliegt.

Die Berechnungen für diese sogenannte Implosionsmethode waren ungeheuer schwierig. Wie konnte man beispielsweise sicherstellen, daß die Plutoniumkugel nicht ungleichmäßig komprimiert wurde? Daher gab es manche zynische Bemerkung über die Tauglichkeit dieses Verfahrens. (Als Feynman zum ersten mal davon hörte, was die Implosionstheoretiker versuchten, sagte er nur: »Es stinkt!«) Oppenheimer überwand derartige Widerstände. Er unterstützte die Forscher, die von Anfang an die Implosionsmethode vertreten hatten, und er brachte die richtigen Sprengstoffexperten zusammen. Als das Projekt irgendwann einen Punkt erreicht hatte, an dem das Team unter einer anderen Führung wahrscheinlich in einen Haufen zerstrittener Egoisten zerfallen wäre, wirkte er sehr geschickt auf die einzelnen Beteiligten ein, so daß die verschiedenen Gruppen parallel zueinander weiterarbeiteten, also letztlich zusammenwirkten.

Eines Tages hatte Oppenheimer schließlich die besten amerikanischen und britischen Sprengstoffexperten um sich geschart. Außerdem konnte er eine ganze Anzahl von Mitarbeitern aus den verschiedensten Ländern gewinnen, darunter den Ungarn John von Neumann – den wohl fähigsten Mathematiker jener Zeit, der im Laufe seiner langen Karriere auch den Computer auf den Weg brachte. Sogar Feynman hatte er anwerben können! Nur eine »Primadonna« gab es noch, die womöglich die ganzen Anstrengungen hintertreiben hätte können: den unangenehm egozentrischen ungarischen Physiker Edward Teller. Oppenheimer nahm ihn diskret beiseite, bewilligte ihm ein eigenes Büro und, obwohl an guten Mitarbeitern eigentlich Mangel herrschte, sogar eine eigene Arbeitsgruppe, damit er sich ganz auf seine großartigen Ideen konzentrieren konnte. Teller war eitel genug – was Oppenheimer natürlich wußte –, dies als ganz selbstverständlich anzusehen. In seiner Zufriedenheit störte er die anderen von da an nicht mehr.

Parallel dazu lief im kanadischen Chalk River nahe Ottawa ein rein britischer Versuch, der sich mit den theoretischen Aspekten wie auch mit der praktischen Isotopentrennung beschäftigte. Groves war gegenüber dieser Gruppe mißtrauisch gewesen, aber Oppenheimer wollte jede Hilfe, die er kriegen konnte.

Geld spielte keine Rolle. Jeder wußte, auf welchem Niveau Deutschland mit der Atomforschung begonnen hatte. Einmal wurde in Los Alamos errechnet, daß eine Verkleidung aus Gold die Neutronen am Entweichen hindern und so die Explosion fördern könne. (Diese Hülle würde auch die Plutoniumkugel besser zusammenhalten.) Kurz darauf erhielt Charlotte Serber, die die Bibliothek und das Archiv in Los Alamos leitete, ein kleines Paket, etwa so groß wie eine Butterbrottüte.

Den ganzen Tag über amüsierten sich Serber und ihre Mitar-beiterinnen damit, die Forscher, die in der Bibliothek etwas nachsehen wollten, zu bitten: »Ach, könnten Sie das Päckchen bitte auf den nächsten Tisch legen?«

Nein, sie konnten es nicht, denn das Päckchen war aus Fort Knox gekommen und enthielt eine Kugel aus massivem Gold, das ein viel höheres spezifisches Gewicht als Blei hat (eben darum hatte man das Gold ja ausgesucht). Die Kugel hatte ei-nen Durchmesser von nur 15 Zentimetern, wog aber gut 35 Kilogramm.

Doch obwohl Dutzende der hervorragendsten Wissen-schaftler daran arbeiteten und das Budget schier unbegrenzt war, harrte das beim Plutonium aufgetretene Problem noch immer seiner Lösung. Konnte es sein, so fragten sich Oppen-heimer und andere, daß auf diese Weise gar keine Bombe zu konstruieren sei? In diesem Falle hätte man bestenfalls eine Menge an radioaktivem Plutonium angehäuft. Vielleicht wür-de auch Heisenbergs Reaktor mit schwerem Wasser genau da-zu dienen. Am 21. August 1943 erhielt Oppenheimer ein Me-morandum, in dem es hieß:

> Es ist jedoch auch möglich, … daß [die Deutschen] eine Produkti-on schaffen von, sagen wir, zwei Bomben pro Monat. Das brächte Großbritannien in eine außerordentlich ernste Lage, doch bestünde Hoffnung auf Gegenmaßnahmen von unserer Seite, bevor der Krieg verloren ist, …

Einer der beiden Verfasser dieser Mitteilung war Edward Tel-ler, über den man sich hätte hinwegsetzen können, aber der andere war Hans Bethe, ein sehr vernünftiger Mann. Er leite-te die theoretische Abteilung in Los Alamos und hatte bis 1933 in Tübingen derselben Fakultät angehört wie Hans Gei-ger. Zudem verfügte er über ausgezeichnete Kontakte zu Physikern, die auf dem europäischen Kontinent geblieben waren. Die Bomben, auf die sich Bethe und Teller hier bezogen, waren zum damaligen Zeitpunkt unwahrscheinlich – doch wer konnte wissen, was die Deutschen noch alles konstruierten?

Schon einige Kilogramm radioaktiver Metallstaub, über London freigesetzt, könnten ganze Stadtteile auf Jahre hinaus unbewohnbar machen. Es gab bereits beunruhigende Berichte über die deutsche Raketenentwicklung, und einer von Heisenbergs Mitarbeitern wurde später bei Peenemünde gesehen, wo man die überschallschnelle »Vergeltungswaffe« V 2 baute und auch eine viel einfachere Rakete, die V 1, konstruierte. Wenn solche Raketen mit hochradioaktiven Sprengköpfen auf die Truppen der Alliierten abgeschossen würden – sei es in Südengland oder nach der Invasion im Juli 1944 in der Normandie –, so konnte es zu Verlusten kommen, die jede Vorstellungskraft überstiegen.

Die Bedrohung galt als so ernst, daß General Eisenhower den Einsatz von Geigerzählern akzeptierte. Den Truppen wurden beim Aufmarsch in Südengland Spezialisten beigestellt, die mit diesen Geräten umgehen konnten. Gegen Ende 1943, als sich Oppenheimer vor allem mit dem Problem der Plutonium-Implosion befaßte, kam Niels Bohr nach Los Alamos. Er hatte aus Dänemark fliehen müssen. Bohr, ein freundlicher älterer Herr, war der *Elder Statesman* der Physik. Im Laufe der Jahre hatte jeder bedeutende Physiker – von Heisenberg über Oppenheimer bis zu Meitners Neffen Robert Frisch – eine Zeitlang in Bohrs Institut verbracht und dort mit ihm zusammengearbeitet.

Bohr brachte schlechte Nachrichten aus Europa mit. Am 6. Dezember – nach seiner Flucht – war die deutsche Militärpolizei in sein Institut eingedrungen, doch die dort aufbewahrten goldenen Nobelpreis-Medaillen fanden sie nicht, denn Georg Karl von Hevesy hatte sie in starker Säure aufgelöst und die Flasche mit dieser Lösung ganz unauffällig hinter ein Regal gestellt.

Aber die Deutschen hatten im Gebäude gewütet und auch einen von Bohrs Mitarbeitern verhaftet, der darin wohnte. Besonders ernst nahm man in Amerika die Gerüchte, das mächtige Zyklotron des Instituts, eine Vorstufe des Teilchenbeschleunigers, sei zerlegt und nach Deutschland gebracht worden. Mit diesem Gerät konnte man Plutonium herstellen.

Und dann berichtete der britische Geheimdienst, daß trotz der Sabotage und eines späteren Bombenangriffs die Fabrik bei Vemork wieder in Betrieb gesetzt worden sei. Ersatzteile waren von Deutschland nach Norwegen transportiert worden, und Mitarbeiter der I. G. Farben hatten die Anlage mit großem Einsatz repariert. Inzwischen produzierte sie mehr schweres Wasser als jemals zuvor. Im Februar 1944 meldete die norwegische Widerstandsbewegung, daß der gesamte Vorrat an schwerem Wasser nach Deutschland gebracht werden solle.

Was war zu tun? Die Physiker befanden sich nun in einem ähnlich quälenden Dilemma wie dann ein Jahr später, als über den Einsatz der Atombombe entschieden werden mußte. Ein weiterer direkter Angriff auf die Fabrik in Vemork schien unmöglich, denn sie war inzwischen zu gut geschützt. Auch die Transportzüge, die von dort abgingen, wurden schwer bewacht. Die Deutschen setzten reguläre Truppen und SS-Einheiten ein, und außerdem wurden schon Behelfsflugplätze für Aufklärungsflugzeuge errichtet.

Die einzige schwache Stelle, an der man die Transporte von Vemork nach Deutschland attackieren konnte, war dort, wo die Behälter mit schwerem Wasser von den Zügen auf eine Fähre verladen wurden, die den Tinnsjö-See überquerte. Und genau dort sollte Mitte Februar 1944 angegriffen werden.

Wenn der Zug mit der Fähre unterginge, wären deutsche Taucher niemals in der Lage, die Tonnen mit dem schweren Wasser aus der Tiefe des Sees wieder heraufzuholen. Doch über den Tinnsjö-See fuhren auch die in der Fabrik Beschäftigten und ihre Familien. Außerdem wurde die Fähre von vielen Touristen benutzt sowie von Einheimischen, die einen Tagesausflug machten.

Wen darf man für einen höheren Zweck töten?

Wegen der unvorstellbaren Energie, die die Gleichung $E = mc^2$ verheißt, forderten die Physiker einen furchtbaren moralischen Kompromiß, denn die Alternativen waren schrecklicher als jemals zuvor. Knut Haukelid, einer der Norweger, die nach dem Überfall auf die Fabrik in der Gegend geblieben waren, hatte sich irgendwo auf dem Hardanger-Plateau versteckt, wo er bisher den intensiven Fahndungen der Deutschen entgangen war. Inzwischen verfügte er über alle Erfahrungen und Fertigkeiten, die man für Sabotageakte braucht: Er konnte sich in Siedlungen einschleichen, wußte einzuschätzen, wem er vertrauen konnte und wie man welche Sprengsätze, Zünder und Schaltuhren vorbereitet und einsetzt. Aber das Problem war ein anderes. Er hatte den weiten Weg hierher zurückgelegt und die harten Lebensbedingungen in Kauf genommen, um seine Landsleute zu retten. Und nun sollte er sie töten, sollte sie im tiefen, kalten Wasser ertrinken lassen!

Kommando Norwegen an London:

BERICHTEN WIE FOLGT: ... ZWEIFELN, OB ERGEBNIS DER OPERATION VERGELTUNGSMASSNAHMEN WERT IST STOP KÖNNEN NICHT BEURTEILEN WIE WICHTIG OPERATION IST STOP BITTEN MÖGLICHST UM ANTWORT BIS ZUM ABEND

London an Kommando Norwegen:

SITUATION WURDE ANALYSIERT STOP VERNICHTUNG DES SCHWEREN WASSERS WIRD FÜR SEHR WICHTIG GEHALTEN STOP HOFFEN SIE KANN OHNE ALLZU KATASTROPHALE FOLGEN REALISIERT WERDEN STOP SENDEN UNSERE BESTEN WÜNSCHE FÜR DEN ERFOLG STOP GRÜSSE

Das beste, was Haukelid tun konnte, war, mit dem Transport-ingenieur in Vemork abzusprechen, daß die Lieferung am Sonntag, dem 20. Februar, hinausginge, wenn kaum Perso-nenverkehr zu erwarten war. (In Vemork hatten die Gewerk-schaften stets eine starke Stellung; daher hatte die Wider-standsbewegung viele Anhänger und somit auch Unterstüt-zung in der Fabrik.) In der Nacht zum Sonntag trafen Haukelid und zwei Einheimische bei der am Kai festgemach-ten Fähre ein und gelangten problemlos an Bord. Doch als sie unter Deck nach einer geeigneten Stelle zum Anbringen der Sprengladung suchten, wurde einer der Wachmänner, ein jun-ger Norweger, auf sie aufmerksam. Einen von Haukelids Be-gleitern kannte er aus einem Sportverein und nickte zustim-mend, nachdem er ihre – natürlich erfundene – Geschichte gehört hatte, wonach sich Haukelid und der besagte Beglei-ter, Rolf Sörlie, vor den Deutschen verstecken und deshalb ihr Gepäck irgendwo verstauen mußten. Während die beiden anderen, in ein Gespräch vertieft, zurückblieben, brachten Haukelid und Sörlie die Sprengladung direkt am vorderen Rumpf an, so daß die Fähre nach der Explosion vornüber kippen würde und die Schiffsschraube nutzlos in der Luft hinge. Dann würde die Fähre schnell mit Wasser vollaufen und sofort sinken. In weniger als einer halben Stunde hatte Haukelid alles erledigt.

Als ich den Wachmann zurückließ, wußte ich nicht, was ich machen sollte. ... Ich erinnerte mich an das Schicksal der zwei norwegi-schen Wachmänner in Vemork, die nach unserem Anschlag in ein Konzentrationslager der Deutschen gekommen waren. Ich wollte den Deutschen keinen Norweger ausliefern. Aber wenn der Wäch-ter verschwände, bestand die Gefahr, daß die Deutschen am näch-sten Morgen Verdacht schöpften.

Ich begnügte mich damit, daß ich dem Wächter die Hand schüt-telte und ihm dankte – was ihm offensichtlich Rätsel aufgab.

Die Fähre über den Tinnsjö-See
Norsk Hydro

Jeder der Beteiligten war in einer ähnlichen Lage wie Haukelid. Alf Larsen, der Betriebsleiter in Vemork, hatte am frühen Abend an einem Festessen teilgenommen, wo ihm ein ebenfalls eingeladener Geiger erzählte, er wolle am nächsten Morgen die Fähre nehmen. Larsen hatte versucht, es ihm auszureden und ihn zu bewegen, länger an diesem schönen Ort zu bleiben, wo man so gut Skifahren könne. Aber als der Geiger abwinkte, konnte Larsen nicht weiter insistieren. Ein Bekannter in der Fabrik hatte ihm erzählt, daß auch seine Mutter die Fähre nehmen wolle.

Am nächsten Vormittag um 10.45 Uhr detonierte die Sprengladung. Der See war hier etwa 400 Meter tief. Durch die Wucht wurden die Plattformwagen des Zuges aus den Halterungen gerissen, und die Türen brachen auf. Die Mutter des Fabrikarbeiters war nicht an Bord – ihr Sohn hatte sie nicht aus dem Haus gelassen –, wohl aber der Geiger, zusammen mit weiteren zweiundfünfzig Passagieren. Die meisten der kräftigen deutschen Wachleute konnten sich rechtzeitig aus der kenternden Fähre befreien, wobei viele Frauen und Kinder beiseite gedrängt wurden. Über ein Dutzend Fahrgäste blieben in der Fähre eingeschlossen.

Einige der Fässer, die nur teilweise angereichertes schweres Wasser enthielten, tanzten auf den Wellen. Die Fahrgäste, die sich aus der Fähre herauskämpfen, aber kein Rettungsboot besteigen konnten – was dem Geiger gelungen war –, hielten im Wasser aus, bis Rettung kam. Die Fässer mit dem konzentrierteren schweren Wasser demonstrierten, was sich in ihnen befand: Sie gingen im Zeitlupentempo unter, denn schweres Wasser hat, wie die Bezeichnung nahelegt, eine höhere Dichte als gewöhnliches Wasser. Mit ihnen versank die Fähre und riß die in ihr gefangenen, unschuldigen Menschen in den Tod.

Anderthalb Jahre später, im August 1945, wurden 25 Kilogramm angereichertes Uran 235 – in einem Stahlgehäuse in fünf Tonnen Schießbaumwolle mit Zündvorrichtungen eingebettet – auf einen Pritschenwagen verladen. Dann verfrachtete man sie in einen B-29-Bomber, der von der Marianen-Insel Tinian starten und in sechs Flugstunden Japan erreichen sollte. Oppenheimer war in Los Alamos geblieben und verfolgte von dort diese letzte Aktion.

Wäre er ein schlichteres Gemüt gewesen, so hätte er vielleicht Stolz empfunden. Die Konstruktions-«Maschine» aus Forschern, Fabriken und Bauteilen hatte bestens funktioniert und ihr Ziel erreicht, während Heisenbergs Bemühungen in Deutschland gescheitert waren. Man hatte unter Oppenheimers Leitung Flüsse angezapft, um Kühlwasser für Produktionsbetriebe und Reaktoren zu erhalten, und ganze Städte aus dem Boden gestampft, damit Zehntausende von Mitarbeitern untergebracht werden konnten; und nicht zuletzt war durch »Transmutation« ein neues Element geschaffen worden. Das alles war eine enorme Leistung.

Fermis erste Neutronenquelle, die auf Chadwicks Entwürfen basierte und noch in Rom zum Einsatz gekommen war, konnte man in einer Hand halten. Das nächste Gerät, das Fermi mit mühsam zusammengekratzten Geldern 1940 in New York gebaut hatte, war schon so groß wie mehrere Aktenschränke. Ende 1942, als Oppenheimer erstmals über erhebliche staatliche Mittel verfügen konnte, hatte Fermi ein weiter verbessertes Gerät konstruiert, das fast die Ausmaße des Squash-Courts unter der Stadiontribüne der Universität Chicago hatte. Die endgültigen Apparaturen, zwei Jahre später gebaut, als die finanzielle Förderung des Manhattan-Projekts auf Hochtouren lief, beanspruchten ein Gelände von 120.000 Hektar bei Hanford im US-Bundesstaat Washington. Zusammen mit ihren Zusatzeinrichtungen nahmen sie eine größere Fläche ein als das Institut, an dem Fermi 1934 in Rom geforscht hatte. Wer die diese ganze Vorgeschichte kannte, der konnte nur ehrfürchtig staunen.

Das Plutonium-Problem war gelöst worden, als Mathematiker und Sprengstoffexperten eine Form für die normalen Sprengstoffe fanden, deren Explosion die Plutoniumkugel reibungslos implodieren ließ. Die vom Standort im US-Bundesstaat Washington regelmäßig gelieferten Plutoniummengen konnten nun zu weiteren Bomben verarbeitet werden. Auch die weniger erfolgreiche Fertigungsstätte in Tennessee steuerte Bombenmaterial bei, und ihr gesamter Ausstoß an Uran 235 – also fast die gesamte Menge, über die die Vereinigten Staaten verfügten – wurde ebenfalls eingesetzt.

Heisenbergs Arbeiten waren blockiert worden. Zu Beginn des Jahres 1945 hatten die in Deutschland vorrückenden alli-

ierten Streitkräfte riesige, zum Teil unterirdische Fabriken entdeckt, in denen reihenweise gerade erst zusammengebaute
Flugzeuge mit Düsen- oder auch mit Raketenantrieb bereit-
standen. Nachdem jedoch im Jahr zuvor die Fähre im Tinnsjö-
See versenkt worden war, hatte das deutsche Atombombenprojekt nur in äußerst bescheidenem Rahmen fortgeführt
werden können, wovon sich Heisenberg freilich nicht hatte
beirren lassen. Schon 1942, als die Finanzierung des Projekts
gefährdet schien, hatte er bei einer Konferenz führender Nazis
eifrig auf die mögliche Zerstörungskraft einer Atombombe
hingewiesen, um weiterhin ausreichende Geldmittel zu erhalten. Sogar noch Anfang 1945, als der Krieg praktisch schon
verloren war, ordnete er an, daß die Arbeiten von der Klein-
stadt Hechingen im Hohenzoller Land aus fortzuführen seien.
Dort wohnte er zuletzt genau gegenüber dem Haus, in dem
einst Einsteins reicher Onkel Rudolf gelebt hatte.

Die von Berlin und Leipzig herantransportierten Gerätschaften und Apparaturen waren so geschickt untergebracht
worden, daß sie von Aufklärungsflugzeugen aus nicht zu entdecken waren. Man wählte dazu nahe der Nachbarstadt Hai-
gerloch eine waagerecht in den Fels gehauene Höhle. Auf
dem Felsen darüber stand eine Kirche – und nur sie war von
Flugzeugen aus zu sehen. Heisenberg hatte schon immer einen Sinn für dramatische Gesten gehabt. Als er im Alter von
vierundzwanzig Jahren die Grundzüge der Quantenmechanik
entwickelt hatte – eines Nachts auf der Nordseeinsel Helgoland –, kletterte er gleich anschließend auf einen weit aufra-
genden Felsvorsprung direkt am Wasser und wartete dort auf
den Sonnenaufgang. Auch hier, in der Nähe der Stammburg
der Hohenzollern, erklomm er bei gelegentlichen Ausflügen
die höchsten Felsen. Außerdem ging er des öfteren in die Kirche und spielte ganz für sich allein und voller Inbrunst Orgel-
musik von Bach.

Die Kernreaktionen waren nun weiter gediehen als während der Leipziger Zeit. Bis zum Schluß hatten die deutschen Forscher ungefähr die Hälfte der Kernspaltungsrate erreicht, die für eine anhaltende Kettenreaktion notwendig ist. Heisenberg wußte, daß er nicht mehr weiter kommen würde. Als ein Kommando der US-Militärpolizei ihn wenig später in den Alpen aufgriff, während noch Teile der Wehrmacht in den Nachbarorten kämpften, ergab er sich widerstandslos, als habe er genau dies schon erwartet.

Heisenberg sollte nach seiner Freilassung 1946 in Deutschland als Held gefeiert werden. Dagegen wußte Oppenheimer bereits vor Kriegsende, daß er es danach nicht leicht haben würde. In den späten dreißiger Jahren hatte er politisch links gestanden. Als Physikprofessor in Berkeley hätte ihm das nicht weiter geschadet, doch nachdem ihm die Leitung des Projekts in Los Alamos übertragen worden war, hatte das FBI all die alten Geschichten wieder ausgegraben. Bei Verhören durch den militärischen Geheimdienst hatte er dann in einigen Details gelogen. Mehrere einflußreiche Leute wollten ihn daraufhin entlassen, aber Groves schützte ihn. Aus Rache machten ihm daher seine Widersacher das Leben schwer, wo immer es nur ging: Während seiner Zeit als Direktor in Los Alamos wurde sein Telefon abgehört und seine Wohnung mit Wanzen gespickt; man verhörte seine früheren Freunde und beschattete ihn auf seinen Reisen. Seine Frau hatte angefangen zu trinken, und obwohl er noch nicht offen angegriffen wurde, wußte er, daß er erpreßbar war: Das FBI hatte ihn bei Reisen nach San Francisco bespitzeln lassen und in Erfahrung gebracht, daß er dort die Nächte mit einer Freundin verbrachte, die ihm früher sehr nahegestanden hatte.

Wichtiger noch: Er wußte, was auf dem Tinnsjö-See geschehen war und was im Pazifik bevorstand. Heute wird gemeinhin behauptet, daß der Atombombenangriff auf Japan eindeutig gerechtfertigt gewesen sei, weil die Alternative – eine Invasion – viel schlimmer gewesen wäre. Doch damals, 1945, war das nicht so offensichtlich. Die japanischen Streitkräfte stellten für die Amerikaner keine ernsthafte Bedrohung mehr dar, denn sie waren größtenteils in China gebunden und wurden zudem von US-Unterseebooten daran gehindert, auf die heimischen Inseln zurückzukehren. Außerdem marschierten im Norden schon schlagkräftige russische Armeen auf und drohten entscheidend einzugreifen, sobald sie sich formiert hatten. Schließlich lag die Industrie Japans weitgehend darnieder, denn zu Beginn des Jahres 1945 hatten US-Bombereinheiten den Auftrag erhalten, dreißig bis sechzig große oder kleine Städte zu zerstören. Bis August hatten sie schon achtundfünfzig Orte in Schutt und Asche gelegt.

Douglas MacArthur, der einen großen Teil der Aktionen im Pazifik befehligt hatte, hielt eine Invasion nicht für nötig. Admiral Leahy, der Leiter des Generalstabs, behauptete später steif und fest, die Atombombe sei nicht erforderlich gewesen. Curtis LeMay, der die strategische Bomberflotte befehligte, äußerte sich ebenso. Selbst Eisenhower, der keinerlei Skrupel hatte, Tausende von Gegnern töten zu lassen, wenn dadurch seine Truppen geschützt würden, wandte sich energisch gegen den Einsatz der Bombe und machte dies auch dem damaligen US-Verteidigungsminister Henry Stimson klar. Er erinnerte sich später: »Ich sagte ihm, ich sei aus zwei Gründen dagegen. Erstens seien die Japaner praktisch zur Kapitulation bereit, und es sei überflüssig, ihnen einen dermaßen schrecklichen Schlag zu versetzen. Zweitens sei es mir zuwider, unser Land als dasjenige zu sehen, das als erstes eine solche Waffe einsetzte. Nun ... der alte Herr wurde sehr zornig.«

Die Ansicht, es bedürfe keines Atombombeneinsatzes, war so verbreitet, daß erwogen wurde, die Bombe erst einmal vorzuführen oder zumindest in der Kapitulationsaufforderung deutlich zu machen, daß der Kaiser im Amt bleiben könne. Oppenheimer nahm an vielen solcher Zusammenkünfte teil. Er hörte konzentriert zu und trat – wenn auch zuweilen verdeckt – für den Einsatz der Bombe ein, falls er nötig sein sollte, wobei er jedoch stets den Passus über den Schutz des Kaisers unterstützte.

Diese Argumente drangen nicht durch. Trumans energischster Berater war Jimmy Byrnes, ein Mann derselben Generation wie Lyman J. Briggs, aber wesentlich zupackender und temperamentvoller. Wenn man zum Kampf gezwungen sei, so lautete seine Devise, müsse man kämpfen, und zwar mit allen Mitteln. Er war in den 1880er Jahren in South Carolina aufgewachsen, ohne Vater und ohne lange die Schulbank gedrückt zu haben. In früheren Zeiten hatten sich Besucher dieses US-Staates sehr darüber gewundert, daß man fast nie eine Jury antraf, bei der alle zwölf Geschworenen noch beide Augen und Ohren hatten. In South Carolina galt noch lange Zeit das Faustrecht, und Streitigkeiten wurden mit Fäusten und Messern ausgetragen. Und nun war es Byrnes, der dafür sorgte, daß die Klausel zum Schutz des japanischen Kaisers – die den Japanern ein Abkommen erleichtert hätte – gestrichen wurde. Es stand nicht mehr zur Debatte, auf eine Verschärfung der Unterseeboot-Blockade zu warten oder die russischen Armeen vorrücken zu lassen, damit sie die schmutzige Arbeit übernähmen.

Aus dem Protokoll vom 1. Juni 1945 des *Interim Committee* beim US-Präsidenten:

Mr. Byrnes machte den Vorschlag, dem sich der Ausschuß anschloß, … die Bombe sollte so bald wie möglich gegen Japan eingesetzt werden; sie sollte gegen eine kriegswichtige Industrieanlage eingesetzt werden, die von Arbeiterwohnungen umgeben ist; ihr Einsatz sollte ohne vorherige Warnung erfolgen.

Oppenheimer befand sich in einem Zwiespalt; einerseits akzeptierte er das, doch andererseits – vor allem wenn er räumlichen Abstand zu Washington hatte – war er unsicher. Aber spielte das noch eine Rolle? Er hatte dabei geholfen, diese gewaltige Energie aus den Atomen herausholen, war aber jetzt das kleinste Rädchen im Getriebe. Oppenheimers Vorgesetzter, Leslie Groves, war schließlich General, und Los Alamos war ein Projekt der US-Armee. Die Armee baute Waffen, um sie einzusetzen.

Der B-29-Bomber wurde mit der Atombombe beladen.

13

8.16 Uhr über Japan

Nachdem die Bombe (»eine längliche Mülltonne mit Flossen«) ausgeklinkt worden war, fiel sie, laut pfeifend und sich um ihre eigene Achse drehend, in dreiundvierzig Sekunden auf Hiroshima. Aus den kleinen Löchern in ihrer Mitte waren beim Fallen die Drähte herausgezogen worden; damit wurden die Schaltuhren ihres primären Zündsystems in Gang gesetzt. Weiter hinten in dem dunklen Stahlmantel befanden sich noch zusätzliche kleine Löcher, in denen sich während des Falls Luft ansammelte. In 2100 Meter Höhe aktivierte der Luftdruck einen barometrischen Schalter, der das sekundäre Zündsystem auslöste.

Vom Boden aus war der B-29-Bomber gerade noch als silbrig glänzender Umriß sichtbar, aber die fallende Bombe – nur drei Meter lang und achtzig Zentimeter dick – bildete einen so winzigen Punkt, daß niemand sie hätte wahrnehmen können. Sie sandte schwache Funksignale nach unten, direkt auf das Shina-Hospital. Ein kleiner Teil der Funkwellen wurde vom Dach und den Mauern absorbiert, doch der größte Teil prallte in den Äther zurück. Aus dem Bombenkörper, dicht an den Flossen, ragten einige dünne Antennen heraus. Sie empfingen die reflektierten Signale, und nach der Zeitspanne bis zu ihrer Rückkehr bemaß sich die Höhe, in der sich die Bombe über dem Erdboden befand.

Bei einer Flughöhe von 570 Metern kam das letzte reflektierte Signal an. John von Neumann und andere hatten errechnet, daß bei einer Explosion in größerer Höhe zu viel Energie in die Umgebung entweiche, während in geringerer Höhe ein riesiger Krater in die Erde gerissen würde. Als günstigste Explosionshöhe waren eben jene 570 Meter ermittelt worden.

Ein elektrischer Impuls zündete nun die Ladung Schießbaumwolle, ganz wie in einem normalen Geschütz. Dadurch wurde ein kleiner Teil der gesamten Menge an angereichertem Uran durch eine Art Geschützrohr in die Bombe geschossen. In den ersten Entwürfen war dieses Rohr eine sehr schwere Vorrichtung gewesen, da man es nach dem Muster der Artilleriegeschütze konstruiert hatte. Erst einige Monate danach war einem von Oppenheimers Mitarbeitern klar geworden, daß diese Geschütze nur deshalb so massiv ausgeführt wurden, weil sie den Rückstoß der schnell aufeinanderfolgenden Schüsse aushalten mußten. Das spielte hier natürlich keine Rolle, denn dieses Geschütz wurde nur ein einziges Mal abgefeuert. Daher wog das letztlich eingesetzte Rohr nicht 2500, sondern nur 500 Kilogramm.

Vorangetrieben von der Sprengladung, legte die eben erwähnte Teilmenge des Urans gut einen Meter im Rohr zurück und prallte dann auf die Hauptmenge des Urans. Nie zuvor hatte man irgendwo auf der Erde soviel angereichertes Uran – mehrere Kilogramm – zu einer einzigen Masse vereinigt. Etliche Neutronen schwirrten darin frei herum, und wenn auch die Uranatome durch ihre dichte Elektronenhülle gut abgeschirmt sind, so können die Neutronen sie dennoch erreichen, weil sie ja keine elektrische Ladung haben. Wir hatten dies bereits mit einer Raumsonde verglichen, die in unserem Sonnensystem an den Planeten vorbei zur Sonne fliegen kann. Viele Neutronen flogen nun durch die Elektronenhüllen hindurch, aber einige befanden sich auf Kollisionskurs und trafen einen der winzigen Atomkerne.

Die elektrische Ladung des Atomkerns hindert viele Elementarteilchen daran, sich ihm zu nähern, aber das gilt natürlich nicht für die ungeladenen Neutronen. Daher können sie eindringen und seine Stabilität beeinträchtigen.

Die Atome des Urans, das aus den Erzen gewonnen wird, sind über vier Milliarden Jahre alt. Als sie entstanden, konnte nur eine ungeheure Gewalt ihre elektrisch gleichnamig geladenen Protonen zusammenpressen. Seitdem hält die starke Kernkraft die Protonen und die Neutronen im Atomkern zusammen. In jener ungeheuren Zeitspanne kühlte sich die Erde ab, und es bildeten sich Kontinente; Nord- und Südamerika trennten sich von Europa und Afrika, der Atlantik füllte sich allmählich mit Wasser; unzählige Vulkane wurden aktiv, und viele blieben es auch, unter anderem in derjenigen Region der Erde, in der das heutige Japan liegt. – Jetzt aber vernichteten ganz wenige zusätzliche Neutronen die Stabilität der Urankerne.

Sobald ein in den Urankern eingedrungenes Neutron die starke Kernkraft schwächt, macht sich die elektrische Ladung der Protonen bemerkbar, so daß sie auseinander getrieben werden. Wiegt schon ein einzelner Kern sehr, sehr wenig, so sind seine nach der Spaltung auseinanderfliegenden Bruchstücke entsprechend leichter. Ihre Geschwindigkeit heizt das Metall kaum auf. Aber die Dichte der Uranmasse ist so groß, daß eine Kettenreaktion einsetzt, und bald sind es nicht mehr nur zwei Urankern-Fragmente, sondern vier, dann acht, dann sechzehn und so weiter. Es »verschwindet« also ständig Masse, die als Energie $E = mc^2$ zum Vorschein kommt.

Diese eben beschriebenen Schritte vollzogen sich in der Bombe innerhalb von wenigen Millionstel einer Sekunde. Die Bombe war außen noch ziemlich kalt, denn sie war erst vor etwa vierzig Sekunden aus einer Höhe von rund neun Kilometern abgeworfen worden. Auf ihr schlug sich etwas Feuchtigkeit nieder, denn jetzt, in 570 Metern Höhe, betrug die

Temperatur knapp dreißig Grad Celsius. Während sich die eben beschriebenen ersten Schritte der Kettenreaktion vollzogen und sich das Uran aufheizte, fiel sie kaum einen Zentimeter weiter. Nur eine leichte Ausbeulung ihres Stahlmantels deutete auf das hin, was nun folgen sollte.

Die Kettenreaktion erlebte achtzig Schritte, also achtzig Verdoppelungen der Kernfragmente, bevor sie endete. Bei den letzten Schritten war die Reaktion so heftig geworden, daß sich auch der Mantel der Bombe erhitzte. Aber genau diese letzten Schritte waren die entscheidenden. Stellen Sie sich vor, Sie setzen in Ihren Gartenteich eine Seerose ein, deren Blattfläche sich pro Tag verdoppelt, so daß nach genau achtzig Tagen der ganze Teich bedeckt ist. An welchem Tag ist gerade die Hälfte des Teiches noch frei? – Am neunundsiebzigsten!

Nun war die Reaktion $E = mc^2$ eigentlich abgeschlossen. Es »verschwand« keine Masse mehr, und es entstand keine weitere Energie. Die Bewegungsenergie der Kernfragmente verwandelte sich in Hitze. Und so, wie wir unsere Hände durch Reiben wärmen können, erhitzten diese Teilchen zunächst den Stahlmantel der Bombe; dabei erreichten sie bald einen merklichen Bruchteil der Lichtgeschwindigkeit.

Diese Erwärmung des Bombeninneren vollzog sich in unvorstellbar kurzer Zeit. Zunächst hatte es Körpertemperatur (37 °C), dann erreichte es die Siedetemperatur von Wasser (100 °C) und gleich darauf die von Blei (1725 °C). Diese Erhitzung hatte natürlich schon während der ersten Schritte der Kettenreaktion begonnen und beschleunigte sich entsprechend weiter. Schnell waren 5.000 °C erreicht (wie an der Sonnenoberfläche) und schließlich mehrere Millionen Grad Celsius (wie im Inneren der Sonne). Aber es ging immer noch weiter. Für eine kurze Zeitspanne ähnelte das Innere der Bombe dem Sonnenzentrum, wenn nicht gar dem Universum kurz nach dem Urknall.

Die Wärme strebte natürlich nach außen, durch den jetzt blitzschnell verdampfenden tonnenschweren Stahlmantel der Bombe. Einen winzigen Augenblick lang schien es ein Innehalten zu geben, und die freigesetzte Energie zeigte sich auch in einer ungeheuer intensiven Röntgenstrahlung, die nach allen Seiten emittiert wurde.

Während die verdampften Reste der Bombe in einer gewaltigen Explosion auseinanderflogen, kühlten sie sich etwas ab; sie gaben also einen großen Teil ihrer Energie an die Umgebung ab. Dann – nur eine zehntausendstel Sekunde nach dem Beginn der Kettenreaktion – ließ die Röntgenstrahlung nach, und der Feuerball dehnte sich nun weiter aus.

Erst jetzt wurde die eigentliche Explosion sichtbar. Allerdings hätte man das Innere nicht sehen können, da die starke Röntgenstrahlung das Licht noch überdeckte; nur das Glühen der äußeren Teile wäre zu erkennen gewesen. Als der Feuerball autauchte, schien es, als habe sich der Himmel aufgetan und als sei aus den Weiten des Alls eine unvorstellbar riesige Sonne herabgefallen. Der Feuerball nahm einen mehrere hundert mal größeren Teil des Himmels ein als unsere gewöhnliche Sonne.

Dieses überirdisch anmutende Objekt schwebte rund anderthalb Sekunden über der Stadt und wurde dann dunkler, bis es nach zwei oder drei Sekunden langsam zu erlöschen begann. Das lag vor allem daran, daß nun fast die gesamte Energie entwichen war. Jetzt brachen in Hiroshima die ersten Feuer aus, und die Haut der Menschen hing in Fetzen herunter. Die Stadt hatte die ersten von mehreren zehntausend Toten zu beklagen.

Mindestens ein Drittel der Energie aus der Kettenreaktion wurde in diesem gigantischen Feuerball als Strahlung emittiert. Die restliche Energie verteilte sich sofort danach. Die unvorstellbare, sich extrem schnell ausbreitende Hitze erzeug-

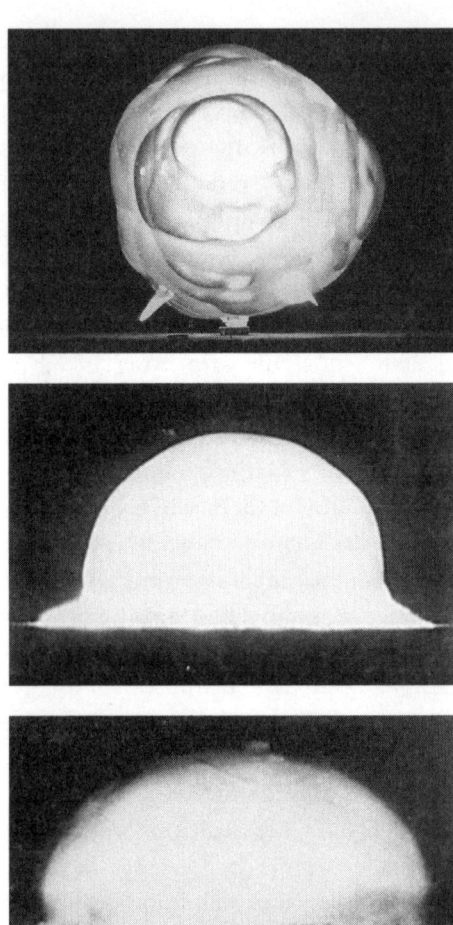

Eine unterirdisch gezündete Atombombe in den ersten Millisekunden nach der Explosion (oben); der Boden, wie er sich kurz danach anhebt (Mitte) und der sogenannte Atompilz (unten), der sich anschließend bildet.
Oben: Photo von Dr. Harold E. Edgerton; © Harold E. Edgerton 1992 Trust. Palm Press, Inc. Mitte und unten: Los Alamos National Laboratory. Photo Researcher, Inc.

te in der Luft Stoßwellen mit Geschwindigkeiten, wie sie noch niemals aufgetreten waren – außer vielleicht irgendwann in grauer Vorzeit beim Einschlag eines großen Meteoriten. Die Windgeschwindigkeiten übertrafen die des schlimmsten Orkans um ein Mehrfaches. Dabei herrschte absolute Stille, denn die Stoßwelle bewegte sich schneller fort als der Schall. Danach gab es eine zweite, etwas schwächere Stoßwelle, und bevor die Atmosphäre diese »Lücke« wieder füllte, war die Dichte der Luft kurzzeitig fast auf null gesunken, so daß auch noch all jene Lebewesen zerrissen wurden, die relativ weit vom Zentrum entfernt waren und bis dahin überlebt hatten.

Ein kleiner Teil der Wärme, die von der Kernexplosion freigesetzt wurde, blieb im Zentrum, ungefähr dort, wo sich die Bombe bei der Zündung befunden hatte. Hier stieg nun eine Wolke empor: der sogenannte Atompilz, der sich oben, in der dünneren Atmosphäre, etwas verbreitete.

Als dieser riesige Atompilz über Hiroshima schwebte, hatte die Gleichung $E = mc^2$ erstmals durch Menschenhand ihre Wirkung entfaltet.

TEIL 5

Bis ans Ende der Zeit

14

Die Feuer der Sonne

Der Lichtblitz der Explosion über Hiroshima am 6. August 1945 erreichte selbst den Mond, und ein winziger Teil dieses Lichtes wurde zur Erde reflektiert. Die übrige Strahlung verlor sich in den Weiten des Sonnensystems; der Lichtschein wäre noch vom Planeten Jupiter aus zu sehen gewesen.

Aber in der Galaxis insgesamt war diese Explosion nicht mehr als ein kurzes Flackern.

Allein unsere Sonne setzt nämlich in jeder Sekunde eine Energiemenge frei, die vielen Millionen solcher Atombomben entspricht; denn die Gleichung $E = mc^2$ gilt nicht nur auf der Erde. Mit der Wirkung dieser Formel verglichen, muten alle Bemühungen von Ingenieuren und Wissenschaftlern bestenfalls wie ein leises Flüstern an.

Einstein und andere Physiker hatten das schon früh erkannt. Nur ein irres Zusammentreffen – die Beschleunigung der technischen Entwicklung und der mörderische Zweite Weltkrieg – hatte dazu geführt, daß die physikalischen Konsequenzen der Gleichung zuerst militärisch anstatt friedlich genutzt worden waren. In diesem fünften Teil des Buches erweitern wir unsere Perspektive, lassen die irdische Technologie hinter uns und zeigen, welche Rolle die Gleichung im Universum spielt: vom Entstehen der ersten Sterne bis zum Ende allen Lebens.

Seit der Entdeckung der Radioaktivität in den 1890er Jahren vermuteten die Wissenschaftler immer schon, daß Uran und ähnliche Elemente mit damals seltsam anmutenden Eigenschaften im Universum am Werk sind, vor allem jedoch in unserer Sonne. Es mußte, so überlegten sie, irgendeine unbekannte Macht geben, denn Darwins Erkenntnisse und etliche geologische Funde hatten den Schluß nahegelegt, daß die Erde schon seit Milliarden von Jahren existiert – und seither von der Sonne erwärmt wird. Mit Hilfe gewöhnlicher Brennstoffe wie Kohle oder Erdöl wäre das aber nicht möglich gewesen.

Leider jedoch konnten die Astronomen in der Sonne keinen Hinweis auf Uran feststellen. Jedes Atom emittiert bei hoher Temperatur ein Lichtspektrum, dessen Linien für das betreffende Element charakteristisch sind und die man in einem sogenannten Spektroskop sichtbar machen kann. Im Spektrum des Sonnenlichts fand man nun keinerlei Anzeichen für das Vorhandensein von Uran, Thorium oder irgendeinem anderen radioaktiven Element.

Allerdings schien aus den Meßwerten entfernter Sterne wie auch unserer Sonne hervorzugehen, daß sie immer einen hohen Prozentsatz an Eisen enthielten. Und 1909, als Einstein schließlich das Patentamt verlassen und sich wieder ganz der Physik widmen konnte, war der Stand der Dinge der, daß die Sonne aus 66 Prozent reinem Eisen bestehe.

Angesichts dieses Ergebnisses waren Astronomen und Physiker zunächst ratlos. Der Atomkern des Urans kann gemäß der Gleichung $E = mc^2$ Energie abgeben, weil er so schwer und so groß ist, daß er gerade noch zusammenhält. Dagegen gehört der Atomkern des Eisens zu den stabilsten überhaupt. Somit kam das Eisen als »Brennstoff«, der die Sonnenenergie liefert, eigentlich kaum in Frage.

Plötzlich schien die Hoffnung zerstört, mit Hilfe der Beziehung $E = mc^2$ manche Eigenschaften des Universums erklären zu können. Den Astronomen blieb nichts anderes übrig, als durch die Atmosphäre in die Weiten des Weltraums und auf die Sterne zu starren – und zu staunen.

Die Person, die das Rätsel entschlüsselte und die Gleichung $E = mc^2$ sozusagen aus ihrer Erdgebundenheit löste, war eine junge Engländerin namens Cecilia Payne, die bis an die Grenzen des Denkbaren vorstoßen wollte. Leider waren die ersten Professoren, auf die sie 1919 in Cambridge traf, an solchen Gedankenflügen nicht interessiert. Daher wechselte sie mehrmals das Studienfach, bis sie bei der Astronomie landete. Wenn Payne sich für etwas entschieden hatte, dann leistete sie Beeindruckendes. So verschreckte sie – nach nur wenigen Astronomievorlesungen – gleich in ihrer ersten Nacht im Observatorium den dort tätigen Assistenten. »Er floh die Treppe hinunter«, erinnerte sie sich später, »und stotterte: ›Da ist eine Frau, die Fragen stellt!‹« Aber sie ließ sich nicht abwimmeln, und ein paar Wochen später ereignete sich ähnliches: »Ich fuhr mit dem Fahrrad zum Sonnenobservatorium und dachte über ein bestimmtes Problem nach. Auf dem Dach des Observatoriums saß rittlings ein junger Mann, dessen blonde Locken ihm fast über die Augen fielen. Er war offenbar mit einer Reparatur beschäftigt. ›Ich wollte fragen‹, schrie ich zu ihm hoch, ›warum bei Sternspektren kein Stark-Effekt beobachtet wird‹.«

Diesmal floh ihr Opfer nicht. Der junge Mann, Edward Milne, war ebenfalls Astronom, und die beiden freundeten sich an. Payne versuchte, einige Kommilitonen, die Kunst studierten, auch für die Astronomie zu begeistern. Sicher verstanden die kaum etwas von dem, was sie ihnen erklärte, doch sie gehörte zu den Menschen, in deren Gesellschaft man sich wohlfühlt, und so drängten sich in ihren Räumen im Newnham College fast immer Freunde und Bekannte. Ein Freund schrieb einmal: »... auf dem Fußboden bequem auf dem Rücken liegend (sie verabscheut Sessel), spricht sie über alles mögliche unter der Sonne – von der Ethik bis zu einer neuen Methode der Kakaoproduktion.«

Rutherford lehrte damals in Cambridge, wußte aber anscheinend nicht so recht, was er mit dieser Studentin anfangen sollte. Zu Männern war er rauh, aber herzlich, doch Frauen gegenüber gab er sich schroff. Während seiner Vorlesungen schikanierte er sie nicht selten und versuchte, sie, als einzige Frau, vor ihren männlichen Kommilitonen lächerlich zu machen. Davon ließ sie sich indes nicht beirren und veranstaltete sogar eigene Tutorien mit seinen besten Studenten. Aber noch vierzig Jahre später, als emeritierte Professorin in Harvard, erinnerte sie sich an die lärmenden jungen Männer, die etwas unsicher das zu tun versuchten, was ihr Professor von ihnen erwartete.

An der Universität Cambridge lehrte aber auch Arthur Eddington, ein stiller Quäker, der sich freute, sie als Tutorin beschäftigen zu können. Obwohl sich seine Reserviertheit nie ganz legte – wenn er Studenten zum Tee empfing, war grundsätzlich seine unverheiratete ältere Schwester zugegen –, machte sich die vierundzwanzigjährige Payne doch Eddingtons spürbare Ehrfurcht vor der potentiellen Macht des Denkens zu eigen.

Gern wies er darauf hin, daß Geschöpfe, die einen ganz in Wolken gehüllten Planeten bewohnen, dennoch in der Lage seien, die wichtigsten Eigenschaften des für sie unsichtbaren Universums zu ergründen. Er stellte sich vor, daß sie überlegten, es müßte in den Weiten des Universums glühende Kugeln geben; denn die ursprünglich im Raum schwebenden Gaswolken würden sich allmählich so sehr verdichten, daß in ihnen Kernreaktionen einsetzten und sie aufleuchteten, also zu Sonnen würden. Diese glühenden Sphären würden dicht genug, um Planeten anzuziehen, die dann um sie kreisten. Und wenn die Geschöpfe auf diesen imaginären Planeten einmal bemerkten, daß ein plötzlich aufkommender Wind ihre Wolken aufgerissen hatte, dann würden sie über sich einen Kosmos voller leuchtender Sterne und kreisender Planeten erblicken – genauso, wie sie es erwartet hatten.

Es war faszinierend, sich vorzustellen, daß irgend jemand auf der Erde das Problem des Eisens in der Sonne lösen würde und auf diese Weise Eddingtons Vision vollenden könnte. Als Eddington seiner Schülerin erstmals eine Aufgabe übertrug, die mit dem Inneren von Sternen zu tun hatte und zumindest einen Ansatzpunkt liefern sollte, »ließ mich das Problem Tag und Nacht nicht los. Ich erinnere mich an einen lebhaften Traum, bei dem ich mich mitten in [dem riesigen Stern] Beteigeuze befand, und daß – von dort aus gesehen – die Lösung absolut einfach war; bei Tageslicht betrachtet, schien es jedoch nicht so zu sein.«

Aber selbst mit der Unterstützung eines so freundlichen Professors konnte im damaligen England eine Frau nicht in

Astronomie promovieren. Daher ging Payne in die Vereinigten
Staaten, nach Harvard, und blühte dort erst richtig auf. Schon
bald vertauschte sie ihre schweren Wollkleider gegen leichtere
Kreationen, wie sie im Amerika der zwanziger Jahre Mode
waren. In dem aufstrebenden Astrophysiker Harlow Shapley
fand sie einen Doktorvater und genoß die Freiheit im Studen-
tenwohnheim und die anregenden Diskussionen über aktuelle
Themen in den Seminaren. Sie platzte schier vor Begeisterung.

Und genau das hätte alles weitere verhindern können. Un-
gezügelter Enthusiasmus ist für junge Forscher gefährlich.
Wenn sie sich für ein neues Gebiet begeistern, an der Arbeit
ihrer Professoren und Kommilitonen unbedingt teilhaben
wollen, dann versuchen sie gewöhnlich, sich der Vorgehensweise der anderen anzupassen. Aber junge Wissenschaftler, deren Arbeiten aus der Masse herausragen, wollen dies aus gutem
Grund vermeiden und halten kritische Distanz. Einstein hatte
keinen besonderen Respekt vor seinen Züricher Professoren.
Die meisten hielt er für reine »Arbeiter«, die niemals die
Grundlagen ihres Faches hinterfragten. Faraday gab sich nie
mit Erklärungen zufrieden, die seine innersten religiösen Gefühle nicht einbezogen. Lavoisier fühlte sich von der unexak-
ten Chemie abgestoßen, die seine Vorgänger betrieben und
gelehrt hatten. Bei Payne stellte sich die nötige Distanz ein, als
sie ihre lustigen Kommilitonen der *Ivy League* (einer losen Vereinigung von Colleges und Universitäten im Nordosten der
Vereinigten Staaten, darunter Harvard, Yale und Princeton)
näher kennenlernte. Schon nach kurzer Zeit »erzählte ich einer Kommilitonin, daß ich eines der anderen Mädchen im
Wohnheim des *Radcliffe College* mochte. Sie war entsetzt:
›Aber die ist doch Jüdin!‹ – Dies verwirrte mich nun wirklich.
… Dieselbe Einstellung fand ich auch häufig gegenüber Leuten afrikanischer Abstammung.«

Sie bekam auch einen Eindruck davon, was sich hinter den Kulissen des Observatoriums abspielte. Damals, man schrieb das Jahr 1923, verstand man unter einem Rechner (englisch *computer*) kein elektrisches oder gar elektronisches Gerät, sondern einen Menschen, dessen Aufgabe darin bestand, Berechnungen durchzuführen. In Harvard waren dies meist desillusionierte alte Jungfern, die in den Hinterzimmern der Sternwarte arbeiten mußten. Einige von ihnen waren wahre naturwissenschaftliche Talente. (»Ich hätte immer gern die Infinitesimalrechnung erlernt«, erzählte die eine, »aber [der Direktor] wollte es nicht.«) Doch derartige Wünsche hatte man ihnen längst ausgetrieben, indem man sie seit Jahren mit endlosen Meßreihen von Sternpositionen oder mit dem Katalogisieren ganzer Bände früherer Ergebnisse beschäftigte. Wenn sie heirateten, konnten sie entlassen werden, und das gleiche Schicksal drohte ihnen, wenn sie sich über ihre schlechte Entlohnung beklagten.

Schon Lise Meitner hatte ihre Probleme gehabt, ehe sie in Berlin mit den Forschungen beginnen konnte, aber sie waren harmlos im Vergleich zu dem trostlosen, menschenverachtenden Sexismus, der hier herrschte. Einige der (menschlichen) Harvard-«Computer« hatten in jahrzehntelanger Arbeit, tief über die Pulte gebeugt, die Daten von über 100.000 Spektrallinien zu Papier gebracht. Doch deren Bedeutung oder gar der Zusammenhang mit den neuesten Entwicklungen in der Physik blieb ihnen für immer verborgen.

Cecilia Payne war keineswegs bereit, sich ebenso abschieben zu lassen. Spektralwerte können ihre Eindeutigkeit verlieren, wenn sich zwei Linien überschneiden. Payne überlegte nun, wie stark die Methode, nach der ihre Professoren die Linien voneinander trennten, davon abhing, was sie zuvor vermutet hatten. Betrachten wir als Beispiel die folgenden Buchstaben. Versuchen Sie einmal, die Wörter möglichst schnell zu erkennen:

                    k e i n

                    e r l i

                    e s t d

                    a s l e

                    i c h t

Das ist nicht einfach. Aber irgendwann erkennen Sie den Satz:
»Keiner liest …«. Als Cecilia Payne in den zwanziger Jahren in
Boston mit ihrer Dissertation begann, wollte sie eine neue
Theorie für die Interpretation spektroskopischer Daten begründen und erweitern. Ihre Arbeit war natürlich weitaus
komplizierter, als es unser obiges Beispiel auch nur erahnen
läßt, denn viele Spektrallinien im Sonnenlicht sind Überlage-
rungen von Linien verschiedener Elemente. Außerdem treten
aufgrund der hohen Temperatur Verzerrungen auf.

Eine weitere einfache Analogie soll nun zeigen, wie Payne
vorging. Die Astronomen waren damals überzeugt davon, daß
das Eisen in der Sonne eine große Rolle spielt (auf der Erde
und in den Asteroiden kommt es ja einigermaßen häufig vor).
Demnach gab es nur eine Möglichkeit, eine Gewirr von
Spektrallinien zu entwirren und zu deuten. Nehmen wir also
an, die Linien hätten folgenden Buchstaben entsprochen:

                t h e y s a i d i r o n a g a i e n

Wenn wir die Buchstaben strukturieren, lesen wir:

                t h e y   s a i d   **i r o n**   a g a i e n

(»Wieder sagten sie Eisen.«) Wir wollen einmal großzügig darüber hinwegsehen, daß statt *again* (deutsch: *wieder*) hier *agaien*
geschrieben wurde. Der zusätzliche Buchstabe *e* könnte ja einer fehlerhaft zugeordneten Spektrallinie oder einer noch unbekannten Substanz in der Sonne entsprechen, vielleicht auch
von einem noch ungeklärten Vorgang herrühren. Bei physika-

lischen Messungen treten des öfteren Ungereimtheiten auf. Aber Payne stellte keine vorschnellen Spekulationen an und hütete sich auch vor Vorurteilen. Womöglich könnte dies ja auch so zu lesen sein:

t h e y s a i d i r o n a g a i e n

(Die fett hervorgehobenen Buchstaben ergeben das englische Wort *hydrogen,* zu deutsch: *Wasserstoff*). Payne ging die Spektrallinien wieder und wieder durch, um solche Merkwürdigkeiten aufzuklären. Bis dahin waren die Forscher stets davon ausgegangen, daß das Eisen eine wichtige Rolle spielt. Doch man konnte, ohne die Interpretation allzusehr zu strapazieren, statt Eisen auch Wasserstoff herauslesen.

Noch bevor Payne ihre Dissertation abgeschlossen hatte, sprachen sich ihre Ergebnisse unter den Astrophysikern herum. Da kam also nun eine junge Kollegin und behauptete, die Sonne bestehe zu über 90 Prozent aus *Wasserstoff,* und der Rest setze sich zum größten Teil aus dem fast ebenso leichten Element Helium zusammen. Wenn sie damit recht hätte, müßte man ganz neu überlegen, woher die Energie beim Brennen der Sterne kommt. Der Atomkern des Eisens ist so stabil, daß sich niemand vorstellen konnte, wie aus ihm gemäß der Beziehung $E = mc^2$ die enormen Energiemengen entstehen können, die unsere Sonne ständig erzeugt. Aber wer wußte nun, was der Wasserstoff ausrichten kann?

Die alte Garde wußte es: Der Wasserstoff konnte gar nichts ausrichten; er war nicht vorhanden, und er konnte nicht einmal vorhanden sein. Ihre Reputation – all ihre eingehenden Berechnungen, ihr Einfluß und ihre Seilschaften – stand und fiel damit, daß die Vorgänge in der Sonne vom Eisen bestimmt wurden. Schließlich hatte diese junge Dame ja nur die Spektrallinien aus dem äußeren Rand der Sonne untersucht, nicht aber die aus ihrem Inneren. Vielleicht wurden Paynes Ergebnisse einfach durch Temperaturänderungen oder durch Mischvorgänge verfälscht, die sich dort oben abspielten. Ihr Doktorvater erklärte ihre Resultate für falsch. Dem schloß sich auch *sein* alter Doktorvater, der herrische Henry Norris Russell, an. Und gegen ihn konnte man kaum ankommen. Russell war äußerst anmaßend und hätte niemals auch nur den Gedanken akzeptiert, er könne sich geirrt haben. Zudem entschied er über die meisten Forschungsstipendien und Stellen für Astronomen an den Universitäten der Neuengland-Staaten.

Payne versuchte noch eine Zeitlang, ihre Position zu verteidigen: Sie wiederholte ihren Beweis, und sie legte dar, warum ihre Interpretation der Spektrallinien – mit Wasserstoff als dem entscheidenden Element in der Sonne – zumindest ebenso plausibel war wie die Eisen-Hypothese. Und sie wies sogar darauf hin, daß neue Erkenntnisse der theoretischen Physik, in Europa gerade publiziert, darauf hindeuteten, auf welche Weise der Wasserstoff an der Energieerzeugung in der Sonne beteiligt sein könnte. All das interessierte niemanden. Sie wandte sich auch an Eddington, doch dieser hielt sich heraus, vielleicht aus Überzeugung, vielleicht aus Vorsicht gegenüber Russell – vielleicht auch deshalb, weil er als Junggeselle mittleren Alters vor der emotionalen Zuwendung einer jungen Kollegin zurückschreckte. Ihr Freund aus Studententagen in Cambridge, der junge Blondschopf Edward Milne – inzwischen ein arrivierter Astronom – versuchte, ihr zu helfen, hatte jedoch nicht genug Einfluß. Zwischen Payne und Russell entspann sich ein Briefwechsel, doch wenn sie ihre Forschungsergebnisse als Studienabschluß akzeptiert sehen wollte, mußte sie widerrufen. Bevor ihre Dissertation schließlich publiziert wurde, hatte sie den demütigenden Satz einzufügen: Der enorme Anteil [an Wasserstoff] … ist höchstwahrscheinlich nicht vorhanden.«

Doch einige Jahre später wurden Paynes Ergebnisse weithin anerkannt, denn unabhängige Forschungen an anderen Instituten hatten ihre neue Interpretation der spektroskopischen Daten bestätigt. Damit war klar, daß sie recht gehabt hatte und ihre Professoren sich geirrt hatten.

Obwohl sich die höchmögenden Herren niemals wirklich entschuldigten und Paynes Karriere weiter zu hintertreiben versuchten, war nun der Weg frei, mit Hilfe der Gleichung $E = mc^2$ das Feuer unserer Sonne zu erklären. Payne hatte gezeigt, daß der wirkliche Brennstoff dort oben im Raum schwebt und daß die Sonne und alle sichtbaren Sterne gewaltige Energiequellen sind, deren Wirkung stets auf der Beziehung $E = mc^2$ beruht. Dabei scheint Wasserstoff vernichtet zu werden. Doch in Wirklichkeit wird er in ein anderes Element umgeformt, wobei gemäß Einsteins Gleichung ein Teil der Materie in Energie umgewandelt wird. Mehrere Forscher machten sich nun daran, die Zusammenhänge genauer zu klären. Den größten Beitrag hierzu leistete Hans Bethe – derselbe Mann, der später, 1943, das Memorandum an Oppenheimer mitverfaßte, in dem von der andauernden Bedrohung durch Deutschland die Rede war.

In der Atmosphäre der Erde fliegen die vielen Wasserstoffmoleküle einfach aneinander vorbei. Selbst der Druck eines ganzen Gebirges könnte nicht dazu führen, daß ihre Atomkerne sich berühren. Im Zentrum der Sonne jedoch ist der Druck unter einer Abertausende von Kilometern dicken Materieschicht so stark, daß die Wasserstoffkerne aufeinandergepreßt werden und miteinander reagieren. Dabei entstehen Kerne des Elements Helium.

Wenn das alles wäre, was geschieht, wäre es nicht sehr bedeutsam. Doch Bethe und andere Astrophysiker zeigten, daß auch bei der Reaktion von vier Wasserstoffkernen die ganz spezielle subatomare Arithmetik zum Tragen kommt, wie sie Lise Meitner und ihr Neffe Robert Frisch an jenem Weihnachtstag inmitten der verschneiten schwedischen Landschaft erarbeitet hatten. Wir können für die Massensumme der vier gleichen Wasserstoffkerne einfach 1+1+1+1 schreiben. Aber die Masse des entstandenen Heliumkerns ist nicht gleich vier! Er wiegt ungefähr 0,7 Prozent weniger, hat also nur 3,993 Masseneinheiten. Und genau der »verschwundene« Massenanteil von 0,7 Prozent kommt als Energie zum Vorschein.

Dieser Anteil erscheint unbedeutend. Die Sonne ist aber viele tausend mal größer als die Erde, und der gesamte Wasserstoff in diesem gewaltigen Volumen ist als Brennstoff verfügbar. Die Bombe über Japan hatte eine ganze Stadt vernichtet, einfach dadurch, daß ein paar Dutzend Gramm Uran in Energie umgewandelt wurden. Die Sonne ist deshalb eine so viel mächtigere Energiequelle, weil in ihr *pro Sekunde vier Millionen Tonnen* Wasserstoff in Energie umgesetzt werden. Ihr Licht reicht bis zum Stern Alpha Centauri, der 4,3 Lichtjahre beziehungsweise 40 Billionen Kilometer von uns entfernt ist, und muss auch auf uns unbekannten Planeten zu sehen sein, die andere Sterne in den unermeßlichen Weiten unserer spiralförmigen Galaxis umrunden.

Die Sonne pumpt also ständig pro Sekunde eine unvorstellbare Energiemenge in den Raum – sie tat das, als Sie heute morgen aufwachten, als Einstein im Jahre 1905 seine Gleichung aufstellte, als Mohammed im Jahre 622 nach Medina floh oder als 202 v. Chr. die erste der Han-Dynastien in China an die Macht kam. Energie aus Millionen von Tonnen pro Sekunde »verschwindender« Materie strahlte auch auf die Dinosaurier herab, die bis vor rund 70 Millionen Jahren die Erde bevölkerten. Mit anderen Worten: Seit die Erde um die Sonne kreist, wird sie von dieser aus Materie produzierten Energie erwärmt.

15

Die Entstehung der Erde

Unter anderem durch Cecilia Paynes Arbeiten wurde klar, daß unsere Sonne und alle anderen Sterne am Himmelsgewölbe mächtige Energiequellen sind, deren Funktion auf der Gleichung $E = mc^2$ beruht. Aber für sich allein hätte die Wasserstoff-Verbrennung leicht zu einem unfruchtbaren, toten Universum führen können. Schon früh in der Geschichte des Universums hätte es dann große Feuer gegeben, in denen die Wasserstoffsterne ihr Helium erzeugten. Irgendwann wäre schließlich der gesamte ursprüngliche Wasserstoff verbraucht gewesen, und die durch die Gleichung $E = mc^2$ beschriebenen Feuer hätten Unmengen an Helium als Asche zurückgelassen. Doch sonst wäre nichts entstanden.

Damit das Universum sich so herausbilden konnte, wie wir es kennen, mußte noch irgendein anderer Mechanismus am Werk gewesen sein, der Kohlenstoff, Sauerstoff, Silizium und all die anderen Elemente hervorbrachte, aus denen die Planeten und die Lebewesen auf ihnen bestehen. Diese Elemente sind größer und komplexer als die Kerne, die aus der relativ einfachen Kernreaktion von Wasserstoff zu Helium resultieren.

Payne war selbstbewußt genug gewesen, die zu ihrer Zeit geltende Lehrmeinung zu bezweifeln, wonach die Sterne vor allem aus Eisen bestanden. Dadurch wurde eine weitere Erkenntnis möglich: Die Sterne enthalten genug Wasserstoff, um die energieliefernde Reaktion von *vier* Wasserstoffkernen zu *einem* etwas leichteren Heliumkern über längere Zeit aufrechtzuerhalten. Aber dieser Vorgang ist mit der Entstehung von Helium beendet. Wer hatte jetzt den Mut und die Verwegenheit, zu zeigen, wie – ebenfalls gemäß der Beziehung $E = mc^2$ – die vielen anderen Elemente entstanden waren, die unseren Planeten und auch die Lebewesen auf ihm hervorgebracht hatten?

Als Payne 1923 an die *Harvard University* in Cambridge (im US-Bundesstaat Massachusetts) kam, war in einem Ort im englischen Yorkshire ein Lehrer einem siebenjährigen Jungen auf die Schliche gekommen, der den größten Teil des zurückliegenden Schuljahrs im örtlichen Kino verbracht hatte. Obwohl der Junge, ein gewisser Fred Hoyle, eifrig beteuerte, dies sei für seine Ausbildung gut gewesen – schließlich habe er sich durch Entziffern der Untertitel auf der Leinwand das Lesen beigebracht –, wurde er gezwungen, wieder zur Schule zu gehen. Später sollten gerade seine Arbeiten dazu beitragen, die Vorgänge in der Sonne weiter zu klären.

Ungefähr ein Jahr nach Hoyles Rückkehr in die Schule, erhielt seine Klasse den Auftrag, wild wachsende Blumen zu sammeln. Zurück im Klassenzimmer, sortierte der Lehrer die Blumen und diktierte den Schülern die Namen. Eine der Blumen hatte gemeinhin fünf Blütenblätter. Hoyle sah sich sein Exemplar dieser Pflanze genauer an: Es hatte sechs Blütenblätter. Das war sehr merkwürdig. Hätte die Blume ein Blütenblatt zu wenig gehabt, wäre das leicht dadurch zu erklären gewesen, daß er aus Versehen eines abgerissen hatte. Aber wie konnte die Blüte ein Blatt zuviel haben? Er grübelte noch darüber nach, als er undeutlich eine scharfe Stimme hörte. Aber nicht nur das. »Der Schlag wurde mit der flachen Hand auf mein Ohr ausgeführt«, schrieb er später, »…auf das Ohr, das später ertauben sollte. Überdies hatte ich dergleichen überhaupt nicht er-

Fred Hoyle
AIP Emilio Segrè Visual Archives, Physics Today Collection

wartet, hatte also keine Möglichkeit, vor dem Schlag auch nur ein Zoll weit zurückzuweichen, um ihm die Wucht zu nehmen und mein Trommelfell und Mittelohr zu schützen.«

Der Junge brauchte etliche Minuten, um sich einigemaßen zu fassen. Aber dann ging er nach Hause und erzählte seiner Mutter, was geschehen war. »Ich sagte ihr, ich hätte es drei Jahre lang mit der Schule probiert. Aber wenn man nach drei Jahren nicht herausfindet, was daran gut sein soll, wann denn dann?«

Seine Mutter sah das auch so, ebenso sein Vater. Der hatte als Soldat an der Westfront zwei Jahre lang nur deshalb überlebt, weil er die alles andere als genialen Befehle seiner vornehmen Offiziere einfach mißachtete: Um die Maschinengewehre zu testen, hätte er im Zehn-Minuten-Takt feuern sollen (was den Deutschen natürlich den Standort seines Trupps verraten hätte). Es dauerte aber noch ein Jahr, bis Fred Hoyle wirklich erlöst war. »Jeden Morgen frühstückte ich und verließ das Haus, als ob ich zur Schule ginge. Aber ich ging in die Fabriken und

Werkstätten von Bingley. Da gab es große Maschinen mit ratternden Riemenscheiben, und da arbeiteten Schmiede und Zimmerleute. ... Alle schienen meine vielen Fragen nur zu gern zu beantworten.«

Nach einiger Zeit wurde er wieder zum Schulbesuch gezwungen; doch diesmal erkannten einige nettere Lehrer sein Talent und sorgten auch dafür, daß er ein Stipendium bekam. Schließlich studierte er Mathematik und Astrophysik an der Universität Cambridge. Seine Leistungen waren so gut, daß der äußerst zurückhaltende Paul Dirac ihn als Student annahm – so etwas war bis dahin noch nicht vorgekommen –, und er sogar von Paynes altem Professor Eddington zum Tee eingeladen wurde. Über Payne sprach man allerdings nicht, da Gerüchte über eine Art intellektueller »Schande« kursierten, in die sie in Harvard geraten sei. (Die Geschichte war inzwischen umgeschrieben worden: Henry Norris Russell und die anderen deuteten jetzt an, sie hätten »immer schon« gewußt, daß die Sonne einen großen Anteil an Wasserstoff enthält.)

Bei der Frage, wie es kommt, daß die Sterne zur Erzeugung weiterer Energie gemäß der Formel $E = mc^2$ auch Helium benutzen können, war man inzwischen noch nicht viel weiter gekommen als Payne und ihre unmittelbaren Nachfolger in den zwanziger Jahren. Die Hitze von über 10 Millionen Grad Celsius mitten in der Sonne reicht gerade einmal aus, die positiven Ladungen von vier Wasserstoffkernen soweit zusammenzupressen, daß ein Heliumkern entsteht. Um aber Heliumkerne zu einer weiteren Kernreaktion zu veranlassen, die schwerere Kerne anderer Elemente hervorbrächte, müßte die Temperatur viel höher sein.

Wo konnte es etwas noch Heißeres geben als das Zentrum eines Sterns?

Jetzt kam Hoyles Angewohnheit zum Tragen, die verschiedenen Aspekte eines Phänomens auf seine Weise zu kombinieren. Zu Beginn des Zweiten Weltkriegs war er einem Team zugeteilt worden, das sich mit der Weiterentwicklung des Radars befaßte. Und im Dezember 1944 hielt er sich nach einer Informationsreise durch die Vereinigten Staaten in Montreal auf, wo er auf einen der seltenen Flüge über den Atlantik wartete.

Während seiner Erkundungsgänge durch die Stadt und die nähere Umgebung erfuhr Hoyle von einer britischen Forschungsgruppe am Chalk River (etwa 160 Kilometer von Ottawa entfernt). Obwohl ihm offiziell niemand etwas über das Manhattan-Projekt erzählte, konnte er doch anhand der genannten Personen – deren Arbeiten er zum Teil aus der Vorkriegszeit in Cambridge, England, kannte – nach und nach darauf schließen, was in dem streng geheimen Projekt in Los Alamos im wesentlichen vor sich ging.

Wie er einigen vor dem Krieg veröffentlichten Berichten entnommen hatte, erhielt man das Rohmaterial für eine Bombe am einfachsten dadurch, daß man in einem Reaktor durch Bestrahlung Plutonium erzeugt. Hoyle wußte außerdem, daß Großbritannien noch nicht versucht hatte, Reaktoren zu bauen. Daraus schloß er, daß die Spezialisten unvermutet auf ein Problem bei der Anwendung von Plutonium gestoßen waren; wahrscheinlich konnte man die Zündung nicht ausreichend stark beschleunigen. Als er nun von den Arbeiten in Kanada erfuhr (zum Team gehörten auch einige Spezialisten für die theoretische Berechnung von Explosionen), wurde ihm klar, daß das Problem inzwischen gelöst sein mußte.

Oppenheimer und Groves hatten das Team, das sich in Los Alamos mit der Plutoniumexplosion befaßte, mit Hilfe von Stacheldraht, bewaffneten Wachen und etliche Sicherheitsoffiziere auf jede erdenkliche Weise sichern lassen. Aber das nützte nichts gegen den findigen Mann, dem es als Junge gelungen war, das strenge Schulregiment in einem englischen Dorf zu überlisten. Als ihm in Montreal endlich ein Flug nach Europa reserviert wurde, hatte Hoyle bereits einen Überblick darüber, was Oppenheimers zahlreiche Spezialisten bewiesen hatten. Eine Substanz wie Plutonium, die aufgrund von Kernreaktionen nicht von allein vollständig explodiert, wird dies tun, wenn man ihre Atome von außen schnell genug zusammenpreßt. Diese Implosion steigert den Druck und die Temperatur so weit, daß die Kettenreaktion einsetzen kann.

Bis jetzt hatten die Forscher an eine räumlich eng begrenzte, intensive Implosion gedacht, zum Beispiel an eine Plutoniumkugel von einigen Zentimetern Durchmesser. Aber warum mußte sie so klein sein? Die Implosion war eine inzwischen leistungsfähige Methode. Hoyle dachte nun weiter und überlegte, ob sie wohl auch in den Sternen eine Rolle spielen könnte.

Wenn ein Stern jemals implodierte, so würde er heißer werden. Die Temperatur läge dann nicht mehr unter 20 Millionen Grad Celsius, sondern könnte im Zentrum – wie Hoyle überschlägig errechnete – bis auf fast 100 Millionen Grad Celsius ansteigen. Das würde ausreichen, um sogar die größeren Kerne der schwereren Elemente zusammenzudrücken. So könnten aus Heliumkernen dann Kohlenstoffkerne entstehen, und bei noch stärkerer Implosion würde der Stern noch heißer, und es entstünden weitere Kerne: die von Sauerstoff, Silizium und Schwefel wie auch die von allen anderen natürlichen Elementen.

Alles hing davon ab, ob ein Stern eine derartige Implosion wirklich durchmacht. Hoyle entdeckte nun einen plausiblen Grund dafür, daß dies eintreten muß. Wenn ein Stern mit 20 Millionen Grad Celsius noch relativ »kühl« ist und nur Wasserstoff verbrennen kann, muß sich das entstandene Helium wie die Asche in einem Kamin ansammeln. Wenn der gesamte Wasserstoff verbraucht ist, kommt die Verbrennung zum Erliegen, und die äußeren Bereiche des Sterns werden nicht mehr durch das Feuer im Inneren nach außen gedrückt. Dadurch können sie nach innen stürzen – gerade so wie in der in Los Alamos entwickelten Plutoniumbombe.

Wenn ein Stern implodiert, steigt die Temperatur auf jene 100 Millionen Grad Celsius, die ausreichen, um die Helium-Asche erneut zu entzünden. Ist das Helium verbraucht, so entsteht Kohlenstoff als Asche, und die nächste Phase wird erreicht. Der Kohlenstoff kann jedoch bei 100 Millionen Grad Celsius noch keine Kernreaktionen eingehen; dazu bedarf es einer weiteren Kompression und Erhitzung. Dann aber laufen weitere Reaktionen ab. Das ist beinahe so, als stürze ein vielgeschossiges Gebäude allmählich in sich zusammen, wobei die Stützen der einzelnen Stockwerke nach und nach wegbrechen. Bei den Vorgängen in den Sternen spielt die Gleichung $E = mc^2$ in jeder Phase die zentrale Rolle – zuerst vom Wasserstoff zum Helium, dann vom Helium zum Kohlenstoff, dann zu den schwereren Elementen. Stets wird dabei ein Teil der Masse in eine ungeheure Energiemenge umgewandelt.

Es waren noch etliche Details zu klären, wozu auch Hoyle in der Folgezeit viel beitrug. Doch die bei der Entwicklung der Atombombe gewonnenen Erkenntnisse waren dabei entscheidend, die Vorgänge in den Sternen aufzuklären. Hoyle hatte den Implosionsprozeß bei einigen Kilogramm Plutonium, die man auf der Erde mühsam gewinnen mußte, einfach auf eine Kugel glühender Gase – einen Stern – übertragen, der einen Durchmesser von Hunderttausenden von Kilometern haben und ungeheuer weit von uns entfernt sein kann. Hoyle hatte erkannt, wieso Sterne auch jene Elemente erzeugen können, die für unser Leben hier auf der Erde wesentlich sind. Wenn die größeren unter diesen Sternen ihren letzten Brennstoff verbraucht haben, dann – so wurde nun klar – müssen sie auseinanderbrechen, und alles, was bis dahin in ihnen entstanden ist, wird in den Weltraum hinausgeschleudert.

Wir neigen dazu, unseren Planeten für sehr, sehr alt zu halten. Aber als er entstand, war das Himmelsgewölbe selbst bereits alt, und in ihm gab es schon Millionen explodierter Sternriesen. Deren Explosionen hatten Silizium, Eisen und sogar Sauerstoff in den Raum geschleudert. Aus diesen und vielen anderen Elementen bildete sich dann unter anderem die Erde.

Bei den Explosionen der alten Sterne entstanden auch instabile Elemente wie Uran und Thorium. Sie gelangten ebenfalls in die Materiewolke, aus der sich die Erde zu formen begann. In der Tiefe der Gesteine zerfallen sie seitdem und setzen dabei aus ihren Atomkernen ständig Teilchen und auch Strahlungsenergie frei; diese Freisetzung nennen wir Radioaktivität.

Die Zerfallsvorgänge der schweren, instabilen Elemente – zum Beispiel des Urans – haben dafür gesorgt, daß sich die Erde tief in ihrem Inneren nicht allzu stark abkühlte, nachdem sie sich aus einer gigantischen Materiewolke zusammengeballt hatte. Diese ständige Energiefreisetzung, wiederum gemäß $E = mc^2$, bewirkte also auch, daß die Kontinente immer noch, fast wie Eisschollen, auf flüssigem Gestein schwimmen.

In einigen Gebieten stießen Teile der dünnen Erdkruste im Laufe von Jahrmillionen besonders heftig zusammen; dabei falteten sich hohe Gebirge auf, zum Beispiel die Alpen, der Himalaja oder die Anden. In anderen Gegenden wurde die Erdoberfläche fast zerrissen, und es entstanden Spalten oder Gräben, zum Beispiel die San-Andreas-Spalte an der amerikanischen Westküste, das Rote Meer und der sogenannte Zentralgraben im Atlantik. In den tiefer gelegenen Regionen der Erde sammelte sich allmählich Wasser, das aus der Reaktion von Wasserstoff mit Sauerstoff hervorgegangen war. So entstanden vor Urzeiten die Weltmeere. Tief im Inneren der Erde hatte sich unter anderem zähflüssiges Eisen angesammelt, das – durch die Rotation der Erdkugel angetrieben – ebenfalls rotierte, allerdings etwas langsamer. Dies ist die Ursache des für uns unsichtbaren Magnetfelds, das seit über vier Milliarden Jahren die Erde durchdringt und umgibt. Magnetfelder solcher Art konnte Michael Faraday im neunzehnten Jahrhundert bei seinen Experimenten im Kellergeschoß der *Royal Society* in London künstlich erzeugen. Er beschrieb auch als erster ihre Eigenschaften. Das Erdmagnetfeld trägt dazu bei, die Erde gegen die intensive Strahlung aus dem Weltraum abzuschirmen, und schaffte somit eine Voraussetzung dafür, daß sich auf der Erdoberfläche nach einiger Zeit die ersten kohlenstoffhaltigen Moleküle bilden konnten.

Seit Urzeiten brechen immer wieder Vulkane aus, weil das Erdinnere – wie bereits erwähnt – noch kaum abgekühlt ist. Sie schleudern glutflüssiges Gestein und heiße Gase heraus, und die noch aktiven Vulkane werden immer von neuem aus dem Erdinneren mit Nachschub versorgt, fast wie mit einem Förderband. Bei solchen Vorgängen gelangten nach und nach bestimmte Spurenelemente an die Erdoberfläche, die letztlich zur Fruchtbarkeit des Bodens beitrugen. Auch ausgedehnte Wolken von Kohlendioxid gelangten nach oben. Dieses Gas bewirkte unter anderem, daß die Atmosphäre des noch jungen Planeten nicht abkühlte, was später die Entstehung des Lebens begünstigte. Besonders spektakulär sind Ausbrüche von Tiefseevulkanen, oft Tausende von Metern unter dem Meeresspiegel. Sie transportieren besonders viel Energie vom Erdinneren nach oben. Manche fördern dabei so riesige Gesteinsmengen an die Eroberfläche, daß sie allmählich als Inseln aus dem Meer auftauchen, wie etwa die Inselgruppe Hawaii im Pazifischen Ozean.

Einige Milliarden Jahre nach der Entstehung der Erde organisierten sich die schon erwähnten kohlenstoffhaltigen Moleküle zu immer komplexeren Lebewesen, und schließlich trat der Mensch auf den Plan. Wir leben in einer Atmosphäre aus

Stickstoff und Sauerstoff, die in den Sternen entstanden, wir rühren in unserem Kaffee, der den gleichen Wasserstoff enthält wie unsere Sonne, und wir denken darüber nach, wie es dazu kam, daß es uns gibt. Wir leben auf einem Planeten, wo die Gleichung $E = mc^2$ immer noch ihre Wirksamkeit entfaltet – nicht zuletzt auch in unserer modernen Technik.

In den Atombomben fand die Erkenntnis, daß sich Materie in Energie verwandeln kann, zum erstenmal Anwendung. Anfangs gab es nur einige Bomben, mühsam in den Labors des Manhattan-Projekts zusammengebaut, doch nach dem Zweiten Weltkrieg – und nach der Zerstörung von Hiroshima und Nagasaki – wurden sie in großer Zahl produziert. Dafür errichtete man riesige Fabriken und gründete Forschungsinstitute. Bis Ende der 50er Jahre wurden mehrere hundert Atombomben, darunter auch Wasserstoffbomben, gebaut. Und noch heute, nach dem Ende des Kalten Krieges, lagern viele Tausende solcher Bomben in den Arsenalen. Um ihre Konstruktion immer weiter zu verbessern, wurden Hunderte von oberirdischen Sprengversuchen unternommen; dabei gelangten Unmengen radioaktiver Teilchen in die Stratosphäre, erreichten allmählich jeden Ort auf unserer Erde und wurden von praktisch allen menschlichen und tierischen Organismen aufgenommen.

Man baute Atom-Unterseeboote, jedes mit einem mittelgroßen Kernreaktor an Bord, dessen Wärme die Turbinen antreibt. Diese U-Boote sind furchterregende Waffen, trugen jedoch in den gefährlichsten Phasen des Kalten Krieges zu einem seltsames Gleichgewicht des Schreckens bei. Ältere Unterseeboote, wie sie im Zweiten Weltkrieg eingesetzt wurden, konnten nicht lange auf Gefechtsposition bleiben. An der Oberfläche waren sie kaum schneller als ein Radfahrer und getaucht kaum schneller als ein Fußgänger. Schon auf halbem Wege über den Atlantik oder den Pazifik mußten sie – was

während des Krieges natürlich schwierig war – wieder aufge-
tankt werden; andernfalls mußten sie unverrichteter Dinge
umkehren. Die modernen russischen und die US-amerikanischen Atom-Unterseeboote jedoch können nahe an das Zielgebiet fahren und dort wochen- oder gar monatelang unter
Wasser verharren. Nicht zuletzt diese Möglichkeit führte zu einer gefährlichen militärischen Pattsituation zwischen Ost und
West. Immerhin hütete sich aber jede der beiden Seiten vor irgendwelchen Aktionen, die die Gegenseite zum Abfeuern der
Raketen von diesen U-Booten hätte provozieren können.

An Land wurden große Kernkraftwerke gebaut, mit denen
man Elektrizität zur Versorgung von Industrie und Bevölke-
rung erzeugt. Auch hier wird – wie in der Atombombe, allerdings gebremst und kontrolliert – Masse in Energie umgewandelt, wieder gemäß der Gleichung $E = mc^2$. Diese Wärmeenergie treibt dann die Turbinen an, die den Strom erzeugen.
Das ist nicht die vernünftigste Art der Energiegewinnung,
weil hier selbst Störfälle, deren Ursache gar nicht im eigentlichen Kernreaktor liegt, letztlich unvorstellbare Schäden an-
richten können. Und nichts schreckt Manager mehr als der
Begriff der »unbegrenzten Haftung«. Die noch lange nach
dem Betriebsende eines Reaktors radioaktiv belasteten Mauern und Fundamente sowie natürlich die während der gesamten Betriebszeit verbrauchten Brennstäbe stellen ein enormes
Gefährdungspotential dar und müssen verantwortungsbewußt
gelagert werden. In Frankreich werden solche Belastungen offenbar toleriert, und Klagen gegen die Betreiber sind aus-
sichtslos; hier wird der elektrische Strom zu rund drei Vierteln
in Kernkraftwerken erzeugt. Wenn nachts der Eiffelturm an-
gestrahlt wird, stammt auch die dafür nötige Energie aus
gebremsten Kettenreaktionen, die – ungebremst – die gleichen sind wie die in den 1945 über Japan abgeworfenen
Atombomben.

Es gibt zahlreiche technische Anwendungen der Radioaktivität, von denen kaum jemand etwas weiß. So enthalten beispielsweise manche Rauchmelder eine kleine Menge des radioaktiven Elements Americium. Wenn Rauch eindringt, verändert sich der radioaktive Strahl, wodurch das Alarmsignal ausgelöst wird. Notbeleuchtungen in Kinos oder Einkaufszentren müssen auch nach einem Ausfall der Stromversorgung funktionieren. Einige Typen dieser Geräte enthalten etwas Tritium (überschweren Wasserstoff), dessen Strahlung auf eine Leuchtschicht trifft, anhand derer sich die Menschen auch in der Dunkelheit orientieren und den Ausgang finden können.

Auch in der Medizin wird in letzter Zeit die Radioaktivität häufig genutzt. Bei der Positronenemissions-Tomographie (PET), einer sehr leistungsfähigen Diagnosemethode, atmet der Patient ein schwach radioaktives Sauerstoffisotop ein. In einem speziellen Gerät wird dann festgestellt, an welchen Stellen sich wieviel davon noch im Körper befindet oder wieviel ihn pro Stunde verläßt. Auf diese Weise können krankhafte Veränderungen oder Störungen im Organismus (Krebsgeschwüre, Blutgerinnsel oder anderes) sehr zuverlässig aufgespürt werden, aber auch die Verteilung und der Wirkort von Medikamenten (zum Beispiel Psychopharmaka) oder Drogen können damit untersucht werden. Bei der Strahlentherapie von Tumoren werden winzige Mengen radioaktiver Elemente wie Kobalt in die Geschwulst eingespritzt. Dort soll die radioaktive Strahlung die kranken Zellen an der Vermehrung hindern, indem sie ihre DNA zerstört, und sie möglichst auch abtöten.

Eine instabile Variante des Kohlenstoffatoms bildet sich — vor allem im Kohlendioxid — ständig infolge der im Universum allgegenwärtigen kosmischen Strahlung, jedoch nur in großer Höhe, weil die Erdatmosphäre die Strahlung dort noch nicht absorbiert hat. Dieser instabile Kohlenstoff verteilt sich in der Atmosphäre, und alle Lebewesen nehmen ihn seit Urzeiten mit der Luft auf. Mit einem extrem empfindlichen Geigerzähler konnte man den Zerfall der instabilen Kohlenstoffatome nachweisen. (Auch der Geigerzähler nutzt die Einsteinsche Gleichung $E = mc^2$, denn jedes Ticken von ihm zeigt an, daß wieder ein Atomkern zerfallen ist und einen Teil seiner Masse in Energie verwandelt hat.) Wenn wir nicht mehr atmen – oder sobald ein Tier oder eine Pflanze stirbt –, wird kein neuer, instabiler Kohlenstoff mehr zugeführt, und der Geigerzähler wird mit der Zeit immer langsamer ticken, weil wegen des ständigen Zerfalls immer weniger instabile Kohlenstoffkerne vorhanden sind.

Dieser instabile Kohlenstoff ist das berühmte Isotop C-14. Man bezeichnet es zuweilen auch als »Kohlenstoffuhr«, welche die Archäologie geradezu revolutioniert hat. Hier nutzt man die eben beschriebene zeitliche Abnahme der Aktivität aus, um das Alter abgestorbener Lebewesen zu ermitteln. Mit Hilfe dieser Kohlenstoffdatierung wurde beispielsweise nachgewiesen, daß das berühmten Turiner Grabtuch, angeblich das Grabtuch Christi, eine mittelalterliche Fälschung ist. Mindestens ein Teil des Gewebes ist keinesfalls älter als sechshundert Jahre; daher konnte das Tuch frühestens im vierzehnten Jahrhundert gewebt worden sein. Mit derselben Methode wurden auch Proben aus den Höhlen von Lascaux, aus alten indischen Grabhügeln, aus den Pyramiden der Maya und aus Fundstätten des frühen Cro-Magnon-Menschen untersucht.

Blicken wir nun etwas höher, in den nahen Weltraum: Auch hier spielt Einsteins Spezielle Relativitätstheorie eine Rolle, und zwar bei den relativ erdnahen Satelliten des GPS (*Global Positioning System*), das ursprünglich vom US-Militär für Navigationszwecke konzipiert und installiert wurde. Die Signale der die Erde umkreisenden GPS-Satelliten unterliegen ja ebenfalls den Gesetzen, die wir in Kapitel 7 besprochen haben: Für diese schnell bewegten Objekte vergeht die Zeit nicht genauso schnell wie für uns hier auf der Erde. Daher müssen bei der Positionsbestimmung jeweils entsprechende Korrekturfaktoren eingerechnet werden. – Und hoch über allem thront unsere Sonne, die für uns wohl augenfälligste Manifestation der Einsteinschen Gleichung. Ihre Energie erwärmt die Erde Tag für Tag, seit Jahrmilliarden, und hat damit ermöglicht, daß das Leben auf unserem Planeten entstehen und sich weiterentwickeln konnte.

16

Ein Inder erhebt
seine Augen zum Himmel

Obwohl die Sonne eine gewaltige Masse hat, kann sie nicht auf ewige Zeiten Wasserstoff zu Helium verbrennen. Sie erwärmt sozusagen das ganze Sonnensystem, indem sie – wiederum gemäß der Einsteinschen Gleichung $E = mc^2$ – ständig eine bestimmte Masse in Energie verwandelt. Die Masse der Sonne liegt derzeit bei 2.000.000.000.000.000.000.000.000.000 Tonnen. Davon werden pro Erdentag ungefähr 700 Milliarden Tonnen Wasserstoff in Helium und in Energie umgesetzt. Somit wird der am leichtesten zugängliche Brennstoff in rund fünf Milliarden Jahren verbraucht sein.

Zu diesem Zeitpunkt, wenn sich im Zentrum der Sonne nur noch die Helium-Asche als Rückstand befindet, werden die Kernreaktionen auch die äußeren Zonen der Sonne erfassen, so daß hier ebenfalls Energie $E = mc^2$ aus Masse erzeugt wird. Dadurch dehnen sich die äußeren Schichten der Sonne aus und kühlen dabei so weit ab, daß sie nur noch rot glühen. Die Sonne wird sich weiter ausdehnen, bis sie sogar die Umlaufbahn des Planeten Merkur erreicht. Dessen Gestein wird dann längst schon geschmolzen und verdampft sein; der Rest wird von der aufgeblähten Sonne »geschluckt«. Ein paar Dutzend Millionen Jahre später wird die riesige, rote Sonne die Umlaufbahn des Planeten Venus erreichen und auch diesen »verschlucken«. Aber was wird danach geschehen?

Es heißt, die Welt vergeht in Feuer;
es heißt, in Eis.

Dies schrieb der amerikanische Lyriker Robert Frost im Jahre 1920, als er in Vermont lebte und vorgab, Obstbauer zu sein. Sein erster Entwurf zu diesem Gedicht stammte aus seiner Zeit in Amherst, wo er eine Lehrtätigkeit innehatte und viele Stunden mit Lesen verbrachte. Damals hatten sich die meisten populärwissenschaftlichen Schriftsteller für die Version vom Weltenende entschieden, die der berühmte französische Naturforscher Georges Louis Leclerc, Conte de Buffon, im achtzehnten Jahrhundert propagiert hatte. Nach seiner »Kältetod«-Hypothese muß sich das Universum immer weiter abkühlen, bis alle Prozesse zum Erliegen kommen. Andere halten dem ältere apokalyptische Visionen entgegen, denen zufolge der Kosmos dereinst in einem unvorstellbaren Feuersturm endet.

Was der Erde widerfahren wird, ist im Grunde beides. Für alle Lebewesen, die es in fünf Milliarden Jahren auf der Erde noch geben wird, wird die Sonne größer und größer werden, bis sie über die Hälfte des Firmaments einnimmt. Das Wasser in den Meeren wird immer schneller verdampfen und schließlich sieden, und die Gesteine an der Oberfläche werden wegschmelzen. Vielleicht können sich einige Lebensformen auf andere Planeten retten oder in tiefen Höhlen mit Hilfe einer Technologie überleben, die wir uns heute noch nicht vorstellen können. Vielleicht wird aber auch alles Leben längst erloschen sein, wenn die sich entleerende Sonne den Himmel über der Erde ausfüllt.

Die Sonne wird ihre enorme Ausdehnung noch etwa eine Milliarde Jahre beibehalten, während die Helium-Asche in ihrem Inneren nun zum Brennstoff für weitere Reaktionen wird: Weitere Masse wird in Energie umgesetzt, so daß die Sonne nach wie vor ein riesiger glühender Ball ist. Danach wird sie schrumpfen, während die sie aufrechterhaltende Energieerzeugung allmählich nachläßt, weil der Brennstoffvorrat zur Neige geht.

Hierauf wird sich das in Frosts Gedicht erwähnte Eis einstellen. In dem Maße, wie der Kernbrennstoff verbraucht wird, schrumpft die Sonne wieder zusammen. Doch bald darauf werden andere Brennstoffquellen herangezogen, der Energieausstoß wird wieder ansteigen, und auf der Sonnenoberfläche werden sich unvorstellbar heftige Eruptionen ereignen. Dies wird dann, in sechs Milliarden Jahren, der letzte Ausbruch der Titanen sein.

Bei jeder Eruption wird so viel Masse herausgeschleudert, daß innerhalb einiger hunderttausend Jahre nur noch wenig von unserer Sonne übrig ist. Der verbliebene Rest wird daher zu leicht sein, um eine auch nur annähernd so starke Schwerkraft zu erzeugen wie in früheren Epochen. Vielleicht wurde die Erde schon vorher von der sich ausdehnenden Sonne »geschluckt«. Wenn nicht, dann wird sie zusammen mit den äußeren Planeten – nach elf Milliarden Jahren ständigen Umlaufs – aus dem festen Griff der Sonne entlassen, die nun zu schwach ist, die Planeten festzuhalten. Das Sonnensystem wird sich auflösen, und die Planeten werden wegfliegen.

Eine der wichtigsten Erkenntnisse darüber, was in so ferner Zukunft geschehen wird – wobei wiederum die Beziehung $E = mc^2$ entscheidend ist –, verdanken wir dem Inder Subrahmanyan Chandrasekhar, einem der bedeutendsten Astrophysiker des zwanzigsten Jahrhunderts. Er war fast sechzig Jahre lang wissenschaftlich tätig, und seine wichtige Entdeckung machte er schon mit neunzehn Jahren, im heißen Sommer des Jahres 1930. Die Tage des britischen Empire waren zwar bereits gezählt, doch Indien stand noch unter britischer Herrschaft. Nach dem Studium in Bombay ging Chandra (wie er

zumeist genannt wurde) nach England, um in Cambridge zu promovieren.

In jenen Augusttagen war das Arabische Meer sehr stürmisch, und viele Passagiere wurden während der Überfahrt seekrank. Als Chandra sich einigermaßen erholt hatte, lagen noch einige Wochen ruhiger Seereise vor ihm. Er hatte reichlich Schreibpapier mitgenommen und war es von klein auf gewohnt, jede freie Minute sinnvoll zu nutzen. Bei dieser Gelegenheit erwies sich der im Britischen Empire verbreitete Rassismus sogar als vorteilhaft: Einige Kinder der weißen Passagiere hätten wohl ganz gern mit dem dunkelhäutigen Brahmanen gespielt, doch ihre Eltern führten sie schnell weg. Daher hatte er an Bord viel freie Zeit.

Bei seinen Überlegungen im Liegestuhl an Deck des Schiffes erkannte er als einer der ersten, daß es mit den Himmelskörpern über uns etwas sehr Merkwürdiges auf sich hat. Man wußte damals schon, daß Riesensterne explodieren können, wobei ihre äußeren Teile in das schwere, kollabierende Zentrum stürzen, um danach wieder nach außen geschleudert zu werden. Aber was geschieht nach der Explosion mit dem verbleibenden Kern?

Chandrasekhar war ein gebildeter junger Mann, sehr belesen in der Literatur Indiens und Europas. Er sprach – neben Englisch natürlich – fließend Deutsch, hatte Einsteins Publikationen gelesen und Gelegenheit gehabt, einige von Deutschlands führenden Physikern zu treffen, als sie Indien bereisten. Er wußte, daß der dichte Kern eines Sterns unter hohem Druck steht, und nun gingen seine Gedanken von der Tatsache aus, daß ein auf ein bestimmtes Volumen wirkender Druck ja auch eine Form von Energie ist.

Und Energie ist nur eine andere Form von Masse.

Energie kann vielleicht etwas »verteilter« oder »dünner« sein als Masse, aber wie die Beziehung $E = mc^2$ besagt, sind beide nur unterschiedliche Ausformungen derselben Sache. Anders ausgedrückt: Die beiden Seiten der Gleichung – also das »E« und das »m« – müssen gar nicht das Gleichheitszeichen bemühen und sich ineinander umwandeln. Denn letzten Endes drückt die Gleichung aus, daß das, was wir eine Massenportion nennen, in Wirklichkeit eine Energiemenge ist, die wir in dieser Aufmachung eben nur nicht als solche erkennen. Entsprechend ist eine glühende oder komprimierte Anhäufung von Energie in Wahrheit eine Masse, eben nur in weiter verteilter Form, als wir sie bei einer Massenportion normalerweise wahrnehmen.

Chandrasekhar war im Begriff, den Vorgang zu erahnen, der zu Schwarzen Löchern führt. Er mußte nur logisch weiterdenken und dabei vor allem den Trick finden, um dem scheinbar unvermeidlichen Zirkelschluß zu entgehen. Ein komprimiertes Sternzentrum steht infolge des Kollabierens unter einem enorm hohen zusätzlichen Druck. Es tritt also eine zusätzliche Druckenergie auf, und wo es eine Ansammlung von viel Energie gibt, verhalten sich der umgebende Raum und die Zeit genau so, als befände sich dort eine Ansammlung von Masse. Das bedeutet, die Schwerkraft im restlichen Stern steigt wegen all dieser »Masse« an. Aber die größere Schwerkraft preßt auch den Rest noch weiter zusammen, so daß der Druck immer höher wird. Die weitere Kompression bedeutet einen noch höheren Energieinhalt, verhält sich also, wie Chandrasekhar plötzlich erkannte, gemäß der Beziehung $E = mc^2$ wie eine größere Masse. Die Gravitation schaukelt sich sozusagen auf.

Ist der Stern nur klein, dann ist der Druckanstieg so gering, daß die Materie in der Nähe des Zentrums ihm standhalten kann. Aber in einem größeren, schwereren Stern geht der Prozeß weiter. Dabei kommt es nicht darauf an, wie hart oder zäh die Materie im Zentrum ist; vielmehr können die Folgen um so dramatischer sein, je widerstandsfähiger der Kern ist. Nehmen wir einmal an, ein riesiger Stern könne auch bei einem unerwartet hohen Druck noch existieren, bei dem Aberbillionen von Tonnen auf dem Zentrum lasten. Dann bewirkte dieser enorme Druck eine hohe Kompressionsenergie, die sich wie eine größere Masse verhielte. Dadurch würde die Schwerkraft weiter anwachsen und die Kompression wiederum stärker.

Gleichgültig, wie hart oder zäh die Materie im Zentrum des Sterns ist: Sie wird komprimiert, bis …

Bis was?

Chandrasekhar war jung genug, um an wissenschaftliche Probleme mit frischen Ideen heranzugehen, aber auch er mußte jetzt innehalten. Behauptete er da etwa, das Zentrum eines Sterns könne tatsächlich verschwinden? Wenn er damit recht hätte, dann täten sich im Universum riesige Löcher auf! Er nahm sich die Zeit für Gebete und Mahlzeiten; sogar einem christlichen Prediger hörte stundenlang höflich zu, der ihm – dem frommen Hindu – erklärte, warum alle indischen Religionen Teufelswerk seien. »Er war ein Missionar«, erinnerte sich Chandrasekhar später, »aber er … gab sich redlich Mühe zu gefallen. Warum hätte ich also unhöflich zu ihm sein sollen?«

Wieder an Deck in seinem Liegestuhl, wurde ihm bei näherer Überlegung klar, daß er gar nicht sagen konnte, was der restlichen Materie des Sterns widerfahren würde, wenn sie beim Kollaps in diese endlose Tiefe stürzte. Aus einigen Arbeiten Einsteins wußte man, daß Raum und Zeit in der Nähe eines solchen Sterns durch dessen Gegenwart stark verzerrt würden. Kein Licht könnte jemals daraus entweichen, und benachbarte Sterne, die in sein Gravitationsfeld gerieten, würden durch das auseinandergerissen, was ein »leerer« Ort im Raum zu sein schiene.

Diese Erkenntnis bildete – zusammen mit anderen Ergebnissen – die Basis für die moderne Vorstellung über Schwarze Löcher. Aber nachdem Chandrasekhar in England angekommen war, wurde seine Interpretation von fast allen, denen er sie vortrug, abgelehnt, und das oft genug mit weniger Höflichkeit, als er dem Prediger entgegengebracht hatte. Und Eddington, der Mann, der immerhin Cecilia Payne ermutigt hatte, war inzwischen zu alt für solche Phantastereien. Dies seien »stellare Possen«, erklärte er und hielt derartige Ideen für »absurd«. Doch in den sechziger Jahren gab es erste Hinweise darauf, daß ein bestimmter Stern (er befindet sich am Himmel ganz dicht beim Sternbild Cygnus oder Schwan) um ein Gebiet kreist, das in den Teleskopen als völlig leerer Raum erscheint. Ein Objekt mit einer so starken Gravitationskraft auf so kleinem Raum konnte nur ein Schwarzes Loch sein. Im Zentrum unserer eigenen Galaxis, der Milchstraße, gibt es deutliche Anzeichen für die Existenz eines anderen Schwarzen Loches von riesigen Ausmaßen, das sich im Laufe von Äonen durchschnittlich einen mittleren Stern pro Jahr einverleibt hat. Hier bekommt die Raum-Zeit wirklich einen Riß – wie der junge Chandrasekhar als erster erkannt hatte.

Chandrasekhar versuchte damals, in den dreißiger Jahren, gegen Eddingtons feindselige Haltung anzukämpfen, mußte jedoch feststellen, daß etliche britische Astrophysiker, die ihm insgeheim recht gaben, ihn öffentlich nicht zu unterstützen wagten. Daraufhin verließ er England. In Amerika wurde er freundlicher aufgenommen, und es begann eine jahrzehntelange fruchtbare Arbeit, meist in Kooperation mit der Universität Chicago. Im Jahre 1983 erhielt er den Nobelpreis für Physik, über ein halbes Jahrhundert nach jener Reise über das Arabische Meer, die eine so entscheidende Rolle für das Verständnis der Aspekte gespielt hatte, denen wir uns nun zuwenden wollen.

In rund sechs Milliarden Jahren, von heute an gerechnet, fliegt die Erde immer noch durch den Weltraum. Alle Lebewesen und Meßgeräte, die die dramatischen Vorgänge bis dahin überstanden haben, sehen über sich einen Himmel, der noch viel dunkler ist als der heutige Nachthimmel. Denn auch die Sterne haben dann ihren Brennstoff verbraucht und sind »tot«; zuerst waren die hellsten erloschen und dann – einer nach dem anderen – die übrigen.

Der Flug der Erde durch diese dunklere Weite wird jedoch nicht glatt verlaufen. Unsere Milchstraße befindet sich bereits auf Kollisionskurs mit dem Andromeda-Nebel. Beide Galaxien werden in mehreren Milliarden Jahren zusammenstoßen, ungefähr zur selben Zeit, da die Erde der Sonne entkommt oder das ganze Sonnensystem untergeht. Die Abstände zwischen den vielen heute leuchtenden Sternen sind so groß, daß die meisten der dann schon erloschenen Sterne mühelos aneinander vorbeifliegen können. Doch die Turbulenzen werden ausreichen, um die Flugbahn der Erde — wenn sie denn der Sonne entkommen konnte — erneut zu verändern.

Wird die Erde dabei nach innen katapultiert, so wird sie innerhalb einiger Dutzend Millionen Jahre dem riesigen Schwarzen Loch im Zentrum der Galaxis so nahe kommen, daß sie hineinstürzt. Wird sie aber nach außen geschleudert, dann wird ihr Ende nur aufgeschoben. In 10^{18} Jahren, von heute an gerechnet (10^{18} ist eine Eins mit 18 Nullen, also in 1.000.000.000.000.000.000 Jahren), werden sich wohl alle Galaxien aufgrund solcher Zusammenstöße geleert haben. Die Schwarzen Löcher in den Zentren der Galaxien werden für sich allein langsam dahinziehen und dabei Masse und Energie aus dem Universum saugen, wo immer sie darauf treffen. Stoßen sie zufällig auf ein anderes Schwarzes Loch, dann vereinigen sie sich einfach mit ihm, so daß ein noch größerer Schlund entsteht. Kommt die Erde in die Reichweite eines solchen Schwarzen Loches, dann dauert es nur ein paar Stunden, bis ihre Existenz beendet ist.

In rund 10^{32} Jahren könnten sogar die Protonen beginnen zu zerfallen, und allmählich wird nur noch sehr wenig gewöhnliche Materie übrig bleiben. Das Universum wird aus einem dann sehr reduzierten Angebot an Materie bestehen. Es wird negativ geladene Elektronen enthalten, wie wir sie kennen, aber auch seltsame Antimaterie-Versionen von Elektronen mit positiver Ladung. Neben Neutrinos und Gravitonen wird es außerdem ausgedehnte Schwarze Löcher aufweisen, schließlich einen abgekühlten Rest von Photonen, die kurz nach dem Urknall entstanden und auch nach dieser unvorstellbar langen Zeitspanne mit ihrer unwandelbaren Lichtgeschwindigkeit (1.079.000.000 km/h) im Weltraum umherschwirren.

Damit ist die Geschichte aber nicht zu Ende, denn nach einer ausreichend langen Zeitspanne können sogar die Schwarzen Löcher verdampfen. Alles, was sie verschlungen haben, wird dann wieder freigesetzt – nicht in irgendeiner wiedererkennbaren Form, sondern als äquivalente Strahlungsmenge.

Das Universum wird letztlich in einem Zustand enden, der auf eine seltsame Weise mit dem seines Anfangs zusammenhängt. Denn in den ersten Augenblicken seiner Existenz – sehr lange vor der Entstehung der Sonne – war das Universum ungeheuer dicht, unvorstellbar stark »konzentriert«. Diese enorme Dichte führte dazu, daß große Strahlungsmengen, wiederum gemäß der Beziehung $E = mc^2$, vom Energie- in den Massenzustand befördert wurden. Die normale, uns vertraute Materie formte sich einst also aus reiner Energie, und daraus entstanden schließlich die Sterne, die Planeten und die Lebensformen, die wir kennen. Aber dann, zum Ende aller Zeiten hin, in über 10^{100} oder 10.000.000.000.000.000.000. 000.000.000.000.000.000.000.000.000.000.000.000.000. 000.000.000.000.000.000.000.000.000.000.000.000.000 Jahren, ist alles weitaus verstreuter, diffuser.

Was dann noch existiert, ist über unvorstellbar riesige Weiten verteilt. Die hektische Aktivität früherer Epochen wird für immer vorüber und nur ein Intermezzo in der letzten Ära des Universums gewesen sein. Danach gehen Masse und Energie nur noch sehr selten ineinander über. Es herrscht große Stille.

Einsteins Gleichung hat ihre Schuldigkeit getan.

Epilog

Andere bedeutende Leistungen Einsteins

Berühmt wurde Einstein zunächst nicht durch die Gleichung $E = mc^2$ und seine anderen Arbeiten aus dem Jahre 1905. Hätte er sonst nichts geschaffen, so wäre er wohl nur im Kreise der theoretischen Physiker bekannt geworden, kaum jedoch in der Öffentlichkeit. Und in den dreißiger Jahren wäre er nur einer unter vielen bedeutenden Emigranten gewesen, hätte vermutlich zurückgezogen gelebt und sicher nicht die Position erlangt, den amerikanischen Präsidenten vor der Gefahr einer Atombombe warnen zu können.

Doch die Geschichte ist, wie man weiß, anders verlaufen. Es geschah nämlich noch etwas, das zwar auf der Beziehung $E = mc^2$ gründete, aber über sie hinausging − und Einstein schließlich zum berühmtesten Wissenschaftler der Welt machte.

Das, was Einstein im Jahre 1905 als Relativitätstheorie publiziert hatte, gilt nur, wenn die Objekte sich gleichmäßig bewegen und die Gravitationskraft mit ihrer beschleunigenden Wirkung keine große Rolle spielt. Die Gleichung $E = mc^2$ ist in diesen Fällen »wahr« − aber trifft sie auch ohne die erwähnten Einschränkungen zu? Darüber hatte Einstein lange gegrübelt, und im Jahre 1907 fand er einen ersten Hinweis auf eine allgemeinere Lösung: »Ich saß im Berner Patentamt in einem Sessel, als mir plötzlich der Gedanke kam: … Dieser einfache Gedanke beeindruckte mich nachhaltig.«

Später bezeichnete er ihn als den »glücklichsten Einfall meines Lebens«. Wenige Jahre danach, 1910, führte ihn dieser

Gedanke zu tiefergehenden Überlegungen über die Struktur des Raumes, vor allem aber darüber, wie er durch die Masse oder die Energie von Körpern beeinflußt wird, die sich an bestimmten Orten in ihm befinden. Diese Arbeiten dauerten mehrere Jahre, unter anderem deshalb, weil Einstein – ein unvergleichlicher Physiker – in der Mathematik nicht gleichermaßen hervorragend war. Allerdings war er keineswegs so schwach, wie er sich einmal gegenüber einer amerikanischen Schülerin darstellte, der er schrieb: »Machen Sie sich keine Sorgen wegen Ihrer Schwierigkeiten in der Mathematik. Ich kann Ihnen versichern, daß meine immer noch größer sind.« Dennoch hatte er hier gewisse Schwächen, so daß die Klage des Mathematikers Hermann Minkowski berechtigt schien, der zu Einsteins ersten Entwürfen der Theorie bemerkte: »Einsteins Darstellung seiner scharfsinnigen Theorie ist mathematisch umständlich. Das darf ich sagen, weil er seine Mathematik in Zürich von mir gelernt hat.«

Einstein konnte sich jedoch auf seinen Studienfreund Marcel Grossman verlassen, der ihm schon seinerzeit zuweilen mit Spickzetteln ausgeholfen hatte. (Grossmans Vater hatte übrigens den Empfehlungsbrief geschrieben, durch den Einstein 1902 die Stellung am Patentamt in Bern erhielt.) Grossman saß nun viele Stunden lang mit ihm zusammen, und sie versuchten gemeinsam zu ergründen, welche neueren mathematischen Methoden anzuwenden seien.

Einsteins »glücklichster Einfall« von 1907 brachte ihn auf die Idee, daß in der Umgebung eines Punktes der Raum und die Zeit um so stärker verzerrt werden, je mehr Masse oder Energie sich an diesem Punkt befindet. Das war eine weitaus umfassendere Theorie als seine bisherige. Die Arbeit von 1905 hatte die »Spezielle Relativitätstheorie« beschrieben, und nun legte Einstein die »Allgemeine Relativitätstheorie« vor.

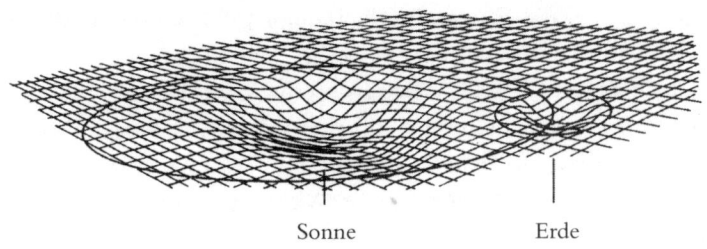

Sonne   Erde

Beispiele der gekrümmten Raum-Zeit
Nach einer Abbildung in *The Sciences* von James Trefil und Robert M. Hazen
(New York: John Wiley & Sons, 1998)

Ein kleiner Körper im Weltraum, zum Beispiel unsere Erde, hat nicht sehr viel Masse und Energie, so daß die Krümmung von Raum und Zeit um ihn herum nicht stark ist. Die viel schwerere Sonne bewirkt aber eine wesentlich größere Verzerrung.

Die Gleichung, die diese Effekte zusammenfaßt, erinnert in ihrer großartigen Schlichtheit an die Beziehung $E = mc^2$. In letzterer wird durch das Gleichheitszeichen ein Zusammenhang zwischen dem Reich der Masse einerseits und dem Reich der Energie andererseits hergestellt. Dazwischen wirkt das Gleichheitszeichen sozusagen als Brücke, und $E = mc^2$ besagt letztlich, daß Energie und Masse äquivalent sind. In der neueren, umfassenderen Theorie Einsteins wird beschrieben, wie in einem bestimmten Teil des Raumes die »Energie-Masse« mit der »Raum-Zeit« zusammenhängt. Damit werden die Größen »E« und »m« der Beziehung $E = mc^2$ jetzt zu Größen, die sich auf derselben Seite einer grundlegenderen Gleichung wiederfinden.

Die massenbehaftete Erde bewegt sich durch den Raum und folgt dabei zwangsläufig dem kürzesten Weg entlang der Kurven, in denen die »Raum-Zeit« um uns herum »gekräuselt« ist. Die Gravitation ist also mehr als nur etwas, das einfach einen trägen Raum erfüllt. Sie ist vielmehr etwas, das wir bemerken, wenn wir uns innerhalb einer bestimmten Konfiguration von Raum und Zeit bewegen.

Das führt aber zu absurden Konsequenzen: Wie können der scheinbar leere Raum und die Zeit gekrümmt werden? Dies folgt nämlich aus der neuen Theorie, welche die Beziehung $E = mc^2$ in ihren größeren Zusammenhang einbettet. Einstein meinte, das müsse man irgendwie überprüfen können. Es wäre dann eine so klare und zwingende Demonstration, daß niemand mehr bezweifeln könnte, daß sein seltsames Ergebnis richtig sei.

Aber wie könnte ein solcher Nachweis geführt werden? Der entscheidende Test ergab sich aus dem Kern der Theorie, aus jenem Diagramm, das die Verzerrung des Raumes um uns herum beschreibt. Wenn der leere Raum wirklich verzerrt und gekrümmt wäre, dann müßten wir auch das Licht weit entfernter Sterne sehen können, das auf geheimnisvolle Weise an der Sonne vorbeigebogen wird. Das wäre fast so, als sähe man beim Poolbillard einen Stoß über die Bande, bei dem die Kugel sich um ein Loch »herummogelt« und dahinter mit veränderter Richtung weiterrollt. Doch jetzt sollte so etwas am Himmel geschehen, wo niemals jemand ein Objekt vermutet hätte, das das Licht abzulenken vermag.

Normalerweise können wir nicht feststellen, ob Lichtstrahlen von entfernten Sternen durch die Sonne gekrümmt werden, denn dies kann nur für Sterne gelten, die sich von der Erde aus gesehen sehr nahe am Sonnenrand befinden. Doch genau diese Sterne werden tagsüber vom hellen Sonnenlicht überstrahlt.

Aber während einer Sonnenfinsternis?

Jeder Held braucht Gehilfen. Moses hatte Aaron. Jesus hatte seine Jünger.

Und Einstein hatte Freundlich.

240

Erwin Freundlich war Assistent an der Königlich-Preußischen Sternwarte in Berlin. Ich würde nicht behaupten, daß er der größte Pechvogel unter der Sonne war. Aber er hatte eine Art, das Unglück anzuziehen, daß er mir vorkommt wie jemand, der den Untergang der *Titanic* überlebt hatte und später einen Flug auf dem Luftschiff *Hindenburg* buchte, das bei einer Landung ausbrannte. Freundlich beschloß, damit Karriere zu machen, daß er die Gleichungen der bedeutenden Allgemeinen Relativitätstheorie weiterentwickelte und Beobachtungen anstellte, die die Richtigkeit der Einsteinschen Voraussagen beweisen sollten. Er war sehr großzügig – irgendwie in derselben Weise, wie Lavoisier sich von seiner Frau dabei hatte helfen lassen, das Rosten von Metallen beim Erhitzen zu beobachten. So verbrachte der frischverheiratete Freundlich 1913 die Flitterwochen in Zürich, damit seine Frau dabeisein konnte, wenn er mit dem berühmten Professor die neuesten astronomischen Beobachtungen diskutierte.

Für das darauffolgende Jahr wurde eine Sonnenfinsternis über der Krim erwartet, und Freundlich traf gründlichste Vorbereitungen. Bereits im Juli 1914, zwei Monate vor dem großen Ereignis, reiste er auf die Krim. Aber das war zu diesem Zeitpunkt für einen Deutschen ein denkbar ungünstiger Aufenthaltsort, denn einen Monat später begann der Erste Weltkrieg. Freundlich wurde verhaftet, seine gesamte Ausrüstung beschlagnahmt, und er landete im Gefängnis von Odessa. Schließlich kam er im Austausch gegen einige russische Offiziere frei, die in Deutschland inhaftiert worden waren. Die Sonnenfinsternis, die er hatte beobachten wollen, war inzwischen längst vorüber.

Doch Freundlich gab nicht auf. 1915, zurück in Berlin, beschloß er, Professor Einstein auf andere Weise zu helfen. Diesmal wollte er untersuchen, wie das Licht in der Nähe weit entfernter Doppelsterne abgelenkt wird. Schon im Februar hatte er Ergebnisse, die die neue Theorie unterstützten, und Einstein verbreitete die guten Nachrichten in Briefen an seine Bekannten. Aber vier Monate später stellten Freundlichs Kollegen an der Sternwarte fest, daß er die Massen der Sterne falsch angesetzt hatte, und Einstein mußte alles zurücknehmen. Für die meisten Menschen (wie Freundlichs junge Frau es möglicherweise erklärt hätte) wäre es damit nun genug gewesen. Doch Freundlich ließ nicht locker. Man konnte doch beispielsweise messen, wie stark das Licht entfernter Sterne in der Nähe des schweren Planeten Jupiter abgelenkt wird. Schließlich hatte der bedeutende Astronom Ole Römer in einer früheren Epoche ja auch ein wichtiges Problem gelöst, indem er Beobachtungen an diesem Planeten vornahm. Dies schlug Freundlich nun dem von ihm sehr verehrten Einstein vor. Der mochte seinen so eifrig bemühten jungen Verbündeten und schrieb im Dezember an den Direktor der Preußischen Sternwarte, damit diese Messungen erlaubt würden.

Es wäre für Freundlich wahrscheinlich weniger schlimm gewesen, wenn man ihn noch einmal auf der Krim ins Gefängnis geworfen hätte. Freundlichs Vorgesetzter tobte nämlich, weil ein Außenstehender es gewagt hatte, sich einzumischen. Er drohte, Freundlich zu entlassen, putzte ihn vor dessen Kollegen herunter und stellte klar, daß er niemals – wirklich niemals! – seine Hand an die Instrumente legen dürfe, mit denen man die erwähnten Hypothesen am Jupiter überprüfen konnte.

Aber das focht Freudlich nicht weiter an, denn er schöpfte neue Hoffnung. Für 1919 wurde wieder eine große Expedition zu einer Sonnenfinsternis geplant. Wenn die politischen Zustände eine Auslandsreise erlaubten, könnte er dort endlich beweisen, was in ihm steckte.

Im November 1918 endete der Erste Weltkrieg, und Deutsche konnten wieder ins Ausland reisen. Wir wissen nicht, was

Freundlich empfand, als die Expedition begann, aber wir wissen genau, wo er sich befand, als die Ergebnisse bekannt wurden. Er las sie in der Zeitung – zu Hause in Berlin.

Man hatte ihn nicht zur Teilnahme eingeladen.

Die Expedition wurde von einem kühlen Engländer geleitet, dessen Name hier bereits gefallen ist. Arthur Eddington trug eine kleine Nickelbrille, war mittelgroß und relativ schlank. Er sprach in unvollständigen Sätzen, wenn er zum Nachdenken innehielt – was oft vorkam. Das galt bei gebildeten Engländern als Indiz dafür, daß sich unter einer eher sanften Schale ein Kern harter Entschlossenheit verbarg. Als ihn später, in den dreißiger Jahren, Chandrasekhar kennenlernte, war sein Wesen schroffer geworden; doch jetzt, kurz nach dem Ersten Weltkrieg, hatte er noch die Unbeschwertheit eines jungen Mannes.

Am 29. Mai eines jeden Jahres steht die Sonne vor einer außergewöhnlich dichten Gruppe heller Sterne, den Hyaden, was normalerweise niemandem hilft, da ohne eine Sonnenfinsternis an genau diesem Datum nicht zu erkennen ist, ob und wie das Licht dieses Sternenhaufens von der Sonne abgelenkt wird, ganz einfach deshalb, weil das helle Sonnenlicht tagsüber das schwache Licht der Sterne überstrahlt. Aber im Jahre 1919 sollte es genau am 29. Mai eine Sonnenfinsternis geben. Eddington berichtete später in aller Harmlosigkeit: »Als im März 1917 der Königliche Astronom [Frank Dyson] auf diese günstige Gelegenheit hinwies, nahm ein Ausschuß der Akademie für Wissenschaften ... die Vorbereitungen für die Beobachtung in die Hand.«

Was Eddington dabei verschwieg, war die Tatsache, daß er verhaftet worden wäre, wenn er nicht an der Expedition teilgenommen hätte. Als Quäker war Eddington Pazifist, und mitten im Ersten Weltkrieg hatten es Pazifisten in England nicht

leicht: es drohte ihnen die Einlieferung in ein Internierungslager in Mittelengland. Die dortigen Wachmannschaften waren entweder kurz zuvor von der Front zurückgekehrt oder – vielleicht noch schlimmer – waren frustriert, weil sie nicht an der Front dienen durften. Die Häftlinge hatten also ein schweres Los; Mißhandlungen waren an der Tagesordnung, und es gab auch etliche Todesfälle.

Eddingtons Kollegen in Cambridge wollten ihm die Internierung ersparen. Sie versuchten daher beim Kriegsministerium zu erreichen, daß er als unabkömmlich eingestuft wurde, weil seine wissenschaftlichen Arbeiten für die Zukunft der Nation wichtig seien. Ein entsprechender Brief, der das bestätigte, wurde ihm vom Innenministerium zugesandt. Er mußte ihn nur gegenzeichnen und zurücksenden.

Eddington wußte, was ihn in einem Internierungslager erwartete, aber Pazifist zu sein, heißt ja nicht, feige zu sein. Das bewiesen beispielsweise die Quäker später in den Vereinigten Staaten mit ihren Aktionen für die Bürgerrechtsbewegung. Eddington unterschrieb den Brief, weil das gegenüber seinen Freunden nur recht und billig war. Aber er fügte ein Postskriptum hinzu. Darin beantragte er beim Innenministerium die Anerkennung als Kriegsdienstverweigerer, falls er nicht wegen seiner wissenschaftlichen Arbeiten als unabkömmlich freigestellt würde. Das Innenministerium zeigte sich von dem Brief unbeeindruckt und traf Vorkehrungen, ihn verhaften zu lassen.

Zu diesem Zeitpunkt wies der Königliche Astronom Frank Dyson auf die außergewöhnliche Gelegenheit der bevorstehenden Sonnenfinsternis hin. Wenn Dyson es nun erreichte, daß Eddington die Expedition organisierte, dann könnte er vielleicht doch freigestellt werden – trotz jenes Postskriptums. Dysons Arbeiten dienten der Navigation, und er selbst hatte gute Beziehungen zur Admiralität, die sich gegenüber dem Innenministerium durchsetzte. Eddington war nun frei – solange er die Expedition führte, für deren Vorbereitung man ihm zwei Jahre Zeit gab.

Natürlich regnete es zu Beginn der Expedition, womit auf der Insel Principe vor der afrikanischen Westküste, im Golf von Guinea, durchaus zu rechnen war. Doch – wir erinnern uns – Freundlich war nicht mit von der Partie. Der Regen hörte also auf, und Eddington gelangen zwei gute Aufnahmen. Sie sollten eigentlich in England entwickelt und ausgewertet werden, doch niemand wollte monatelang auf das Ergebnis warten.

Einstein tat später so, als habe ihn die Verzögerung nicht gestört. Aber Mitte September, als er noch immer keinen Bescheid hatte, schrieb er seinem Freund Ehrenfest und fragte mit raffiniert vorgetäuschter Beiläufigkeit, ob nicht vielleicht *er* etwas über die Expedition gehört habe. Ehrenfest hatte gute Kontakte zu den Engländern. – Nein, er wußte nichts. Er war sich nicht einmal sicher, ob Eddington schon zurückgekehrt war.

Eddington befand sich zu diesem Zeitpunkt schon seit einigen Wochen wieder in Cambridge, aber seine Fotoplatten waren verdorben. Sie waren per Schiff nach Afrika befördert, in Zelten auf einer feuchten Insel aufbewahrt und schließlich im strömenden Regen an den Aufnahmeort gebracht worden. Hier hatte man sie in die Kamera eingesetzt, wieder entnommen, in die Zelte zurückgetragen und schließlich erneut per Schiff transportiert. Die Verschiebungen der Sternpositionen, die Eddington nachweisen wollte, betrugen einige Zehntel einer Winkelsekunde. Auf den kleinen Fotoplatten entsprach das kaum einem Millimeter. (Zum Vergleich: Ein dicker Bleistiftstrich ist ungefähr einen Millimeter stark, und mit dem Auge kann man ein Staubkörnchen von einem zwanzigstel Millimeter Dicke gerade noch erkennen.) Eddington verfügte über ein Mikrometer, um die Aufnahmen auszuwerten. Aber der Nachweis, daß Einstein recht hatte, war nur zu führen, wenn diese winzigen Verschiebungen exakt so groß waren, wie seine Theorie besagte. Nun konnte Eddington seine Aufnahmen nicht genau genug ausmessen, um eine solche Aussage eindeutig treffen zu können. Die Emulsion auf den Fotoplatten hatte durch falsche Handhabung und die häufigen Transporte, vor allem aber durch Feuchtigkeit und Hitze so sehr gelitten, daß er – wenn er ehrlich war – zugeben mußte, die notwendigen Details nicht ermitteln zu können.

Doch die Forscher in Cambridge wollten nicht aufgeben, denn Einsteins Theorie war ihnen inzwischen ans Herz gewachsen. Andererseits hatte es etwas Erschreckendes, wenn man sich vorstellte, dieser große, am Himmel kreisende Feuerball krache sozusagen auf Raum und Zeit herunter, so daß das Licht entfernter Sterne aus seiner geraden Richtung abgelenkt wird. Aber es war nicht allein die »traditionelle« Masse der Sonne, die das bewirkte. Auch die Gleichung aus dem Jahre 1905 spielte eine Rolle. All die Wärme und Strahlung, die aus der Sonne herausschoß – all diese »Energie« –, fungierte als eine andere Form der »Masse«. Auch sie gehörte zur Sonne. (Das war der Kern der Erkenntnis, auf der Chandrasekhar später während seiner Seereise von 1930 aufbauen sollte.)

Zum Glück hatte das Britische Empire seine Traditionen, und eine der wichtigsten besagte, daß immer irgend etwas schiefgeht. Forschungsreisende, Eroberer, Zweitgeborene und auch Astronomen, die den Quäkern angehörten und Nickelbrillen trugen, hatten diese Lektion gelernt. Sie hatten sie geradezu verinnerlicht, weil ihnen ein Leben lang gepredigt wurde, was britischen Expeditionen so alles widerfahren war.

Und deshalb hatte Eddington ein zweites Team auf den Weg geschickt – eine vollständige zweite Mannschaft in analoger Besetzung. Er hatte eben ganz sicher gehen wollen, Einsteins Voraussage überprüfen zu können.

Diese zweite Mannschaft verfügte über ein neues Teleskop und war auf einen anderen Kontinent entsandt worden: nach Sobral im Norden Brasiliens. Ihr Teleskop hatte sogar einen anderen mechanischen Antrieb. Alles war also nach dem Prinzip der verteilten Risiken angelegt worden, und es funktionierte. Als die Aufnahmen aus Brasilien zurückkamen, war schon ein besonders großes Mikrometer gebaut worden, um diese größeren Platten vermessen zu können. Eddington und seine Mitarbeiter stellten Messung um Messung an, führten Kontrollmessungen durch – und dann gingen Glückwunschtelegramme und -briefe zu Dutzenden hinaus. Bertrand Russell, bis kurz zuvor Mitglied des *Trinity College*, erhielt nun eine Mitteilung von seinem alten Freund Littlewood. »Lieber Russell: Einsteins Theorie hat sich völlig bestätigt. Die vorausgesagte Abweichung war 1".72 und die beobachtete 1".75 +/− 0".06.«

Das Ereignis wurde stilvoll gefeiert, und die *Royal Astronomical Society* wurde für den 6. November 1919 in den großen Saal des *Burlington House* am Piccadilly zu einer gemeinsamen Sitzung mit der *Royal Society* eingeladen. Auf den Bahnhöfen King's Cross und Liverpool Street trafen Wissenschaftler aus Cambridge und anderswo ein. Die Taxifahrer hatten Hochbetrieb. Es nahmen auch etliche Laien teil, die gehört hatten, es werde etwas ganz Bedeutsames verkündet. Einer der Geladenen beschrieb später den Abend: »Allein schon die Inszenierung hatte etwas Dramatisches: das altehrwürdige Zeremoniell und im Hintergrund das Bild Newtons, um uns daran zu erinnern, daß die größte aller wissenschaftlichen Verallgemeinerungen jetzt, nach mehr als zwei Jahrhunderten, ihre erste Modifikation erfahren sollte.«

Dyson sprach, und auch Eddington − es ist jedoch nicht überliefert, ob einer der engstirnigen Beamten aus dem Innenministerium anwesend war. Dann erhob sich der Vorsitzende der Versammlung, Joseph John Thomson, und ergriff das Wort:

> Dies ist das wichtigste Ergebnis im Zusammenhang mit der Theorie der Gravitation seit Newtons Tagen, und es ist nur schicklich, daß es bei einer Sitzung dieser Gesellschaft bekanntgegeben wird, die ihm so eng verbunden ist. …
>
> Das Ergebnis ist eine der höchsten Errungenschaften des menschlichen Denkens.

Der Erste Weltkrieg war gerade zu Ende gegangen, und diese wissenschaftlichen Befunde versetzten alle in Staunen. In den Schützengräben hatte man Gott vergebens gesucht, doch nun wurde im Kosmos eine neue Ordnung erkennbar. Und was noch besser war: Ein Deutscher und ein Engländer hatten sie in harmonischer Zusammenarbeit gefunden und bestätigt. Monarchie, Generalität und politisch Verantwortliche, sogar namhafte Künstler, die unter dem alten Regime berühmt geworden waren – und auch die Regimes, die die Gemetzel des Ersten Weltkriegs herbeigeführt hatten –, waren nun diskreditiert. Zur Kategorie der »zu achtenden Persönlichkeiten« gehörte fast niemand mehr. Augenblicklich wurde Einstein zur größten Medienberühmtheit der Welt. Die *New York Times* vom 10. November 1919 erschien mit folgenden Schlagzeilen:

> Lichter im Himmel alle schief – Männer der Wissenschaft mehr oder weniger begierig auf die Resultate der Finsternis-Beobachtungen

und

> Einsteins Theorie triumphiert – Sterne sind nicht da, wo sie scheinen oder berechnet waren, aber niemand muß sich fürchten

Während der Konferenz sprach es sich langsam herum, daß vielleicht nur ein Dutzend Menschen die Zusammenhänge genau verstehen können. Die *New York Times* hatte einige kenntnisreiche Wissenschaftsjournalisten, aber die hielten sich nun leider ausgerechnet in New York auf. Also wurde das Londoner Büro mit der Berichterstattung beauftragt, und Henry Crouch sollte ins *Burlington House* gehen. Er war ebenso der falsche Mann, wie es später in anderem Zusammenhang Lyman J. Briggs sein sollte. Henry Crouch war ein guter Journalist, und er verstand es, seine Geschichten interessant zu präsentieren. Aber hier mangelte es ihm einfach an jeglichem Anhaltspunkt dafür, worum es überhaupt ging – schließlich war er der Golfspezialist der *New York Times*.

Aber er war durch und durch Journalist, und davon, daß er hier keine Ahnung hatte, ließ er sich nicht im mindesten zurückhalten. Er gab also seine Berichte an die Redaktion weiter, und die Schlagzeilenschreiber destillierten dann die Kernpunkte der Story heraus:

> Ein Buch für zwölf weise Männer – Nicht mehr in der ganzen Welt würden es verstehen, sagte Einstein, als es seine mutigen Verleger akzeptierten

Das war schlichtweg erfunden. Einstein hatte gar kein Buch geschrieben, es waren keine Verleger beteiligt – ob mutig oder nicht –, und die meisten Physiker und Astronomen, die an der Konferenz teilnahmen, verstanden ohne weiteres, worum es ging. Crouch hatte aber den Grundstein dafür gelegt, daß die Theorie als allgemein unverständlich galt; und diesen Ruf sollte sie nie mehr loswerden.

Dies aber steigerte nur ihren Ruhm. In fast allen Religionen besteht ein wichtiger Unterschied zwischen einem Priester und einem Propheten. Ein Priester steht im Grunde unter einem offenen Loch im Himmel und läßt die dahinter verborgene Erleuchtung auf die Gemeinde herabfließen. (Beispiele dafür sind Abteilungen für Öffentlichkeitsarbeit oder auch Kerntechniker.) Ein Prophet dagegen ist jemand, der durch diese Öffnung im Himmel nach oben zu steigen versteht. Propheten wagen es, sich diesem Jenseits zu stellen, bevor sie wieder in das gewöhnliche Leben zurückkehren, das sie hier auf Erden mit uns teilen. Dann versuchen wir gewöhnlichen Menschen, in ihrem Gesichtsausdruck – oder in den komplizierten Gleichungen, die sie da oben »geerntet« und uns mitgebracht haben – zu erkennen, welche Geheimnisse in diesem höheren Reich verborgen sein mögen, an das so viele von uns glauben, während sie genau wissen, daß sie es nie werden aufsuchen können.

Martin Luther King jr. und Nelson Mandela hielt man für solche Propheten. Sie propagierten die Vision des harmonischen Zusammenlebens der Rassen, und ihre Worte breiteten sich mit einer immer größeren Macht aus, die von dem Gefühl herrührte, daß sie aus dieser höheren Quelle stammten.

Im Europa nach dem Ersten Weltkrieg wurde Einsteins Erkenntnissen ähnliche Ehrfurcht entgegengebracht wie viel später den Ideen von King oder Mandela. Und weil anfangs tatsächlich nur sehr wenige Menschen Einsteins Arbeit verstanden, wurden alle Gefühle, die sie auslöste – der Wunsch nach Transzendenz und nach Erkenntnis aus Einsteins göttlicher Bibliothek – bald auf die Bilder von Einstein selbst übertragen. Vielleicht waren die Menschen deshalb von den Fotografien so angetan, auf denen er einen ganz charakteristischen, betrübt-nachdenklichen Blick hat. Sie glichen darin späteren, eindrucksvollen Fotos von Martin Luther King, der in seiner Betrübnis ebenfalls mehr zu erkennen schien als gewöhnliche Sterbliche.

Einstein versuchte, sich von dem Ruhm möglichst zu befreien. Nach seiner Meinung zeugten die übertreibenden Zeitungsartikel von »erfreulicher Phantasie des Verfassers«. Zwei Wochen nach dem ersten Artikel schrieb er in der Londoner *Times*, die Deutschen würden ihn voller Stolz einen deutschen Gelehrten und die Engländer einen Schweizer Juden nennen. Sollte sich seine Voraussage aber jemals als falsch herausstellen, dann wäre er für die Deutschen ein Schweizer Jude und für die Engländer ein deutscher Gelehrter. Dazu kam es natürlich nicht, denn seine Gleichung von 1905 und seine astronomische Voraussage bewahrten ihre Gültigkeit. Doch englische Antisemiten wie Keynes verhöhnten ihn weiterhin (»ein ungezogener, Tinte klecksender Judenbengel«), und nach Hitlers Machtergreifung nannte ihn die deutsche Regierung nicht nur einen Juden, sondern unterstützte auch Aufrufe, ihn zu töten. Nachdem er den europäischen Kontinent verlassen und versucht hatte, in England Fuß zu fassen, ging er schließlich nach Amerika, wo er sein restliches Leben verbrachte. Hier unterzeichnete er 1939 den Brief an Präsident Roosevelt, mit dem er – wenn auch indirekt – zum Bau der Atombombe beitrug. Und hier führte er ein stilles Professorenleben in 112, Mercer Street, Princeton, New Jersey.

Das Umfeld der *Ivy League* (der acht Elite-Universitäten im Nordosten der USA) behagte ihm nicht besonders, ebensowenig der Snobismus in Princeton (»ein ungemein drolliges zeremonielles Krähwinkel winziger stelzbeiniger Halbgötter«, wie er im November 1933 in einem Brief an Königin Elisabeth von Belgien schrieb). Da lebten alberne Söckchenträger, und gelegentlich kamen gaffende Touristen. Am *Institute for Advanced Studies* – die zwei Meilen dorthin ging er von seinem Haus regelmäßig zu Fuß – waren die jüngeren Wissenschaftler nach außen hin höflich, aber er wußte, daß ihn viele hinter seinem Rücken als alt und unnütz herabsetzten.

All das schien Einstein nicht zu stören. Er wollte immer nur herausfinden, was »Der Alte« (damit meinte er Gott) für unser Universum vorgesehen hatte. Das, was er Jahrzehnte zuvor in seinen inzwischen vergilbten Manuskripten festgehalten hatte, und die neuen Gleichungen, an denen er jetzt ständig arbeitete – und mit denen er eine Theorie schaffen wollte, die auf klare und berechenbare Weise alle bekannten Kräfte im Universum vereinigen sollte –, all das war nach seiner Einschätzung immer noch der beste Weg.

Aber die verschiedenen Erinnerungen daran, wie sich die Dinge entwickelt hatten, taten ihm weh. Der eine Aspekt, fast zu schrecklich, um ihn sich deutlich vor Augen zu halten, kam unausgesprochen jedesmal wieder hoch, wenn er Oppenheimer begegnete, dem Direktor seines Instituts und vormaligen Leiter des Manhattan-Projekts; es hatte letztlich – auch ohne

Einsteins Mitwirkung – bewiesen, daß gemäß der Beziehung $E = mc^2$ gewaltige, todbringende Energiemengen freizusetzen sind, was dann in Hiroshima und Nagasaki auch geschehen war. »Hätte ich gewußt, daß es die Deutschen nicht schaffen würden, eine Atombombe herzustellen, ich hätte keinen Finger gerührt«, bekannte Einstein einmal gegenüber seiner langjährigen Sekretärin.

Und im Laufe der Jahre wurde ihm immer klarer, daß seine Kräfte nachließen. Ein unabsichtlich taktloser junger Assistent fragte ihn einmal, »wie denn das Älterwerden sein Denken beeinflußt hätte. Seine überraschende Antwort lautete, daß er so viele Ideen wie zuvor habe, daß es aber für ihn schwieriger geworden sei zu entscheiden, welche davon verworfen werden sollten und welche es wert wären, daß man ihnen weiter nachgehe.« Darin liege ein großer Unterschied zu seinen jüngeren Jahren, als es ihm stets leicht gefallen sei, die entscheidenden Aspekte eines bestimmten Gebiets herauszuarbeiten. »Übrigens ist das Erfinden großen Stiles Sache der Jugend und daher für mich vorbei«, hatte Einstein schon mit Anfang vierzig an einen Freund geschrieben.

Er führte nun in seinem unscheinbaren Holzhaus in der Mercer Street das wenig aufregende Leben eines alten Mannes. Seine Schwester Maja war ebenfalls nach Amerika emigriert und wohnte inzwischen bei ihm. 1946 erlitt sie einen schweren Schlaganfall. Von da an ließ Einstein sechs Jahre lang, bis zu ihrem Tode, jeden Abend seine Arbeit liegen, ging in ihr Zimmer und las ihr stundenlang vor. Tagsüber lieferte er sich Scheingefechte mit seiner Haushälterin; die ständige Betrübnis über die geistige Behinderung seines zweiten Sohnes setzte ihm zu; und manchmal besuchte ihn ein Freund, mit dem er auf seiner Geige gerne Bach, Purcell oder Händel spielte. Aber es gab auch Momente, in denen er in seinem Arbeitszimmer im Obergeschoß saß und ihn die sauber und

gleichmäßig mit Formeln und Symbolen beschriebenen Seiten in die Vergangenheit zurückversetzten, in eine Zeit, als noch alles möglich zu sein schien.

Und die Werke – aus der göttlichen Bibliothek, die nach seiner Überzeugung auf ihn wartete – konnten wieder einmal gelesen werden.

Nachgehakt

Als MICHAEL FARADAY an der *Royal Institution* die Stelle von Humphry Davy übernahm, zogen er und seine Frau auf Dauer in die *Royal Society* um. Bis über sein fünfzigstes Lebensjahr hinaus machte er noch etliche wichtige Entdeckungen. Trotz vieler Anfragen nahm er jedoch nie einen Schüler an.

Nach der Hinrichtung von ANTOINE-LAURENT LAVOISIER wurden seine sterblichen Überreste auf einem Karren aus Paris herausgebracht, und zwar durch eines der neuen Zolltore, die die Revolution von 1789 überstanden hatten. Ein paar Monate nach Lavoisiers Tod wurde der Leichnam des Mannes, der die Exekution angeordnet hatte – Marats Genosse Robespierre – durch dasselbe Tor gekarrt und in demselbem Gemeinschaftsgrab verscharrt. Es lag auf einem ehemaligen Brachland, genannt »Errancis« (»Krüppelfeld«). Einige Überreste der trutzigen Zolltore in der Mauer der *Ferme Générale,* deren Bau Lavoisier einst angeordnet hatte, können noch heute im Parc Monceau und bei der Metrostation Denfert-Rochereau besichtigt werden.

Ein paar Monate vor Lavoisiers Verhaftung sprach eine junge Frau namens Charlotte Corday in der Wohnung von JEAN-PAUL MARAT vor und verlangte ihn zu sprechen. Seine Wachen wiesen sie zurück. Aber als sie behauptete, sie habe Neuigkeiten über gefährliche politische Gegner, ließ man sie die Treppe hinauf. Marat litt an einer Hautkrankheit, zu deren Behandlung er einen großen Teil seiner Zeit in einer Badewanne verbrachte. Daher begrüßte er sie, während er im Zuber saß. Er stellte schnell fest, daß die politischen Gegner Mitglieder ihrer Familie waren (deren Hinrichtung er angeordnet hatte), und sah die junge Frau dann auch gleich mit gezücktem Messer auf sich zukommen. Sie erstach ihn. Ihre Tat wurde später von dem Historienmaler Jacques Louis David verewigt.

Weil MARIE ANNE PAULZE erst dreizehn gewesen war, als sie Lavoisier heiratete, war sie bei seiner Exekution gerade fünfunddreißig. Sie wurde zwar fortwährend von der Revolutionsregierung verfolgt, und ihre reich ausgestattete Wohnung wurde mehrfach geplündert, aber sie überlebte die meisten ihrer Verfolger und genoß einen friedlichen Lebensabend.

Nachdem er nach Dänemark zurückgekehrt war, heiratete OLE RÖMER die Tochter seines Ethikprofessors – des Mannes, der als erster Cassinis Emissäre auf ihn aufmerksam gemacht hatte. Römer avancierte später zu einem der leitenden Straßeninspektoren, dann zum Bürgermeister von Kopenhagen, schließlich zum Polizeipräfekten, und einige Jahre lang übte er ein hohes Richteramt aus. In seinen Mußestunden arbeitete er an einem verbesserten Gerät zur Temperaturmessung, das ein Geschäftsmann namens Daniel Fahrenheit, der ihn besuchte, für sehr gut hielt. Römer starb 1710, also siebzehn Jahre bevor die britischen Experimente schließlich abschließend klarstellten, daß er mit seinen Vorstellungen über die Lichtgeschwindigkeit recht gehabt hatte.

JEAN-DOMINIQUE CASSINI überlebte Römer und förderte weiterhin nur diejenigen Astronomen, die – fälschlicherweise – mit ihm darin übereinstimmten, daß sich das Licht mit unmeßbar hoher Geschwindigkeit ausbreite. Die Astronomen-Dynastie der Cassini wirkte noch fast zwei Jahrhunderte, bis zur vierten Generation, und endete mit dem Cassini, der das prächtige Observatorium seines Urgroßvaters schließen mußte – eben das Gebäude, das Lavoisier vom Fenster seiner Gefängniszelle aus gesehen hatte.

Im Jahre 1997 wurde eine Raumsonde der Europäischen Raumfahrtagentur ESA auf die siebenjährige Reise zum Saturn geschickt. Auf ihrem weiteren Weg flog sie noch über den Planeten Jupiter hinaus, dessen Monde der Astronom Ole Römer für seine epochemachende Vorhersage genutzt hatte. Die Raumsonde trägt den Namen *Cassini*. Frankreich ist einer der Hauptgeldgeber der ESA.

Bis in seine letzten Lebensjahre – und er wurde sehr alt – schrieb und lästerte VOLTAIRE in einem fort. Seine gesammelten Werke umfassen über 10.000 Druckseiten und trugen viel zur Vorbereitung der Revolution bei, deren Ausbruch er jedoch nicht mehr erlebte; er starb 1778. Nach dem Tod seiner Gefährtin Emilie du Châtelet veröffentlichte er keine bedeutende naturwissenschaftliche Abhandlung mehr.

Das Manuskript, das EMILIE DU CHÂTELET in ihren letzten Tagen vollendet hatte – *Principes Mathématiques de la Philosophie Naturelle* – wurde in den damaligen wissenschaftlichen Kreisen zu einem großen Erfolg. Die Erstausgabe kann in der *Bibliothèque Nationale* in Paris eingesehen werden. Das Château de Cirey wurde während der Revolution verrammelt und aufgegeben, aber später erneut renoviert. Ihr erster Sohn erlebte das nicht mehr. Weil er unter Ludwig XVI. Botschafter in Großbritannien gewesen war, wurde er nach seiner Rückkehr nach Frankreich in Haft genommen und später guillotiniert. »Wenn ich König wäre,« schrieb du Châtelet einmal, »wären die Frauen mehr wert, und die Männer hätten etwas neues, mit dem sie wetteifern könnten.«

HENRI POINCARÉ starb 1912, also sieben Jahre nach dem Erscheinen der Abhandlung Einsteins von 1905. Er hatte sich niemals damit abgefunden, daß er außerhalb Frankreichs nicht als Begründer der Speziellen Relativitätstheorie anerkannt war. In seinen letzten Lebensjahren schrieb er elegante, tiefgründige Essays über Kreativität. Und er sorgte dafür, daß niemand, der über Einsteins Theorien arbeiten wollte, in Frankreich promovieren konnte.

MILEVA MARIĆ-EINSTEIN blickte stets zu ihrem Mann auf, auch als er eine Affäre begann und ihre Ehe zerbrach. In der Scheidungsübereinkunft sagte er zu, ihr das Preisgeld des Nobelpreises zu überlassen, wann immer er diese Auszeichnung erhalten sollte. Sie zweifelte niemals daran, daß er sie bekommen würde. (Als er den Preis im Jahre 1921 erhielt – jedoch nicht für seine Relativitätstheorie, von deren Richtigkeit die schwedische Akademie der Wissenschaften noch immer nicht völlig überzeugt war – überwies er, wie versprochen, die erhebliche Geldsumme sofort an Mileva.)

Nach der Scheidung heiratete sie nicht wieder, und nachdem sie die Chance vertan hatte, ihre Abschlußprüfungen zu wiederholen (ihre Noten waren für eine Anstellung als Lehrerin etwas zu schlecht gewesen), blieb ihr eine berufliche Karriere verwehrt. Ihr erster Sohn wurde später Technikprofessor in Berkeley. Sie aber rieb sich in der Pflege des zweiten Sohnes auf, der fast sein ganzes Leben immer wieder in psychiatrische Kliniken kam. Vereinsamt und depressiv starb sie 1948 in Zürich.

MICHELE BESSO, Einsteins engster Freund während der Berner Jahre, mit dem er die Grundzüge der Speziellen Relativitätstheorie erstmals diskutierte, erfreute sich eines erfüllten Familienlebens und war ein erfolgreicher Maschinenbauingenieur. Noch in den fünfziger Jahren, als er und der inzwischen zum zweiten Mal verheiratete Einstein schon alt waren, führten sie ihre Korrespondenz fort, ja intensivierten sie sogar. Nach Bessos Tod im Frühjahr 1955 schrieb Einstein an dessen Familie: »Diese Begabung zum harmonischen Leben ist selten gepaart mit einer so scharfen Intelligenz, wie es bei ihm in so seltener Weise zusammentraf. Was ich aber am meisten an ihm als Menschen bewunderte, ist der Umstand, daß er es fertiggebracht hat, viele Jahre lang nicht nur im Frieden, sondern sogar in dauernder Konsonanz mit einer Frau zu leben – ein Unterfangen, in dem ich zweimal ziemlich schmählich gescheitert bin.«

Trotz der Kegelkugeln und der Kinderhacke, mit denen er sie in ihrer Kindheit traktiert hatte, wurde MAJA EINSTEIN die engste Freundin ihres großen Bruders. Im Jahre 1906 zog sie, zum Teil um ihm nah zu sein, nach Bern und promovierte dort auch (in Romanistik), für Frauen zu jener Zeit eine sehr seltene Leistung. Als Einstein an der Universität zu lehren begann, besuchten sie und Besso seine Kurse, damit die Verwaltung nicht so schnell bemerkte, wie wenig Studenten sich bei Einstein einschrieben.

Im Jahre 1937 starb ERNEST RUTHERFORD überraschend an den Folgen eines Darmrisses, den er sich möglicherweise durch übermäßige Gartenarbeit bei seinem Wochenendhaus zugezogen hatte. In seinen letzten Worten bat er seine Frau, eine Geldsumme für Stipendien an das *Nelson College* in Neuseeland zu überweisen, wo er selbst seine erste Ausbildung genossen hatte, um der bäuerlichen Armut zu entfliehen, und wo er sich auf sein späteres Studium in England vorbereitet hatte. Das CAVENDISH LABORATORY sollte nach seinem Tod niemals wieder eine herausragende Rolle in der Kernforschung spielen. Später verlagerte der Direktor den Schwerpunkt auf die Biologie. Dazu gehörte auch die Aufnahme eines jungen amerikanischen Biochemikers namens James Watson, von dem man annahm, er könne gut mit seinem physikalisch versierten Kollegen Francis Crick zusammenarbeiten und die Möglichkeiten des Instituts zur Untersuchung der DNA-Struktur nutzen.

HANS GEIGER, Rutherfords junger Assistent, der sich beim Bau der so nützlichen Strahlungszähler als geschickt erwiesen hatte, kehrte nach Deutschland zurück und nahm bald führende akademische Positionen ein. Der Aufenthalt in England hatte seine Einstellung zu Toleranz und Freiheit aber nur wenig beeinflußt. Er war unter den führenden deutschen Physikern einer derjenigen, die Hitlers Aufstieg besonders unterstützten, und er begrüßte es, wenn Studenten das Hakenkreuz trugen. Er wandte sich gegen seine jüdischen Kollegen, auch gegen solche, die ihm jahrelang geholfen hatten. Wie Hans Bethe und andere berichteten, schien er es fast zu genießen, sie kalt zurückzuweisen, wenn sie ihn baten, ihre Bemühungen um eine Stellung im Ausland zu unterstützen.

Als im September 1939 der deutsche Einmarsch in Polen begann, machte JAMES CHADWICK mit seiner Familie gerade Ferien auf dem Kontinent. Obwohl seine Gastgeber ihm versicherten, es bestehe keine Gefahr, zwischen die Fronten zu geraten, brachte er seine Familie mit bemerkenswerter Eile nach England zurück. Nachdem er gegen Oppenheimer heftig opponiert hatte, um General Groves zu beeindrucken, wurde er in die Zentrale in Washington versetzt und entpuppte sich als einer der erfolgreichsten Manager des Manhattan-Projekts. Er starb erst in den siebziger Jahren. Die ganze Zeit war er außerordentlich bekümmert darüber, wohin die Bombe geführt hatte: »Ich mußte anfangen, Schlaftabletten zu nehmen. Das war mein einziges Mittel dagegen. Ich nehme sie noch heute. Das ist jetzt 28 Jahre her, und ich glaube, ich bin seither keine einzige Nacht ohne sie ausgekommen.«

ENRICO FERMI hatte sich offenbar mit allen Kollegen und Mitarbeitern gut verstanden, mit denen er in Italien zusammengewirkt hatte. Ebenso erging es ihm in Amerika. Er arbeitete hart, um die amerikanische Umgangssprache zu lernen, und seine Bemühungen um die Einbürgerung erlebten erst einen Rückschlag, als es um das Unkrautjäten auf dem Rasen vor seinem ersten Haus in einem Vorort ging: Hatte das Unkraut nicht, wie er und seine Frau betonten, genauso ein Recht zu wachsen wie alles andere auch?

Seine Mitarbeit am Manhattan-Projekt war entscheidend für dessen Erfolg, aber wie viele der anderen dazu herangezogenen Wissenschaftler erkrankte er schon im mittleren Alter an Krebs. Während seiner letzten Monate im Krankenhaus war er bemerkenswert ruhig. Als der Inder Subrahmanyan Chandrasekhar ihn besuchte und nicht so recht wußte, was er sagen sollte, entkrampfte Fermi die Situation. Mit einem Lächeln wollte er von ihm wissen, ob er in seinem nächsten Leben als Elefant auf die Erde zurückkehren werde.

Das wohl bedeutendste Forschungszentrum für Hochenergiephysik liegt etwa 50 Kilometer südwestlich von Chicago. Es heißt FERMILAB.

OTTO HAHN erhielt 1945 den Nobelpreis für die Ergebnisse, auf die Lise Meitner ihn eigentlich erst gebracht hatte. Anstatt aber zu erklären, daß die Ehrung im Grunde ein Irrtum sei und der Preis eher ihr zustehe – und ihm selbst allenfalls zusammen mit ihr –, begann er vielmehr, ihren Anteil am Fortgang der Arbeiten immer stärker herunterzuspielen. In seinem ersten Interview nach dem Krieg behauptete er gar, sie sei damals lediglich Assistentin gewesen. Später gab er vor (und glaubte es vielleicht sogar selbst), er habe von ihr kaum jemals etwas gehört.

Viele Jahre lang wurde Meitners Berliner Arbeitstisch mit allen Geräten, die sie für das entscheidende Experiment zusammengetragen hatte, im Deutschen Museum als »Arbeitstisch von Otto Hahn« ausgestellt.

Um Hahn zu ehren, schlug die *American Chemical Society* vor, dem künstlich erzeugten Element 105 den Namen Hahnium zu geben. Später wollte man das Element 108 nach ihm benennen. Im Jahre 1997 entschied sich die für die Namensgebung zuständige Kommission jedoch anders: Das Element 105 heißt jetzt (nach dem russischen Forschungszentrum in Dubna) Dubnium, und das Element 108 wurde (nach dem Entdeckungsland Hessen) Hassium genannt.

FRITZ STRASSMANN war von Hahns Verhalten bitter enttäuscht und lehnte die zehn Prozent des Nobelpreisgeldes ab, die Hahn ihm später anbot. Auch mitten im Krieg war er bei seinen liberalen Ansichten geblieben und hatte die jüdische Pianistin Andrea Wolffenstein monatelang in seiner Berliner Wohnung versteckt; dafür wurde er später in der Holocaust-Gedenkstätte *Yad Vashem* in Jerusalem geehrt. Nach dem Krieg schrieb er an Meitner, sie möge doch nach Deutschland zurückkehren, setzte aber hinzu, er habe Verständnis dafür, wenn sie nicht komme.

LISE MEITNER war durch das, was ihr Hahn angetan hatte, sehr verletzt. Doch sie erklärte sein Verhalten später mit seinem Wunsch, die jüngere deutsche Vergangenheit zu verdrängen. Sie ging von Stockholm nach Cambridge, England, und wurde in den sechziger Jahren als schmächtige alte Frau zuweilen beim Stöbern in Antiquariaten gesehen. Noch mit über achtzig führte sie ein Notizbuch mit Fragen, die sie ihrem Neffen stellen wollte. Diese Fragen betrafen aktuelle Themen der theoretischen Physik, aber auch seltsame neue Wörter wie *high-falutin* (hochtrabendes Geschwätz) oder *juke box* (Musikbox). Sie starb, fast vergessen, im Oktober 1968, wenige Wochen nach dem weltberühmten Otto Hahn.

In den siebziger Jahren begannen einige feministische Professorinnen, ihre Karriere erneut zu erforschen. Als 1982 ein weiteres chemisches Element – mit der Nummer 109 im Periodensystem – erzeugt wurde, nannte man es MEITNERIUM.

Ihrem Neffen OTTO ROBERT FRISCH war es gelungen, Dänemark vor dem deutschen Einmarsch zu verlassen. Nachdem er England glücklich erreicht hatte, wurde er dort jedoch von allen geheimen Forschungsarbeiten ausgeschlossen, weil er als feindlicher Ausländer galt. Daher hatte er viel Zeit für Berechnungen. Diese ergaben unter anderem, daß weit weniger Uran für den Bau einer Bombe ausreichen würde, als man bisher angenommen hatte. Diese Erkenntnis bildete die Grundlage für den geheimen Bericht, der das US-amerikanische Bombenprojekt ins Rollen brachte, als er endlich aus Lyman Briggs' Safe geholt worden war.

Frisch spielte eine bedeutende Rolle in Los Alamos, kehrte aber im März 1945 nach Cambridge zurück. Dort bekam er im *Cavendish Laboratory* mit, daß der junge Fred Hoyle eine Liste mit den Kernmassen zusammenstellen wollte, um seine Idee über die Entstehung der Elemente im Innern der Sterne zu überprüfen. Frisch konnte ihm mit solchen Werten helfen.

Nach dem Krieg stellte Robert Frisch seinen zweiten Vornamen (Otto) voran. Er blieb stets ein Anglophiler, hegte aber den leisen Verdacht, »das Wetter« müsse erst kürzlich in Großbritannien eingeführt worden sein, denn das sei die einzige vernünftige Erklärung dafür, daß es im Gespräch so häufig kommentiert werde. Zu seiner großen Freude wurde ihm 1947 eine Professur in Cambridge angeboten, so daß er die Tradition fortführen konnte, die ein früherer Einwanderer – Ernest Rutherford – begründet hatte.

Nachdem die Bomben ausgeliefert worden waren, die gegen Japan eingesetzt werden sollten, verfiel J. ROBERT OPPENHEIMER wieder in seinen alten Sarkasmus. Auf einmal bezeichnete er das Personal, das in Los Alamos geblieben war, als zweitklassig. Mit seiner scharfen Zunge wandte er sich auch gegen Lewis Strauss, den Leiter der neuen Atomenergiebehörde AEC (*Atomic Energy Commission*), und gegen Edward Teller. Damit machte er sie sich zu erbitterten Feinden. Das sollte sich rächen, als während der McCarthy-Hexenjagd auf alles »Linke« ein Komitee der AEC seine Mitgliedschaft in linken Parteien während der dreißiger Jahre und seine moralischen Bedenken gegen die Wasserstoffbombe untersuchte. Im Jahre 1954 verlor er alle seine Ämter und wurde erst 1963 wieder rehabilitiert.

LESLIE GROVES blieb bei seiner guten Meinung über Oppenheimer. Nach dem Ausscheiden aus der Armee wurde er Geschäftsführer bei Remington Rand. Bei den Anhörungen im Jahre 1954 weigerte er sich, Oppenheimer – wie es die meisten anderen Militärs aus tiefstem Herzen getan hatten – zu verurteilen. Er hielt daran fest, daß Oppenheimer »ein wirkliches Genie [ist]. … Lawrence ist zwar ein sehr heller Kopf, aber kein Genie, nur eben ein solider und harter Arbeiter. Nun, Oppenheimer kennt sich schlechthin überall aus. Sie können auffahren, was Sie wollen, er kann Ihnen zu allem etwas sagen. Gut, vielleicht nicht ganz zu allem. Es gibt vermutlich ein paar Dinge, von denen er keine Ahnung hat. Vom Sport zum Beispiel versteht er rein gar nichts.«

Mit dem Material aus Lawrences Institut gelang es EMILIO SEGRÈ als erstem, das Element Technetium künstlich zu erzeugen. Er blieb auch lange genug in Berkeley, um Mitentdecker des Elements Plutonium zu werden, des Elements, mit dem die Nagasaki-Bombe gebaut wurde. Mit dem reduzierten Gehalt, das Lawrence ihm noch zahlte, hatte er keine Chance, Beamte der

Einwanderungsbehörde zu bestechen, um seine alten Eltern aus Italien holen zu können. Seine Mutter wurde bei einer Razzia der Nazis im Oktober 1943 festgenommen und bald darauf ermordet; sein Vater, der im Vatikan sicher verborgen gehalten wurde, starb im Jahr darauf eines natürlichen Todes. Nach dem Krieg ging Segrè an das Grab seines Vaters und streute eine kleine Menge Technetium aus Lawrences Institut darüber. »Die Radioaktivität war nur minimal, aber mit seiner Halbwertszeit von mehreren hunderttausend Jahren wird es länger überdauern als jedes Denkmal, das ich hätte errichten können.«

Nachdem Dänemark von der deutschen Besetzung befreit war, suchte GEORG KARL VON HEVESY wieder den Behälter mit der starken Säure heraus, in der er die goldenen Nobelpreis-Medaillen aus Niels Bohrs Kopenhagener Institut aufgelöst hatte, und fällte das Gold aus. Die Nobel-Stiftung ließ damit die Medaillen erneut prägen, und sie wurden ihren rechtmäßigen Besitzern zurückgegeben. Zu der Zeit, als de Hevesy die Medaillen aufgelöst hatte, war er gerade erst von einer schweren Midlife-crisis genesen. Er war davon überzeugt, daß er mit fünfzig über das Alter hinaus sei, in dem man Erfindungen oder Entdeckungen machen kann. Von dieser Krise erholte er sich fast vollständig, denn 1943 hatte auch er (mit 58 Jahren) den Nobelpreis erhalten – und zwar für seine Arbeiten über radioaktive Tracer, durchgeführt in einem Alter, in dem bei den meisten Physikern die kreative Phase schon vorüber ist.

Allen Nobelpreisträgern wird die schwedische Staatsbürgerschaft angeboten, und de Hevesy war einer der wenigen, die dieses Angebot annahmen. Für den Rest seines langen Lebens übersiedelte er nach Stockholm. In den sechziger Jahren konnte man ihn manchmal durch La Jolla in Kalifornien schlendern sehen: ein aufrecht gehender alter Mann, glücklich mit seinen amerikanischen Enkelkindern, denen er von seiner Kindheit (um 1880) in einem ungarischen Adelspalais erzählte.

ERNEST LAWRENCE konnte nach dem Krieg triumphieren. Es gelang ihm, immer mehr Gelder zu sammeln und immer größere Geräte zu bauen. Schließlich schlug er eine Konstruktion eines Zyklotrons vor, die aber die Spezielle Relativitätstheorie verletzte, also unmöglich funktionieren konnte. Keiner seiner jungen Assistenten wagte es jedoch, ihn auf seinen Fehler aufmerksam zu machen, und in den Bemühungen, das Zyklotron zum Laufen zu bringen, ruinierte er seine Gesundheit. Im Jahre 1958, kurz vor seinem Tod, sagte er zu einigen Mitarbeitern: »Wir müssen vom Maschinenbau wegkommen; wir sind besessen von dem Aberglauben, alles was in unserem Laboratorium vor sich geht, müsse das Größte und Beste sein.«

WERNER HEISENBERG war – zusammen mit anderen Forschern und Ingenieuren – sechs Monate lang in dem luxuriösen Landhaus *Farm Hall* im englischen Cambridgeshire interniert. Er wurde danach der große alte Mann der deutschen Wissenschaft, und schon bald respektierte man ihn weltweit als Weisen und als Philosophen. Er sprach nur selten vom Krieg, und wenn er es tat, erweckte er durch Anspielungen und Gesten den Eindruck, daß er in der ganzen Zeit in der Lage gewesen wäre, die Bombe zu bauen; er hätte aber wissentlich die Forschungen in die falsche Richtung geführt und dadurch verhindert, daß die Waffe in die Hände der Nazis gelangte.

Es war Heisenberg nie bewußt, daß er während der Internierung in dem Landhaus abgehört worden war.

Heisenberg: *Mikrophone eingebaut?* [lachend] *O nein, so gerissen sind die nicht. Ich glaube nicht, daß sie die richtigen Gestapomethoden kennen; in dieser Hinsicht sind sie ein bißchen altmodisch.*

Doch ein halbes Jahrhundert später wurden die Aufnahmen veröffentlicht. Sie beweisen, daß Heisenbergs Schutzbehauptungen falsch waren. Es liegt eine subtile Gerechtigkeit darin, daß Heisenberg und andere deutsche Wissenschaftler gerade in *Farm Hall* festgehalten wurden, nicht weit entfernt von dem Haus des britischen Geheimdienstes, in dem die sechs Norweger, die sein Projekt sabotierten, auf ihren Auftrag vorbereitet worden waren.

Beinahe hätte Heisenberg seine Festnahme gar nicht mehr erleben können, denn auf seiner letzten Reise in die Schweiz hatte der Vorläufer des CIA einen Mörder auf ihn angesetzt, den ehemaligen Athleten Moe Berg. Dieser mischte sich unter die Zuhörer eines Seminars, das Heisenberg in Zürich veranstaltete. Hätte Heisenberg einen Hinweis darauf gegeben, daß das Bombenprojekt auf dem richtigen Weg sei, wäre er getötet worden. Berg hatte ein Gewehr und verstand die Anfangsgründe der Physik, aber das Gespräch war für ihn zu kompliziert, so daß er nicht folgen konnte. Eine während dieses Seminars von ihm hingekritzelte Notizen blieb erhalten: »Während ich zuhöre, bin ich unsicher – siehe: Heisenbergs Unbestimmtheitsprinzip –, was ich mit H. tun soll.« Er ließ Heisenberg gehen.

KNUT HAUKELID überlebte den Krieg, obwohl die Deutschen nach der Versenkung der Fähre über den Tinnsjö-See intensiv Jagd auf ihn machten. Die während Heisenbergs Internierung angefertigten Protokolle klärten die Bedeutung jener Havarie auf, bei der 600 Liter konzentrierten schweren Wassers verschwanden. (Im folgenden Zitat spricht Heisenberg im Original Englisch):

Heisenberg: *Wir haben versucht, eine Maschine zu bauen, die mit gewöhnlichem Uran funktioniert.*

(Frage): *Leicht angereichertes Uran?*

Heisenberg: *Ja. Das hätte gut funktionieren müssen, und wir waren daran sehr interessiert.*

(Pause)

Nach unseren letzten Experimenten zu urteilen – wenn wir noch 5000 Liter schweres Wasser gehabt hätten, dann bezweifle ich nicht, daß wir die Maschine zum Laufen gebracht hätten.

Haukelid wurde Offizier der norwegischen Armee. Ein anderes Mitglied des früheren Einsatzkommandos segelte später mit Thor Heyerdahl auf der Kon-Tiki.

Die Fabrik für schweres Wasser in VEMORK blieb bis in die frühen siebziger Jahre in Betrieb. Danach war sie nicht mehr wirtschaftlich zu betreiben und wurde von Ingenieuren der Norsk Hydro gesprengt. Einen Teil des Schutts ließ man mit Lastwagen und Zügen abtransportieren, der größte Teil aber blieb liegen und wurde einfach überpflastert. Mehrere tausend Besucher jährlich laufen darüber hinweg, denn die alte Generatorhalle wurde in ein ausgezeichnetes Museum umgebaut. Die Stelle, an der das Sabotagekommando damals eindrang, liegt direkt unterhalb des Eingangsweges.

Das gesamte Konzernvermögen der IG FARBEN, die den Betrieb der Fabrik in Vemork während des Krieges übernommen hatte, wurde von den Alliierten beschlagnahmt und enteignet. In den Nürnberger Kriegsverbrecherprozessen wurde offenbar, wie sehr die Verantwortlichen von dem Einsatz und dem anschließenden Tod der Zwangsarbeiter profitiert hatten.

In der sowjetischen Besatzungszone demontierte man die Werke oder führte sie in Volkseigentum über (z. B. die Leuna-Werke). In den Westzonen wurde die Entflechtung der IG Farben angeordnet, und 1952 entstanden zwölf Nachfolgegesellschaften. Die Zerschlagung war aber nur unvollkommen, da die Entschädigung der Zwangsarbeiter und die Übertragung der Vermögenswerte der IG Farben in Ostmitteleuropa nicht geregelt worden waren. Noch im Jahre 2000 fand eine Hauptversammlung der IG Farben AG i. L. (in Liquidation) statt, mit dem Versprechen, die Firma innerhalb kurzer Zeit tatsächlich aufzulösen und sich an der Entschädigung der Zwangsarbeiter zu beteiligen. Die Nachfolgeunternehmen der IG Farben – darunter BASF, Bayer und die aus der Hoechst AG hervorgegangene Aventis – zählen zu den weltweit bedeutendsten Chemie- und Pharmakonzernen.

Die Berliner AUER-WERKE, in denen sich die weiblichen Gefangenen aus dem KZ Sachsenhausen zu Tode schuften mußten, um das deutsche Atomprojekt mit Uranoxid zu versorgen, blieben bis kurz vor Kriegsende fast unbeschädigt. Erst in den letzten Kriegsmonaten wurden sie auf Groves' Anweisung durch alliierte Bomberangriffe zu großen Teilen zerstört, hauptsächlich um zu verhindern, daß sie in die Hände der Russen gelangten. Fast alle Verantwortlichen der Auer-Werke konnten einer Gefängnisstrafe entgehen. Schon vor Kriegsende hatten sie an ihre Zukunft gedacht: Amerikanische Nachforschungen ergaben, daß alle europäischen Vorräte an dem radioaktiven Element Thorium von einem unbekannten Abnehmer aufgekauft worden waren. Das war die Berliner Auer-Gesellschaft, die damit wieder ihre Zahnpasta für blütenweiße Zähne herstellen wollte.

Die Kriegsverbrecherprozesse in Oslo führten zur Verurteilung mehrerer Wachleute – sowohl Deutscher als auch einiger kollaborierender Norweger –, die für den Tod der gefangengenommenen BRITISCHEN FALLSCHIRMJÄGER verantwortlich waren. Etliche der Soldaten hatte man, die Hände mit Stacheldraht auf den Rücken gefesselt, in Massengräber geworfen. Ihre sterblichen Überreste wurden später exhumiert und einem würdigen Begräbnis zugeführt. Der Anführer der norwegischen Kollaborateure, Vidkun Quisling, mußte beim Ausgraben der Leichen anderer Gefangener helfen, die mit den Soldaten zusammen umgebracht worden waren.

Der einstmals geheime Reaktor in HANFORD, Washington, der eine tragende Rolle bei der Erzeugung des Plutoniums für die Nagasaki-Bombe und weitere Bomben gespielt hatte, blieb ein zentraler Ort für den Bau amerikanischer Kernwaffen. Nachdem er mehrere Jahrzehnte in Betrieb gewesen war, änderte sich die öffentliche Meinung: Man sah in ihm jetzt vor allem eine Quelle der Umweltverschmutzung. Die Kosten für die Entsorgung der ausgetretenen oder nicht angemessen gelagerten strahlenden Stoffe werden auf 30 bis 50 Milliarden US-Dollar geschätzt.

Der Gutachter von CECILIA PAYNES Doktorarbeit brachte ihre Karriere beinahe zum Stillstand, indem er darauf hinwirkte, daß ihr keinerlei neu entwickeltes elektronisches Gerät zur Verfügung gestellt wurde. Er sorgte als Direktor des Harvard-Observatoriums auch dafür, daß die von ihr abgehaltenen Lehrveranstaltungen weder im Harvard- noch im Radcliffe-Vorlesungsverzeichnis aufgeführt wurden. Payne fand sogar heraus, daß ihr Gehalt unter dem Haushaltstitel »Gerätekosten« abgerechnet worden war. Als dieser schlimme Sexismus endete und in der Nachkriegszeit ein anständigerer Direktor das Observatorium übernahm, war es zu spät. Man hatte ihr bis dahin so viele Lehrverpflichtungen aufgebürdet, daß »mir buchstäblich keine Zeit mehr für Forschungen blieb, ein Rückschlag, von dem ich mich nie wieder völlig erholte.«

Sie förderte die junge Generation in Radcliffe nach besten Kräften und war immer für endlose Gespräche mit Studenten zu haben. Geistig hielt sie sich unter anderem dadurch fit, daß sie immer neue Sprachen lernte – nach Lateinisch, Griechisch, Deutsch, Französisch und Italienisch, die sie schon bei ihrer Ankunft in Amerika beherrscht hatte. »Isländisch war nur eine kleinere Herausforderung,« schrieb ihre Tochter, obwohl »ich nicht sagen kann, daß sie es wirklich gemeistert hat.« Cecilia Payne erlebte mit Befriedigung, daß auch ihre Tochter Astronomin wurde, und veröffentlichte mehrere Arbeiten mit ihr zusammen.

ARTHUR STANLEY EDDINGTON verschloß sich in seinen späteren Jahren immer mehr den wichtigen Trends der modernen Astronomie. Ein Kapitel in einem seiner letzten Werke, erschienen 1939, begann mit den Worten: »Ich glaube, daß es im Weltall 15.747.724.136.275.002.577.605.653.061.181.-555.468.044.717.914.527.116.709.366.231.425.076.185.631.031.296 Protonen und die gleiche Anzahl von Elektronen gibt.« Er konnte es nicht verstehen, daß professionelle Astronomen ihm keine Beachtung mehr schenkten.

Im Jahre 1950, vier Jahre nachdem FRED HOYLE seine Arbeit über die bombenähnlichen Implosionsprozesse im Innern der Sterne vorgelegt hatte, kamen die Vorteile der Seilschaften von Cambridge, England, zum Tragen: Ein Redakteur, der dort studiert hatte, »übersah« die ausdrückliche Boykott-Verfügung in den BBC-Akten und beauftragte ihn mit einer Sendereihe über Astronomie. Als Hoyle in großer Eile das Manuskript für seinen letzten Radiovortrag vorbereitete, prägte er einen etwas spöttischen Begriff über eine damals noch unbewiesene Theorie vom Ursprung des Universums: Er nannte ihn den »Big Bang«, wörtlich: den »Großen Knall«; heute sprechen wir im Deutschen vom »Urknall«.

Die BBC-Sendungen und das darauf basierende Buch waren in mehr als einer Hinsicht ein enormer Erfolg. Zum einen verdienten Hoyle und seine Frau so viel Geld, daß sie ihren ersten Kühlschrank kaufen konnten, und zum anderen waren die Sendungen der Beginn seiner Karriere als Vermittler oder Verbreiter der Wissenschaft; sie förderten außerdem seine wissenschaftliche Laufbahn. Auf diese Weise hatte er schon genügend Geld auf die Seite gelegt, als er im Jahre 1972 der Universitätsleitung in Cambridge mitteilte, er würde seinen Lehrstuhl aufgeben, es sei denn, sie hielten ihr Wort und finanzierten weiterhin das von ihm gegründete astronomische Forschungszentrum. Damit konnte er sie aufschrecken (»Fred wird seinen Lehrstuhl nicht aufgeben; niemand verzichtet auf einen Lehrstuhl in Cambridge«) und höflich den Raum verlassen. Er hat auch danach etliche innovative Arbeiten veröffentlicht, manche davon sicher etwas flüchtig, aber manche auch sehr intelligent – wie man es von den führenden Wissenschaftlern seit Newtons Zeiten gewohnt ist. Wenn er die alte Garde in Großbritannien und die gesamte Gemeinschaft der Astronomen mit seiner Direktheit nicht so gereizt hätte, dann wäre ihm – nach einhelliger Auffassung – für seine Arbeiten zur Bildung der Elemente schon lange der Nobelpreis zuerkannt worden.

SUBRAHMANYAN CHANDRASEKHAR war bekannt dafür, daß er äußerlich stets seine Ruhe bewahrte, aber in seinem Inneren sah es anders aus: »Ich schäme mich fast, es einzugestehen. Die Jahre rennen dahin, und nichts ist getan! Ich wollte, ich wäre konzentrierter, zielgerichteter zu Werke gegangen und wäre auch disziplinierter gewesen.« Als er diese Klage äußerte, war er gerade erst zwanzig, und im Jahr zuvor hatte er auf der Seereise zum ersten Mal von der Formel $E = mc^2$ erfahren, die neben anderen Erkenntnissen schließlich zum Verständnis der Schwarzen Löcher beitragen sollte. Er trat zwar eine Stelle an der Universität Chicago an, bezog jedoch mit seiner Frau ein Haus in einem Städtchen, das 160 Kilometer vom Campus entfernt lag, nicht zuletzt deshalb, weil er vermeiden wollte, Kollegen zu brüskieren, wenn er Einladungen zu Parties ausschlug, auf denen Alkohol und Fleisch angeboten wurden. Pflichtbewußt legte er die große Strecke zurück, um seine Lehrveranstaltungen abzuhalten, selbst während der Winterstürme – in einem Semester sogar für einen Kurs, den nur zwei Studenten besuchten. (Diese Fahrten haben sich aber gelohnt, denn beide Teilnehmer – C. N. Yang und T. D. Lee – erhielten sogar noch vor ihm den Nobelpreis.)

Vierzig Jahre nachdem ihm Eddington eine Abfuhr erteilt hatte, wandte sich Chandrasekhar wieder der Erforschung der Schwarzen Löcher zu. Es gibt Fotos von jungen Physikern, die, hell gekleidet nach der Mode der frühen siebziger Jahre, in der Caltech-Cafeteria um einen Tisch sitzen und einem Mann im Maßanzug zuhören, der ihr Großvater sein könnte. Er übertraf sie alle in seinem souveränen Umgang mit neuen Anwendungen der Allgemeinen Relativitätstheorie, und 1983, über ein halbes Jahrhundert nach seiner Seereise, veröffentlichte er ein wichtiges Buch über die mathematischen Grundlagen der Beschreibung der Schwarzen Löcher. In jenem Jahr erhielt er auch den Nobelpreis. Er veränderte danach seine Forschungsrichtung – wie er es nach wichtigen Auszeichnungen stets getan hatte – und widmete sich jetzt der intensiven Erforschung von Shakespeares Werken und der Ästhetik im allgemeinen.

Mitte 1999 startete die NASA einen großen Satelliten für die Untersuchung des fernen Weltraums. Er soll Bilder vom Rand eines Schwarzen Loches aufnehmen und überquert dabei regelmäßig den größten Teil der Erde, unter anderem das Arabische Meer sowie das englische Cambridge und Chicago. Er trägt den Namen CHANDRA X-RAY OBSERVATORY (Chandra-Röntgenobservatorium).

Nachdem ERWIN FREUNDLICH im Jahre 1919 die Expedition zur Sonnenfinsternis verpaßt hatte, besserte sich seine Stimmung, als einige Industrielle in der noch jungen Weimarer Republik großzügig spendeten, damit in Potsdam ein großes Observatorium gebaut werden konnte. Damit sollten die Aussagen der Allgemeinen Relativitätstheorie auch ohne Sonnenfinsternis zu testen sein. Die Firma Carl Zeiss lieferte die Ausrüstung, und der bedeutende expressionistische Architekt Erich Mendelsohn entwarf das Gebäude: den berühmten Einstein-Turm, bis heute ein Wahrzeichen der deutschen Architektur der zwanziger Jahre.

Nach Fürsprache Einsteins wurde Freundlich der wissenschaftliche Direktor am Einstein-Turm. Es stellte sich aber heraus, daß die Messungen, die er plante, mit der Technik der damaligen Zeit nicht durchzuführen waren. Erst in den sechziger Jahren gelangen einer Forschergruppe in Harvard weitere Bestätigungen von Einsteins Theorie.

Anmerkungen

Diese Anmerkungen sind für Leser gedacht, die mehr wissen wollen. In einigen geht es um ernste Fragen, zum Beispiel warum Tom Stoppard unrecht hat, wenn er zur Untermauerung moralischer Standpunkte in seinen Stücken die Relativitätstheorie heranzieht, oder welche tieferen Verbindungen zwischen Relativitätstheorie, Thermodynamik und dem Talmud bestehen oder auch wie nahe Deutschland wirklich daran war, Kernwaffen zu bauen. Andere Anmerkungen sind weniger schwerwiegend, obzwar auf ihre Weise ebenfalls bedeutungsvoll: so etwa das kuriose Faktum, daß sich Teile von deutschen Schlachtschiffen aus dem Ersten Weltkrieg auf dem Mond befinden; daß die heutige Schreibweise der Maxwellschen Gleichungen nicht von Maxwell selbst stammt; daß Faraday niemals sagte: »Nun, Sir, irgendwann können Sie oder Ihre Nachfolger Steuern darauf erheben«; und – noch verblüffender –, daß Einstein sich nie mit dem Begriff Relativitätstheorie anfreunden konnte.

Vorwort

7 »Während der Überfahrt hat mir Einstein täglich ...«: Carl Seelig, *Albert Einstein – Eine dokumentarische Biographie* (Zürich, Stuttgart, Wien: Europa Verlag, 1954), S. 96.

9 ... mehrere der in Frankreich landenden alliierten Einheiten sicherheitshalber mit Geigerzählern auszurüsten, ...: Leslie Groves, *Jetzt darf ich sprechen: Die Geschichte der ersten Atombombe* (Köln, Berlin: Kiepenheuer & Witsch, 1965), Kapitel 14; siehe auch: Samuel Goudsmit, *Alsos: The Failure in German Science* (New York: Henry Schuman Inc., 1947), S. 13.

1 Patentamt Bern, 1905

13 Brief an Professor Wilhelm Ostwald: *The Collected Papers of Albert Einstein, Vol. 1, The Early Years: 1879–1902* (Princeton, N. J.: Princeton University Press, 1987), Dok. 99, S. 289f. Ich habe Ostwalds Adresse hinzugefügt.

15 »es werde nie in seinem Leben etwas Rechtes aus ihm werden«: ebenda, S. lxi.

15 »Ihre bloße Anwesenheit in der Klasse …«: Philipp Frank, *Einstein: Sein Leben und seine Zeit* (Braunschweig, Wiesbaden: Vieweg, 1979), S. 32.

15 … weise »zwar einige ganz tüchtige Leistungen« auf, …: Albrecht Fölsing, *Albert Einstein: Eine Biographie* (Frankfurt/M.: Suhrkamp, 1993), S. 138.

16 »sein Büro für Theoretische Physik«: Albrecht Fölsing, *Albert Einstein: Eine Biographie* (Frankfurt/M.: Suhrkamp, 1993), S. 254; siehe auch: Anton Reiser, *Albert Einstein: A Biographical Portrait* (New York: A. and C. Boni, 1930), S. 68. An den Ausdruck »Büro für theoretische Physik« erinnerte Rudolf Ladenburg, der Einstein seinerzeit besuchte.

17 »Ich liebe ihn sehr wegen seines Scharfsinns und seiner Einfachheit«: Albrecht Fölsing, *Albert Einstein: Eine Biographie* (Frankfurt/M.: Suhrkamp, 1993), S. 90.

17 … mit einem Gefühl »höchster Erregung«: zitiert nach Anton Reiser, *Albert Einstein: A Biographical Portrait* (New York: A. and C. Boni, 1930), S. 70.

17 »Die Überlegung ist lustig und bestechend«: *The Collected Papers of Albert Einstein, Vol. 5, The Swiss Years: Correspondence:* 1902–1914 (Princeton, N. J.: Princeton University Press, 1987), Dok. 28, S. 33. Der Freund war Conrad Habicht.

18 $E = mc^2$ hatte das Licht der Welt erblickt: Einstein schrieb im Jahre 1905 die Formel aber nicht als $E = mc^2$. Mit den für die physikalischen Größen damals üblichen Symbolen hätte er schreiben müssen: $L = MV^2$. Noch wichtiger ist aber, daß er 1905 eigentlich »nur« die Vorstellung entwickelt hatte, daß ein Gegenstand etwas Energie abgibt, wenn er bei dem Prozeß eine kleine Menge seiner Masse verliert. Die vollständige Einsicht, daß auch der umgekehrte Vorgang eintreten kann, hatte er erst später.
Während des Zweiten Weltkriegs fertigte Einstein von Hand eine Abschrift seines grundlegenden Artikels von 1905 an, die versteigert werden sollte, um Kriegsanleihen zu finanzieren. Während seine Sekretärin, Helen Dukas, ihm diktierte (eine recht unübliche Situation!), stutzte er an einer Stelle und fragte: »Habe ich das wirklich gesagt?« Als sie bejahte, meinte er: »Ich hätte es viel einfacher sagen können.« Zitiert aus: Banesh Hoffmann, *Albert Einstein, Schöpfer und Rebell* (Dietikon–Zürich: Stocker-Schmid, 1976), S. 247.

2 E steht für »Energie«

21 Einer der Männer, die wesentlich zu einer Änderung jener Sichtweise beitrugen: Natürlich haben sich auch andere Forscher darum bemüht, das Prinzip der Energieerhaltung zu erkennen und zu verstehen. Aber

indem ich mich auf Faraday konzentrierte, konnte ich die für Einsteins spätere Arbeiten so wichtige Vorstellung von einem Feld einbringen, das den scheinbar »leeren« Raum durchdringt. Leser, die sich für die anderen Forscher interessieren, seien verwiesen auf den Essay von Thomas Kuhn sowie auf *The Science of Energy* von Crosbie Smith; siehe dazu das »Kommentierte Verzeichnis weiterführender Literatur« zu Kapitel 2. Faradays eigene Ansicht darüber, ob die Energie wirklich absolut erhalten bleibt, unterschied sich von denen vieler späterer Forscher; siehe z. B. Joseph Agassi, *Faraday as Natural Philosopher* (Chicago: University of Chicago Press, 1971).

23 ...hatte jetzt ein Dozent in Kopenhagen etwas ganz Erstaunliches festgestellt: Der Däne war Hans Christian Ørsted, und in den meisten Physiklehrbüchern steht, er sei eher zufällig auf seine Ergebnisse gestoßen. In Wahrheit hatte sich Ørsted mindestens acht Jahre lang bemüht, den Zusammenhang zwischen Elektrizität und Magnetismus aufzuklären. Das wird wohl deshalb so oft übersehen, weil seine Motivation nicht dieselbe war wie bei den meisten anderen Wissenschaftlern, sondern von Kant, Goethe (vor allem von dessen »Wahlverwandtschaften«) und besonders Schelling inspiriert war. Aber Faraday erkannte, was Ørsted wirklich beabsichtigt hatte.

Aus Ørsteds Erfolg darf man allerdings nicht schließen, daß sich außerwissenschaftliche Motive stets als dermaßen nützlich erweisen. Es ist wichtig, objektiv bewerten zu können, worin der Vorzug eines solchen Motivs liegt. Diese Fähigkeit hatte Einstein in hohem Maße, zumindest in den frühen Jahren seiner Laufbahn: Aufgrund seines Studiums der Schriften von David Hume erkannte er, wie willkürlich die erdachten Definitionen sind, die die Physiker benutzen, und wie ungenau sie eines Tages werden können. Seine Verehrung Spinozas öffnete ihm den Blick für die geordnete Schönheit unseres Universums. Goethe dagegen nutzte die Philosophie in der Wissenschaft fast kaum und vergeudete Jahre damit, eine Farbenlehre zu erarbeiten, einfach weil er davon überzeugt war, daß sie »wahr« sein mußte. Ein altes Sprichwort sagt, um Mathematik zu betreiben, brauche man ein Blatt Papier, eine Feder und einen Papierkorb, während zum Philosophieren Papier und Feder genügen.

24 »Sie kennen mich ebenso gut oder besser, ...«: aus einem Brief von Faraday an Sarah Barnard, abgedruckt in Silvanus P. Thompson, *Michael Faradays Leben und Wirken* (Wiesbaden: Dr. Martin Sändig, 1965; Neudruck der Ausgabe von 1900, Verlag Wilhelm Knapp, Düsseldorf), S. 38. Siehe auch *The Correspondence of Michael Faraday,* Bd. 1, hrsg. von Frank A. J. L. James (London: Institute of Electrical Engineering, 1991), S. 199.

26 Inspiriert von seinen religiösen Überzeugungen, …: Dies ist meine eigene Interpretation, basierend auf Vorstellungen der kognitiven Anthropologie über die Zusammenhänge zwischen gesellschaftlichem Verhalten und Ideologien. Für eine konventionellere Sichtweise siehe Geoffrey Cantor, *Michael Faraday, Sandemanian and Scientist: A Study of Science and Religion in the Nineteenth Century* (London: Macmillan; New York: St. Martin's Press, 1991).

26 »Nun, Sir, irgendwann können Sie oder Ihre Nachfolger Steuern darauf erheben«: Das ist eine hübsche Anekdote, die Ingenieuren sicher gefällt. Doch diese Äußerung findet sich weder in Faradays Briefen noch in denen seiner Bekannten und Freunde, und auch in zeitgenössischen Zeitungsartikeln oder in Biographien von Autoren, die Faraday selbst gekannt hatten, sucht man sie vergebens. In Amerika wurde sie des öfteren William Gladstone zugeschrieben, was keineswegs überzeugt, denn er wurde erst 47 Jahre nach Faradays Entdeckung Minister, zu einer Zeit also, als elektrische Geräte schon recht verbreitet waren. Die britische Regierung war sich damals schon seit langem dessen bewußt, daß ihr Land seine wirtschaftliche Stärke nicht zuletzt der industriellen Innovation verdankte.

27 »Auf einmal rief er aus: Siehst du, …«: Silvanus P. Thompson, *Michael Faradays Leben und Wirken* (Wiesbaden: Dr. Martin Sändig, 1965; Neudruck der Ausgabe von 1900, Verlag Wilhelm Knapp, Düsseldorf), S. 71.

27 Faradays unsichtbare wirbelnde Linien …: Dies war die erste neuzeitliche Vorstellung von einem »Feld«. Sie wirkte in den 1820er Jahren deshalb so überraschend, weil ein ganzes Jahrhundert lang alle angesehenen Physiker »gewußt« hatten, daß es so etwas nicht geben könne. Mochte man auch im Mittelalter geglaubt haben, das Himmelsgewölbe sei voll von Kobolden und Geistern und anderen unsichtbaren Mächten, so hatte doch Newton bewiesen, daß die Schwerkraft über den leeren Raum hinweg wirken kann, ohne irgendwelcher Körper zu bedürfen, die sie übertrugen. Damit hatte er »die Spinnweben vom Himmel gefegt«.
Während andere dies als gegeben hinnahmen, forschte Faraday tiefer nach und erkannte, daß Newton selbst die Vorstellung des völlig leeren Raumes nur als provisorischen Schritt angesehen hatte. Faraday zitierte gern aus einem Brief Newtons, den er 1693 dem an Astronomie interessierten jungen Theologen Bentley geschrieben hatte: »… daß ein Körper auf den andern aus der Entfernung durch ein *Vakuum* einwirken könnte, ohne die Vermittlung von irgend etwas anderem …, scheint mir eine so große Vernunftwidrigkeit, daß ich nicht glaube, daß ein Mensch, der in naturwissenschaftlichen Dingen eine zuverlässige Fähigkeit zu denken hat, jemals in diesen Glauben verfallen kann.« Zitiert aus: Silvanus P.

Thompson, *Michael Faradays Leben und Wirken* (Wiesbaden: Dr. Martin Sändig, 1965; Neudruck der Ausgabe von 1900, Verlag Wilhelm Knapp, Düsseldorf), S. 122f. Siehe auch Maxwells Aufsatz »On Action at a Distance,« in *The Scientific Papers of James Clerk Maxwell*, Bd. 2, hrsg. von W. D. Niven. (Cambridge: Cambridge University Press, 1890), S. 315f.

27 … und dann kam Humphry Davy und beschuldigte ihn, …: Was war geschehen? Es stimmt, daß Humphry Davy und William Hyde Wollaston schon begonnen hatten, an diesem Thema zu arbeiten, aber sie waren von Faradays großartigem Ergebnis immer weit entfernt gewesen – und Faraday gehörte nicht zu den Leuten, die das geistige Eigentum anderer antasten. Einen Eindruck von Davys versteckten Anschuldigungen vermitteln die entsetzten Briefe Faradays und Wollastons barsche Antwort, besonders die Briefe vom 8. Oktober und vom 1. November 1821, in *The Correspondence of Michael Faraday*, Bd. 1, hrsg. von Frank A. J. L. James (London: Institute of Electrical Engineering, 1991). Eine recht ausgewogene Besprechung findet sich in L. Pearce Williams, *Michael Faraday: A Biography* (London: Chapman and Hall, 1965), S. 152–160.

29 Faraday äußerte sich niemals gegen Davy: Aber er war verletzt. Über Jahre hinweg hatte er Schriftstücke und andere Zeugnisse gesammelt, um ein Buch über Davy zusammenzustellen: geologische Skizzen zur Erinnerung an ihre gemeinsamen Reisen; Entwürfe einiger Abhandlungen Davys, die Faraday in seiner ordentlichen Handschrift vollständig abgeschrieben hatte; freundliche Briefe, die Davy ihm einmal geschickt hatte; Karikaturen und Zeichnungen über vergangene Ereignisse. Das Album war chronologisch angelegt. Nach dem September 1821 fügte Faraday keinen Eintrag mehr hinzu.

29 Brief vom 28. Mai 1850 von Charles Dickens: zitiert nach *The Selected Correspondence of Michael Faraday, Vol. 2, 1849–1866*, hrsg. von L. Pearce Williams: (Cambridge: Cambridge University Press), S. 583.

31 Aber Faradays Vision einer unveränderlichen Gesamtenergie …: Damals war das Phänomen der Energieerhaltung nur eine empirische Beobachtung. Erst im Jahre 1919 gab Emmy Noether eine tiefergehende Erklärung dafür. Eine gute Einführung in die Zusammenhänge zwischen Symmetrien und Erhaltungsgesetzen findet man in: Vincent Icke, *The Force of Symmetry* (Cambridge: Cambridge University Press, 1995), S. 114, sowie auch in: A. Zee, *Magische Symmetrie: Die Ästhetik in der modernen Physik* (Frankfurt/M.: Insel, 1993), Kapitel 8.

32 … den Besuch dieser stillen Schule, …: Einstein hatte den zusätzlichen Vorteil, im Hause von Jost Winteler, dem Direktor der Schule, wohnen zu können. Dieser hatte zwanzig Jahre zuvor eine äußerst originelle Disserta-

tion über die *Relativität der Verhältnisse* verfaßt. Darin behandelte er die »situationsbezogene Relativität« von oberflächlichen Merkmalen in einer Sprache und deren Ursprung in tieferen, unveränderlichen Eigenschaften der sprachlichen Lautsysteme. Die strukturellen Überschneidungen mit Einsteins späterer Arbeit in der Physik reichen sogar so weit, daß Einstein seine Schöpfung als Invarianz-Theorie bezeichnete – genau diesen Begriff hatte auch Winteler benutzt. Zum Hintergrund von Wintelers Dissertation siehe Roman Jakobsons Beitrag zu *Albert Einstein, Historical and Cultural Perspectives,* hrsg. von Gerald Holton und Yehuda Elkana (Princeton, N. J.: Princeton University Press, 1982), S. 143ff, sowie den charmanten Aufsatz »My Favorite Topics« (soviel wie »Meine Lieblingsthemen«) in *On Language: Roman Jakobson*, hrsg. von Linda R. Waugh and Monique Monville-Burston (Cambridge, Mass.: Harvard University Press, 1990), S. 61–66.

4 m steht für »Masse«

40 Er [Lavoisier] war der erste, der beweisen sollte, …: Das Wort *Masse* darf hier nicht zur Konfusion führen: Bei Lavoisiers Ergebnissen ging es nur um die Erhaltung der Materie, während in der Gleichung $E = mc^2$ das »*m*« für die träge *Masse* steht. Das ist eine viel allgemeinere Eigenschaft, die nicht nur die detaillierten inneren Merkmale eines Gegenstands betrifft, sondern einfach – in der Tradition von Galilei und Newton – dessen gesamten Widerstand gegen Verschiebungen oder Beschleunigungen. Diese Unterscheidung erscheint pedantisch, ist aber wesentlich. Astronauten stellen fest, daß sie auf dem Mond weniger wiegen als zuvor auf der Erde; das liegt natürlich nicht daran, daß etwa Teile von ihnen verschwunden wären. Analog dazu beruht, wie wir in Kapitel 5 sehen werden, die an einem ausreichend schnellen Raumschiff zu beobachtende Massenzunahme auch nicht darauf, daß mehr Atome in seine Hülle oder sein Inneres eingebracht würden oder daß sich gar die Atome selbst aufblähten.

Es lohnt sich, Lavoisiers Arbeiten näher zu betrachten, denn seine Beschäftigung mit der Erhaltung der Materie führte zu einem gesteigerten Interesse an der Erhaltung der Masse, obwohl es eigentlich keinen Anlaß gab, einen ständigen Zusammenhang zwischen Masse und Materie zu vermuten. Gegen Ende des 18. Jahrhunderts jedoch kümmerte sich kein Forscher darum, daß das, was er »in Wirklichkeit« zeigte, die Erhaltung der Atome war – denn zu Lavoisiers Zeit hatte niemand eine klare Vorstellung davon, daß Atome als physikalische Gebilde existieren.

41 … ob sie ihm bei einem wirklich bedeutsamen Experiment behilflich sein könne: Auf die Frage: »Wer bewies als erster, daß die Masse erhalten bleibt?« muß die Antwort lauten: »Niemand«. Lavoisier hatte 1772 gezeigt, daß sich irgendeine Art von Luft mit einem Metall verband, als dieses erhitzt wurde – aber das war zum größten Teil eine Erweiterung dessen, was de Morveau, Turgot und andere vor ihm getan hatten. Im Jahre 1774 führte Lavoisier umfangreichere Experimente mit Blei und Zinn durch, die bestätigten, daß das anschließend vorhandene zusätzliche Gewicht des Metalls aus der Luft stammte, die in den aufgeheizten Behälter geleitet worden war. Doch auch das war nicht ganz neu, denn es baute auf Vorstellungen auf, die er von dem nichtsahnenden Engländer Joseph Priestley übernommen hatte. Sogar die Ergebnisse seiner 1775 mit Quecksilber ausgeführten Kontrollversuche formulierte Lavoisier in einer Weise, die den Atomisten des Altertums ganz selbstverständlich erschienen wäre. Aber Lavoisier leistete mehr, als den Ruhm für fremde Leistungen einzuheimsen. Priestley und die anderen hatten kein vollständiges begriffliches System erdacht, das diesen verschiedenen Versuchsergebnissen einen Sinn gegeben hätte. Das tat erst Lavoisier. Zu weiteren Auffassungen sowie zu historiographischen Überlegungen siehe Simon Schaffers hervorragenden Beitrag »Measuring Virtue: Eudiometry, Enlightenment and Pneumatic Medicine« in *The Medical Enlightenment of the Eighteenth Century*, hrsg. von A. Cunningham und R. K. French (Cambridge: Cambridge University Press, 1990), S. 281–318.

46 »Es besteht Einigkeit darüber, daß Monsieur Lavoisier …«: zitiert nach Arthur Donovan, *Antoine Lavoisier: Science, Administration, and Revolution* (Oxford, England: Blackwell, 1993), S. 230.

47 »Ich bin der Zorn, der gerechte Zorn des Volkes, …«: zitiert nach Louis Gottschalk, *Jean Paul Marat: A Study in Radicalism* (Chicago: University of Chicago Press, 1967).

47 »unsere Anschrift ist: erster Stock, …«: Brief von Lavoisier an seine Frau vom 30. November 1793 (10. Frimaire, Jahr II), zitiert nach Jean-Pierre Poirier, *Lavoisier: Chemist, Biologist, Economist* (College Park, Penn.: University of Pennsylvania Press, 1996), S. 356.

47 … ehe er am 8. Mai 1794 vor das Volkstribunal kam: In vielen Büchern liest man, daß der Vorsitzende Richter beim Verkünden von Lavoisiers Todesurteil angemerkt habe: »Die Revolution braucht keine Gelehrten.« Aber es ist sehr unwahrscheinlich, daß jener Jean-Baptiste Coffinhal das jemals gesagt hat. Der Prozeß wurde ja nicht mehreren Einzelpersonen gemacht, sondern den leitenden Mitgliedern der *Ferme Générale*, einer Vereinigung von Steuerpächtern; Lavoisier wurde also keineswegs heraus-

gehoben. Es sind recht detaillierte Berichte über die Vorgänge erhalten. Was das Gericht und die Geschworenen – unter ihnen ein Barbier, ein Postkutschenfahrer, ein Juwelier und der ehemalige Marquis de Montfabert – erzürnte, waren die Methoden, mit denen die Steuerpächter ihre Profite gewaltsam hochgetrieben hatten. Während der Revolution konnten viele Wissenschaftler unbehelligt arbeiten oder zumindest überleben, wenn sie sich in den Phasen besonderer Erregung und Blutrünstigkeit zurückhielten. Zu ihnen zählten unter anderen Carnot, Monge, Laplace und Coulomb. (Der Ausspruch »braucht keine Gelehrten« wurde anscheinend zwei Jahre später von Antoine Fourcroy erfunden. Dieser, ein ehemaliger Student Lavoisiers, hatte sich von der revolutionären Begeisterung anstecken lassen. Jetzt versuchte er, einen Rückzieher zu machen und zu beweisen, daß er sich keinesfalls feige im Hintergrund gehalten hatte, als sein ehemaliger Mentor in Gefahr geraten war.)

48 … wurde in einem mitleiderregenden Zustand auf das Schafott geführt: Der Zeuge war Eugène Cheverny; siehe Jean-Pierre Poirier, *Lavoisier: Chemist, Biologist, Economist* (College Park, Penn.: University of Pennsylvania Press, 1996), S. 381.

48 Auch unsere Atmung, so hatte er erkannt, …: Mit derartigen Erkenntnissen wurde Lavoisier zugleich zum Begründer der modernen Biologie, denn er erschloß die Grundlagen der Physiologie. So besteht, zum Beispiel, menschliches Blut zum größten Teil aus Wasser, und wenn man versucht, Sauerstoff in Wasser zu lösen, wird er nur zu einem sehr geringen Anteil im Wasser verbleiben. Aber wenn man feine Eisenspäne in das Wasserglas schüttet und dann Sauerstoff durchleitet, bleibt Sauerstoff am Eisen haften; das zeigte Lavoisier im Labor. (Jeder Eisenspan beginnt schnell zu rosten, wobei er viele Sauerstoffmoleküle anzieht und festhält. Daher kann das mit fein verteiltem Eisen vermischte Wasser viel Sauerstoff aufnehmen.) Eine gewisse Ähnlichkeit mit diesen Vorgängen hat die Funktion des Blutes als Sauerstoffüberträger. Die rote Farbe rührt von einer komplizierten eisenhaltigen Verbindung her, die sich in ähnlicher Form auch in einigen Sedimenten im Buntsandstein findet.

Julien de LaMettrie (1709–1751) hatte all das in seinem Werk *L'Homme Machine – Die Maschine Mensch* (Hamburg: Meiner, 1990; zweisprachig) verheißen, und auch Lavoisier, beflügelt von ähnlichem Optimismus, hegte die Vermutung, daß es irgendwann einmal möglich sei, in das menschliche Gehirn hineinzusehen und zu verfolgen, was darin vor sich geht, wenn jemand eine Rede hält oder schreibt oder ein Musikstück komponiert. – Das klingt schon fast wie eine Vorwegnahme der heutigen Ultraschallaufnahmen und Tomographien.

49 Das war der Stand der Theorie, wie sie auch Einstein im ausgehenden neunzehnten Jahrhundert …: Die Aufspaltung der Realität in zwei Teile vollzieht sich im menschlichen Verstand gewissermaßen automatisch; daher rührt auch die Leichtigkeit, mit der wir Freund und Feind, Recht oder Unrecht oder auch x und *nicht-x* unterscheiden. Die Zweiteilung, die Lavoisier, Faraday und andere propagierten, war noch zwingender, denn wenn einer der Bereiche materiell und physisch ist und der andere unsichtbar und dennoch mächtig, dann kommt uns sogleich die uralte Dichotomie von Körper und Seele in den Sinn.

Viele Denker ließen sich von diesem Unterschied leiten, beispielsweise sogar Alan Turing bei seiner Unterscheidung zwischen Software und Hardware. Den meisten Computerbenutzern leuchtet sie ohne weiteres ein, denn die Vorstellung von einem »toten« physikalischen Substrat, das von einer »lebendigen« steuernden und kontrollierenden Macht angetrieben wird, ist uns geläufig. Der Gegensatz zwischen Seele und Körper strukturiert unsere Erfahrungswelt: Er ist wie Don Quixote versus Sancho Pansa, wie der logische Spock gegen den dumpfen Rest der Mannschaft auf der *Enterprise*, wie die beschwörende Off-Stimme und der rennende Sportler in einem Werbespot für Turnschuhe.

Doch alle diese Kategorien führen nur zu einer Einteilung, aber zu keinem Beweis. Einem jungen Mann wie Einstein, der die Grundlagen eines Fachgebiets immer umfassend und genau verstehen wollte, mußte daher geradezu zwangsläufig klar werden, daß seine Professoren aus sehr unvollständigen Erfahrungsdaten einfach falsche Schlüsse gezogen hatten.

Es gibt viele Abhandlungen über die Frage, wie verborgene Kategorien unsere Gedanken beeinflussen, beispielsweise: George Lakoff und Mark Johnson, *Leben in Metaphern: Konstruktion und Gebrauch von Sprachbildern* (Heidelberg: Carl-Auer-Systeme, 1998) oder Elie Kedourie, *Nationalismus* (München: List, 1971), ein ausgezeichnetes Werk; aus irgendeinem Grund fühlt sich dieser Autor besonders zu dem Ansatz hingezogen, der in David Bodanis, *Web of Words: The Ideas Behind Politics* (London: Macmillan, 1988) zugrundegelegt wird.

5 c steht für »*celeritas*«

52 Als einige Jahre nach seinem Tod Mitglieder der Akademie im nahen Florenz …: Galileis Vorschlag findet sich im Abschnitt »Erster Tag« seiner *Unterredungen und mathematischen Demonstrationen über zwei Neue Wissens-*

zweige, die Mechanik und die Fallgesetze betreffend (Darmstadt: Wiss. Buchgesellschaft, 1964). Der Versuch wurde aber erst über zwanzig Jahre später, wahrscheinlich um 1660, von der *Accademia del Cimento* in Florenz durchgeführt.

55 Diese konnte er als Direktor der Sternwarte natürlich nicht allein durchführen: Ich schreibe hier freilich etwas ironisch über Cassini. Nach den Quellen zu urteilen, war er ein recht unsicherer Mensch. Dazu hatte er als nach Frankreich Zugereister auch allen Grund: Seine Anstellung war anfangs nur befristet, und man hatte ihn zuerst davor gewarnt, französisch zu sprechen, dann aber von ihm verlangt, es schnell zu lernen, da die *Académie des Sciences* nicht mit Latein, geschweige denn seiner Muttersprache Italienisch, »besudelt« werden sollte. Es ist anrührend, seine eigene Schilderung darüber zu lesen, wie er sich ängstlich darauf konzentrierte, schnell die erforderlichen Sprachkenntnisse zu erwerben, und wie stolz er dann über das Kompliment des Königs war, in wenigen Monaten solche Fortschritte gemacht zu haben. Er hatte auch einen persönlichen Grund, Römer zu grollen. Cassini selbst hatte sich öffentliche Achtung erworben, als er im Juli 1665 verbesserte Voraussagen für den Durchgang der Jupitermonde bekanntgegeben hatte, die sich im August und September desselben Jahres als richtig herausstellten. Die Zweifler waren beschämt worden, und seine gute Stellung in Paris war die Belohnung gewesen. Es hätte ihm nicht gefallen, wenn Römer es mit demselben Trick gegen ihn versucht hätte.

Aber hinter seiner Kritik an Römers übermäßigem Vertrauen auf die Richtigkeit seiner Beobachtungen am Jupiter steckte mehr als bloßer Ärger. Cassini schrieb ein langes Gedicht, *Frammenti di Cosmografia* (soviel wie »Fragmente der Kosmographie«), in dem er seiner Demut vor der Großartigkeit des Raumes und seiner Überzeugung Ausdruck verlieh, daß nur ein ungerechtfertigter, falscher Stolz die auf ihrem belanglosen Planeten ausgesetzten Menschen zu der Anmaßung verleite, alles messen zu können. Schon vor Römers Ankunft in Paris hatte Cassini erste Näherungen errechnet, mit denen er die Unregelmäßigkeiten des Umlaufs von Io zu erklären versuchte. Er fügte ganz ehrlich hinzu, es wäre übereilt, auf irgendeiner neuen Interpretation zu beharren. Das Gedicht und eine fragmentarische Autobiographie sind abgedruckt in *Mémoires pour Servir à l'Histoire des Sciences et à Celle de L'Observatoire Royal de Paris* (Paris, 1810), gesammelt von Cassinis Urenkel, der ebenfalls Jean-Dominique hieß; siehe hier vor allem die Seiten 292 und 321.

60 Wenn die zugrunde liegende Mathematik einmal geklärt sein würde, ...: Maxwells späterer Erfolg führte dazu, daß andere Forscher jener Zeit

gern übersehen wurden. Dabei ist Wilhelm Eduard Weber in Göttingen eine besonders interessante Figur, denn er berechnete bei seinen Bemühungen, den Zusammenhang zwischen Elektrizität und Magnetismus zu klären, ebenfalls die Lichtgeschwindigkeit. Jedoch wurde sein Wert durch einen Faktor $\sqrt{2}$ sozusagen maskiert, so daß er gar nicht bemerkte, was er gefunden hatte. Deshalb verfolgte er ihn nicht weiter. Webers Geschichte wird auf ansprechende Weise erzählt in M. Norton Wise, »German Conceptions of Force …« in *Conceptions of Ether: Studies in the History of Ether Theories 1740–1900,* hrsg. von G. N. Kantor und M. J. S. Hodge (Cambridge: Cambridge University Press, 1981), S. 269–307. Webers Vorsicht ähnelt derjenigen des frühen Ampère; seine ausufernden Gleichungen – die sich fast bis in die Maxwellsche Welt der Felder erstreckten, aber eben doch nicht hineinreichten – gleichen einem Schlachtschiff, das für das Seegefecht aus Versehen mit Luftabwehrgranaten anstatt mit Torpedos beladen wurde.

61 »Nun, so lange kann ich wohl aufbleiben«: Ich fürchte, auch diese Äußerung ist nicht authentisch. Alles, was man weiß, ist, daß sich Maxwell über seine eigene Pedanterie lustig machte und daß er als Student in Cambridge versuchte, extrem lange aufzubleiben, worüber sich seine Kommilitonen wunderten; siehe beispielsweise Martin Goldman, *The Demon in the Aether: The Story of James Clerk Maxwell* (Edinburgh: Paul Harris Publishing; Bristol: Adam Hilger, 1983), S. 62.

62 »Sie haben mich nie verstanden, aber ich habe sie verstanden«: zitiert nach Ivan Tolstoy, *James Clerk Maxwell: A Biography* (Edinburgh: Canongate, 1981), S. 20.

62 »Je mehr ich fortfuhr, Faradays Werke zu studieren, …«: James Clerk Maxwell, *Lehrbuch der Electricität und des Magnetismus* (Berlin: Springer, 1883). Das Zitat ist aus Maxwells Vorwort, S. vii.

62 Wenn ein Lichtstrahl sich nach vorn zu bewegen beginnt, …: Unsere normale Sprache ist hierfür eigentlich zu unpräzise, denn was wir hier wirklich beschreiben, sind die Eigenschaften des elektrischen und des magnetischen *Feldes,* also eine Spezifikation dessen, was an einem bestimmten Punkt im Raum geschehen »würde«. Stellen wir uns die Kurven vor, in denen sich die Eisenspäne um einen Stabmagneten herum anordnen. Nehmen wir nun die Späne weg und ersetzen jeden durch eine Zahl oder eine Zahlengruppe, aus der hervorgeht, wo er sich befand und wie er ausgerichtet war.

Für jemanden, der die Eisenspäne nicht gesehen hat, wäre dies nur eine ziemlich nichtssagende Liste von Zahlen. Aber für jemandem, der von den ringförmigen Kraftlinien weiß, die ein Magnet um sich herum erzeugt, wird diese Liste eine anschauliche Beschreibung sein. Und für Maxwell und Faraday wäre – aufgrund ihrer religiösen Überzeugungen – diese Liste vor allem eine unmittelbare Verkörperung der heiligen Macht gewesen, die dieses Feld schuf.

63 Elektrizität und Magnetismus springen sozusagen abwechselnd übereinander hinweg, …: Es bedarf keiner großen Kraftanstrengung, eine Welle auszusenden. Schlagen wir auf dem Klavier eine Taste an, dann schwingt die Saite einfach hin und her, während sie sich im übrigen nicht bewegt, während das *Muster* ihrer Schwingung sich als Schall in der Luft fortpflanzt und den Klang überträgt. Zwischen zwei Personen, die einen Meter voneinander entfernt stehen, befinden sich etliche hundert Liter Luft, und doch müssen sie mit ihrer Stimme keineswegs diese ganze Luft verdrängen, um vom Gesprächspartner gehört zu werden. Allein die geringe Luftmenge, die von den Stimmbändern in Schwingungen versetzt wird, überträgt diese Vibrationen an die Luft im Zimmer.

Auch Lichtwellen – und allgemein elektromagnetische Wellen – sind einfach zu erzeugen. Wenn wir unsere Wohnzimmerlampe einschalten, sendet die Glühwendel eine Fülle von elektromagnetischen Wellen mit verschiedenen Frequenzen aus. Wäre die Lampe stark genug, so erreichte ihr Licht nach einer Sekunde den Mond und nach etwa einer Stunde sogar den Planeten Jupiter.

63 Maxwells Gleichungen, mit denen er die Erkenntnisse über das Licht zusammenfaßte und deutete, …: Maxwell hatte damit eine gewaltige Leistung vollbracht – und sie wäre noch gewaltiger gewesen, wenn er die vier Gleichungen, die seinen Namen tragen, in der später üblichen Vektorschreibweise formuliert hätte. Die Aspekte, die Heinrich Hertz später untersuchte und die zur Erkenntnis führten, daß Radiowellen wie Lichtwellen übertragen und empfangen werden können, war in den Gleichungen nicht enthalten, wie Maxwell sie aufstellte.

Maxwells Gleichungen wurden innerhalb von zwanzig Jahren nach seinem Tode vervollständigt, und zwar durch ein Team, das sich um drei Physiker in England und Irland scharte. Diese Geschichte wird ausführlich geschildert in: Bruce J. Hunt, *The Maxwellians* (Ithaca, N. Y.: Cornell University Press, 1991).

65 Nichts kann sich schneller bewegen: Genauer gesagt: Nichts, das anfangs langsamer als die Lichtgeschwindigkeit ist, kann später schneller werden. Was wäre beispielsweise, wenn es Teilchen gäbe – oder vielleicht eine ganze parallele Welt –, die sich permanent auf der »Gegenseite« der Barriere Lichtgeschwindigkeit befänden? Das klingt wie Science-Fiction, aber die Physiker haben gelernt, unvoreingenommen zu sein. (Für diese

postulierten überlichtschnellen Teilchen prägte Gerald Feinberg die Bezeichnung *Tachyonen*.) Ein weiterer Vorbehalt rührt daher, daß wir normalerweise die Lichtgeschwindigkeit im Vakuum meinen, während sie in anderen Medien niedriger ist. Dieser Geschwindigkeitsunterschied ist auch der Grund für die bei bestimmten Winkeln auftretende Totalreflexion, die man unter anderem beim Brillantschliff nutzt, um Diamanten besonders prächtig funkeln zu lassen.

Es gibt in unserem Zusammenhang noch bedeutungsvollere Ausnahmen – und diese beruhen auf der Wirkung unterschiedlich starker Verzerrungen der Raum-Zeit aufgrund der relativen Geschwindigkeiten. Außerdem gibt es Effekte, die von der Rolle der negativen Energie herrühren, und schließlich stellte man die verblüffende Tatsache fest, daß bestimmte Lichtimpulse unsere Geschwindigkeit »*c*« überschreiten können (wobei allerdings keine zusätzliche Information übertragen werden kann). Damit wollen wir uns in diesem Buch aber nicht befassen. Ich vermute, daß die Wissenschaftler in späteren Zeiten entweder mit Verwunderung bemerken werden, daß wir dies ernst nehmen konnten – oder daß wir so lange brauchten, um zu erkennen, daß genau dies der Weg ist, das erste Disneyland in der Andromeda-Galaxie zu gründen.

68 ... nimmt die Masse des Raumschiffs also zu: Uns fehlen eigentlich die richtigen Wörter, um diese Sachverhalte angemessen zu beschreiben. Vielleicht könnte man von »anschwellen« sprechen, was aber auch nur eine Metapher wäre. Das Raumschiff – oder ein Proton oder irgendein anderes Objekt – dehnt sich dabei ja nicht in alle Richtungen aus. Hier kommt vielmehr die scheinbar kleinliche Unterscheidung zwischen der Erhaltung der Materie und der Erhaltung der Masse (siehe das Kapitel über Lavoisier) zur Geltung. Wenn wir die Masse als die Eigenschaft definieren, einer Beschleunigung einen Widerstand entgegenzusetzen – das tun wir unwillkürlich immer, wenn wir einen Gegenstand in der Hand wiegen, um sein Gewicht zu schätzen –, dann kann die Masse ohne Volumensteigerung zunehmen. Solange ein steigender Widerstand gegen eine beschleunigende Kraft wirkt, sind die Anforderungen erfüllt.

Bei den langsamen Geschwindigkeiten und den normalen Abmessungen und Entfernungen, mit denen wir es im Alltag zu tun haben, ist die Massenzunahme unmeßbar gering. Deshalb waren Einsteins Ergebnisse und Voraussagen so sensationell. Aber wenn sich ein Gegenstand von uns mit einer Geschwindigkeit nahe der Lichtgeschwindigkeit entfernt, dann werden die Auswirkungen merklich, und die Voraussagen erweisen sich als sehr präzise.

Wir können recht einfach berechnen, wie die Masse eines gegebenen Gegenstands mit steigender Geschwindigkeit zunimmt. Dazu quadrieren wir die Geschwindigkeit v, teilen diesen Wert durch das Quadrat der Lichtgeschwindigkeit c und ziehen das Resultat von eins ab. Daraus ziehen wir dann die Quadratwurzel, und davon bilden wir schließlich den Kehrwert. Mit diesem Faktor $1/\sqrt{(1-v^2/c^2)}$ müssen wir die Masse m multiplizieren, um ihren Wert bei der Geschwindigkeit v zu erhalten.

Bei derartigen Gleichungen kann man ein Gefühl für ihre Aussagen bekommen, wenn man einfach einige extreme Werte einsetzt. Wenn v wesentlich geringer ist als c – das heißt, wenn das Raumschiff langsam fliegt –, dann ist $(1-v^2/c^2)$ nahezu gleich eins, denn v^2/c^2 ist sehr klein. Und die Quadratwurzel einer Zahl, die nahe bei eins liegt, unterscheidet sich ebenfalls nicht sehr von 1, ebenso ihr Kehrwert. Ein *Space Shuttle* erreicht eine Maximalgeschwindigkeit von etwa 29.000 km/h. Das ist ein so kleiner Prozentsatz der Lichtgeschwindigkeit, daß die Masse des *Space Shuttle* nur um viel weniger als ein tausendstel Prozent zunimmt. Aber wenn eine Rakete im Weltraum so stark beschleunigt, daß ihre Geschwindigkeit v dicht bei der Lichtgeschwindigkeit c liegt, nimmt der Bruch v^2/c^2 einen Wert nahe bei eins an, und der Ausdruck $(1-v^2/c^2)$ unterscheidet sich nicht sehr von null. Das bedeutet, daß die Quadratwurzel noch viel kleiner ist. Aber der Kehrwert einer sehr kleinen Zahl ist eine sehr große Zahl. Nehmen wir an, die Geschwindigkeit v beträgt 99 Prozent der Lichtgeschwindigkeit c. Dann steigt die Masse auf das Siebenfache an.

Nun könnte man versucht sein anzunehmen, daß dies irgendein scheinbarer Effekt ist oder daß unsere Messungen bei so hohen Geschwindigkeiten irgendwie versagen, während ein sich schnell bewegender Gegenstand in Wirklichkeit gar nicht nachweisbar »schwerer« wird. Aber die Magnete um die Ringe des Teilchenbeschleunigers beim CERN nahe Genf müssen tatsächlich mit hoher Leistung betrieben werden. Nur dann sind sie stark genug, die hoch beschleunigten Teilchen auf ihren Kreisbahnen zu halten, so daß sie nicht geradeaus in die Wandung schießen. Bei 90 Prozent der Lichtgeschwindigkeit ist die Masse der Teilchen ja schon auf das 2,3fache angestiegen. Und bei einer Geschwindigkeit, die 99,9997 Prozent der Lichtgeschwindigkeit ausmacht, beträgt der Faktor $1/\sqrt{(1-v^2/c^2)}$ für die Massenzunahme schon 408. Dafür müssen die Beschleuniger im CERN eine sehr hohe Leistung aus dem Stromnetz ziehen – möglichst so, daß in Genf nicht die Lichter ausgehen.

Wenn wir einfach nur hinnähmen, daß uns der Ausdruck $1/\sqrt{(1-v^2/c^2)}$ das zu befolgende Rezept liefert, dann wären wir der gleichen Kategorie zuzurechnen wie die Lehrer, über die sich Einstein so ärgerte, weil sie sklavisch irgendwelchen Regeln folgten. Auf meiner Webseite www.davidbodanis.com zeige ich, *warum* dieser Ausdruck richtig ist.

68 Die Energie, die den Protonen oder unserem imaginären Raumschiff zugeführt wird, wandelt sich also in zusätzliche Masse um: Das Beispiel mit dem Raumschiff ist nur heuristisch und dient lediglich zur Verdeutlichung des Sachverhalts. In den nächsten Kapiteln werden wir sehen, daß Energie Masse *ist*: Die vereinigte »Masse-Energie« nimmt verschiedene Eigenschaften an, je nachdem, wie wir sie betrachten. Aufgrund der Beschränkungen unseres menschlichen Körpers können wir unsere Geschwindigkeiten niemals wesentlich verändern. Daher sehen wir die Masse aus einem sehr »schiefen« Blickwinkel. Diese Verzerrung ist der Grund dafür, daß die »freigesetzte« Energie so hoch zu sein scheint. (Dabei gilt aber die entscheidende Einschränkung, daß diese Äquivalenz zwischen Masse und Energie nur besteht, wenn ein Gegenstand von einem Standpunkt aus betrachtet wird, der relativ zu ihm ruht. Das spielt bei der Allgemeinen Relativitätstheorie eine besondere Rolle, denn die Gravitationsanziehung eines Gegenstands rührt von seiner Gesamtenergie her und nicht von seiner Ruhemasse. Vgl. hierzu die Ausführungen in Kapitel 16 über die Schwarzen Löcher sowie die ausführlicheren Darlegungen auf meiner Webseite www.davidbodanis.com.

6 hoch 2

74 »seine Arbeiter beaufsichtigte«: zitiert nach Gustave Desnoiresterres, *Voltaire et la Société Française au XVIIIe Siècle: Volume I, La Jeunesse de Voltaire* (Paris: Dider et Cie., 1867), S. 345.

74 ... daß hier eine neue Theorie im Schwange war, ...: Arouet brauchte die Arbeit Newtons nicht, um sich Frankreichs Fehler bewußt zu machen. Wenn überhaupt etwas, dann waren es keine abstrakten Ideen, sondern die Erkenntnis, daß das Parlament in England funktionierte – und das Wissen um die englische Tradition von Bürgerrechten und zumindest halbwegs unabhängigen Richtern –, was ihm dabei half, die Mängel in Frankreich zu erkennen. Aber es war schön, sich bei dieser Kritik auf das berühmteste analytische System der Welt stützen zu können. Siehe hierzu Voltaire, *Lettres philosophiques sur les Anglais* (deutsch: *Voltaires England*).

74 Newton hatte ein System von Gesetzen geschaffen, ...: Seltsamerweise war es anscheinend ein herabfallender Apfel, der Newton bei seinem letzten Schritt geholfen hatte. William Stukeley berichtet in seinen rund

zwei Jahrhunderte später erschienenen *Memoirs of Sir Isaac Newton's Life* (London: Taylor & Francis, 1936) auf Seite 19f., wie sich der ältere Newton erinnerte:

»Nach dem Abendessen gingen wir – das Wetter war warm – in den Garten [von Newtons letztem Wohnsitz im Londoner Stadtteil Kensington] und tranken im Schatten der Äpfelbaume Tee, nur er und ich. Dabei kam er unter anderem darauf zu sprechen, daß er sich gerade in der gleichen Situation befinde wie früher, als ihm erstmals die Idee der Gravitation gekommen war. Die Erinnerung stellte sich beim Fallen eines Apfels ein, während er in besinnlicher Stimmung unter dem Baum saß. Warum fallen die Äpfel unweigerlich herunter … immer in Richtung auf die Erdmitte? Natürlich liegt der Grund darin, daß … der Materie eine Anziehungspraft innewohnen muß … wie diejenige, die wir hier Schwerkraft nennen, die sich im Universum ausbreitet.«

Und deswegen konnte Newton so sicher sein, daß auf der Erde die gleichen Kräfte wirken wie oben im Himmel. Es ist recht leicht, die Geschwindigkeit zu messen, mit der ein Gegenstand auf die Erde herabfällt. In der ersten Sekunde fällt ein Apfel – oder irgendein anderer Gegenstand – 4,8 Meter tief. Wie aber kann man im Vergleich dazu die Geschwindigkeit messen, mit der der Mond auf die Erde »herabstürzt«?

Dazu muß man sich zuerst klarmachen, daß der Mond wirklich ständig herabfällt, zumindest ein kleines Stückchen. (Wenn er nicht fiele, sondern sich auf einer geraden Bahn bewegte, würde er schnell von unserer Erde weg in den Weltraum schießen.) Das Ausmaß, in dem er »herabfällt«, reicht nun gerade aus, seine Bahn ausreichend stark zu krümmen, damit er weiter um die Erde kreist. Wir kennen die Länge seiner Umlaufbahn und die Zeitspanne, die er für einen Umlauf um die Erde benötigt. Daraus läßt sich errechnen, daß die Abweichung von einer geraden Bahn, also die »Fallstrecke« pro Sekunde, knapp 1,3 Millimeter ausmacht.

Auf den ersten Blick scheint diese Diskrepanz Newtons Vermutung zu widerlegen. Wenn es eine Kraft gibt, die einen Apfel oder einen Stein in einer Sekunde 4,8 Meter tief zur Erde herab fallen läßt, dann könnte man meinen, daß nur eine ganz andere Art von Kraft im weiten Raum so riesige Körper wie den Mond knapp 1,3 Millimeter weit fallen läßt. Auch die so viel größere Entfernung des Mondes von der Erde scheint keine Erklärung zu bieten. Die Erde hat einen Radius von fast 6400 Kilometern, so daß die Apfelbäume von Newtons Mutter ebenso weit vom Erdmittelpunkt entfernt waren. Der Mond zieht in etwa 384.000 Kilometern Höhe seine Bahn um die Erde, ist also ungefähr 60 mal weiter entfernt. Wenn man annimmt, daß in 60facher Entfernung die Kraft auf 1/60 sinkt, müßte der Apfel oder Stein in einer Sekunde 4,8/60 Meter, also 8 Zentimeter weit fallen. Das bedeutet, er fiele viel schneller, als der Mond es tut.

Was aber, wenn sich die Kraft in der 60fachen Entfernung vom Mittelpunkt unseres Planeten nicht auf 1/60, sondern auf 1/60 *mal* 1/60 verringert? Das ist eine interessante Idee − daß die Schwerkraft mit dem Quadrat des Abstands zwischen zwei Körpern abnimmt −, aber wie könnte man diese Vermutung nachprüfen oder gar ihre Richtigkeit beweisen? Man müßte ja nachmessen können, daß die Schwerkraft auf der Erdoberfläche 3600 mal (weil 60 · 60 = 3600 ist) stärker ist als in der Umlaufbahn des Mondes. Niemand im siebzehnten Jahrhundert − auch kein Professor in Cambridge − konnte mit einer Rakete zum Mond fliegen und dort die Erdanziehungskraft mit derjenigen zu Hause vergleichen. Aber das mußte auch niemand versuchen. Die Gleichungen haben ja eine riesige Macht. Newton wußte die Antwort. »Warum wird ein Apfel«, so hatte er sich gefragt, »immer herabfallen, und zwar zum Erdmittelpunkt hin?« In der ersten Sekunde der Fallbewegung fällt ein Apfel, ein Stein oder vielleicht auch ein erstaunter Professor in Cambridge 4,8 Meter tief. − Aber der Mond fällt in dieser Zeit nur knapp 1,3 Millimeter tief. Bildet man den Quotienten dieser beiden Zahlen, dann hat man das Verhältnis der Schwerkraft an der Erdoberfläche zu der in der Umlaufbahn des Mondes.

Es beträgt rund 3600.

Es war im Prinzip diese Berechnung, die Newton im Jahre 1666 anstellte. Stellen wir uns eine riesiges Uhrwerk vor, zu dessen Teilen der Mond und die Erde gehören. Die von Newton gefundene Regel zeigte dabei genau, wie die unsichtbaren Zahnräder, Wellen und Ritzel diesen einfachen, rotierenden Apparat in Gang halten. Jeder, der Newtons Arbeiten las und diese Überlegung nachvollzog, konnte beim Blick in den Nachthimmel zum ersten Mal verstehen, daß der Zug der Schwerkraft an seinem Körper auf der gleichen Kraft beruhte, die weit nach oben reicht und den Mond, die Planeten und alle anderen, weit entfernten Himmelskörper auf ihren Bahnen hält.

76 »Meine Jüngste prahlt mit ihren Geistesgaben …«: Samuel Edwards, *Die göttliche Geliebte Voltaires − Das Leben der Emilie du Châtelet* (Stuttgart: Engelhorn, 1989), S. 17.

77 … konnte sie sich beim Blackjack leichter die Karten merken: Aber nicht einmal das machte sie nach Meinung ihrer Familie richtig. »Meine

Tochter ist wahnsinnig«, schrieb ihr Vater und fuhr fort: »In der letzten Woche hat sie mehr als zweitausend Louisdor am Kartentisch gewonnen. Die eine Hälfte wurde für Kleider ausgegeben, die andere Hälfte für neue Bücher. … Sie wollte einfach nicht einsehen, daß kein Edelmann eine Frau heiraten wird, die man jeden Tag lesen sieht.« Ebenda, S. 17.

77 »Ich hatte das träge, von Streit erfüllte Leben in Paris wirklich satt …«: ebenda, S. 87.

79 »…ändert in den Plänen ständig Kamine in Treppenhäuser …«: Brief von Voltaire an Mme de la Neuville; zitiert nach André Maurel, *The Romance of Mme du Châtelet, and Voltaire* (London: Hatchette, 1930).

79 … und überraschte sie mit einem anderen Liebhaber: Verschiedene Berichte – von Dienern sowie von Beteiligten – finden sich in René Vaillot, *Voltaire en son temps avec Mme du Châtelet 1734–1748* (Oxford, England: Voltaire Foundation, Taylor Institution, 1988; auf französisch).

79 Die gelegentlichen Besucher aus Versailles, …: eine sehr ausführliche Beschreibung gibt Mme de Graffigny in *Vie privée de Voltaire et de Mme de Châtelet* (Paris, 1820).

80 … daß die meisten Wissenschaftler glaubten, das Wesen der Energie sei bereits hinreichend geklärt: Der Begriff *Energie* ist hier anachronistisch, denn zu jener Zeit wurden diese Konzepte und Vorstellungen ja erst herausgebildet. Aber ich glaube, er entspricht doch letztlich den grundlegenden damaligen Vorstellungen. Siehe beispielsweise L. Laudan: »The *vis visa* controversy, a post mortem«, *Isis, 59* (1968), S. 131–143.

82 Anhand verschiedener abstrakter geometrischer Überlegungen …: Galilei hatte festgestellt, daß frei fallende Gegenstände nicht mit einer unveränderlichen Geschwindigkeit fallen. Er erkannte, daß sie in der ersten Sekunde beispielsweise 1 Streckeneinheit zurücklegen, in der zweiten 3 Einheiten und in der dritten 5 Einheiten, und so weiter. Kombiniert man diese merkwürdigen Zahlen zu einer Reihe, dann akkumulieren sich die Einzelstrecken zu folgenden Gesamtstrecken: in der ersten Sekunde 1 Einheit, in der zweiten Sekunde 4 Einheiten (1 + 3), in der dritten Sekunde 9 Einheiten (1 + 3 + 5), und so weiter. Galilei erhielt durch eine Mischung von theoretischer Überlegung und Experiment sein berühmtes Ergebnis, nach dem die Fallstrecke proportional zum Quadrat der Fallzeit ist: $d \sim t^2$. Leibniz erweiterte später diese Beweisführung.

82 »Nach [Newtons] Meinung muß Gott, der Allmächtige, …«: Richard Westfall, *Isaac Newton: Eine Biographie* (Heidelberg: Spektrum, 1996), S. 366.

83 … für du Châtelet war dies eine Sternstunde ihres Wirkens: Die Frage ist komplexer, als Newton und Leibniz gedacht hatten, und es bedurfte der Unvoreingenommenheit von du Châtelet, um zu erkennen, was gültig war und von beiden übernommen werden mußte. Newton war auf dem richtigen Weg gewesen, trotz Leibniz' Spott, denn wenn die Sterne zufällig verteilt wären, warum sollte die Schwerkraft sie dann nicht alle aufeinander stürzen lassen? Und auch Leibniz lag nicht falsch, denn er behauptete ja nie, daß es einen unfehlbaren Gott gebe, der eingreife, sondern er sagte nur, es gebe eine optimale Gottheit, die bestimmten Regeln und Beschränkungen unterworfen sein könnte, die wir nicht zu erkennen vermögen. Dies war aber etwas ganz anderes. Voltaire behandelte in seiner großartigen Satire *Candide* diesen Aspekt nicht, der jedoch später zu einem wesentlichen Prinzip der Physik wurde. In abgewandelter Form wurde er ein wichtiger Bestandteil von Einsteins Allgemeiner Relativitätstheorie, in der – wie wir im Epilog sehen werden – Planeten und Sterne sich innerhalb der gekrümmten Raum-Zeit des Universums auf optimalen Bahnen bewegen.

Wie wirkte es wohl auf Voltaire, als sich du Châtelet über diese Fragen den Kopf zerbrach? Er fühlte sich sicher ständig an die Diskrepanz zwischen dem gewaltigen Universum und dem kleinen »Dreckhaufen« erinnert, auf dem wir eitlen Menschen leben – ein zentrales Thema seiner Arbeiten. Er fühlte sich wohl ebenso ständig daran erinnert, daß dem individuellen Genie ausreichend Raum gegeben werden muß – ein Thema, das durch das Zusammenleben mit der anstrengenden, aber erfrischenden Mme du Châtelet zweifellos gefördert wurde.

83 Willem 'sGravesande: Die Schreibweise dieses Namens ist kein Druckfehler, und das »'s« bedeutet im Holländischen soviel wie »von«; so heißt ja die Stadt Den Haag offiziell 'sGravenhage (wörtlich: »der Hag der Grafen«). – Ich vereinfache hier die Beschreibung etlicher Experimente, die 'sGravesande durchgeführt hatte: Er benutzte patronenähnlich zugespitzte Elfenbeinzylinder, hohle und massive Messingkugeln, Pendel, zerriebenen Ton (von raffiniert erzielter Gleichmäßigkeit), Stützrahmen und etliche verschiedenartige primitive Apparaturen, die an die der Laputier in *Gullivers Reisen* erinnern. Mit all dem versuchte er, seine Behauptung zu belegen, »daß die Eigenschaften von Körpern nicht *à priori* bekannt sein können; wir müssen die Körper selbst daher untersuchen und sie mit all ihren Eigenschaften genau betrachten.« Siehe hierzu sein (wunderschön illustriertes) Werk *Mathematical Elements of Natural Philosophy, Confirm'd by Experiments*, vor allem Buch II, Kap. 3, (London: 1747; 6. Aufl.); die hier zitierte Stelle findet sich auf Seite iv.

85 »in dieser köstlichen Abgeschiedenheit …«: Samuel Edwards, *Die göttliche Geliebte Voltaires – Das Leben der Emilie du Châtelet* (Stuttgart: Engelhorn, 1989), S. 88.

85 »Ich bin schwanger, …«: Brief an Mme de Boufflers, zitiert nach *Les lettres de la Marquise du Châtelet, Vol. 2*, hrsg. von T. Besterman (Genf: Institut et Musée Voltaire, 1958), S. 247.

86 »Ich habe die Hälfte meiner selbst verloren …«: Voltaire an d'Argental, zitiert nach Frank Hamel, *An Eighteenth-Century Marquise* (London: Stanley Paul & Co., 1910), S. 369.

87 Ein Auto, das zu Beginn eine viermal höhere Geschwindigkeit hat …: Ein Wind mit 15 km/h ist eine schwache Brise, aber ein Orkan mit 150 km/h ist eine Katastrophe und wirkt fast wie die Schockwelle bei der Explosion eines Gasherdes. Seine Energie ist nicht etwa nur 10 mal so groß, sondern 10^2- oder 100mal so groß wie die der leichten Brise. Unter anderem deshalb müssen die Düsenflugzeuge so hoch fliegen. Nur die in großer Höhe viel dünnere Luft erlaubt ihnen Geschwindigkeiten von rund 900 km/h.

Im Sport geht es natürlich oft um eine möglichst hohe Geschwindigkeit. Jedes Schulkind kann einem Tennisball beim Aufschlag eine Geschwindigkeit von 20 km/h verleihen, aber 100 km/h erreichen nur sehr gute Spieler. Diese Geschwindigkeit ist »nur« fünfmal so hoch, aber weil die Energie mit dem *Quadrat* der Geschwindigkeit zunimmt ($E = \_mv^2$), muß der Aufschläger dem Ball eine 25mal höhere Energie verleihen. Und das muß er in einem Fünftel der Zeit erreichen! (Denn wenn sich sein Schläger nicht schneller bewegte, würde sein Ball den Schläger ja nicht schneller verlassen.) Um nun eine 25fache Energie in einem Fünftel der Zeit auf den Ball zu übertragen, muß die Leistung sogar um den Faktor $25 \cdot 5 = 125$ höher sein. Manche Einwirkungen, unter anderem der Luftwiderstand, erschweren das Vorhaben noch zusätzlich. Der Erwachsene hat bei diesem Beispiel gegenüber einem Kind den Vorteil, daß sein Arm länger und damit die Hebelwirkung größer ist.

87 Nur durch die Konzentration auf mv^2 …: Hier geht es nicht darum, daß mv^2 im Gegensatz zu mv^1 »wahr« ist. Newtons Vorstellung vom »Schwung«, den wir heute Impuls nennen, ausgedrückt durch mv^1, spielt für unser Verständnis des Universums eine zentrale Rolle. Jede Definition einer physikalischen Größe arbeitet andere Aspekte heraus, auf die wir uns konzentrieren können. Schießen wir mit einem Gewehr, so läßt sich dessen Rückstoß am besten mit Hilfe des Impulses mv^1 beschreiben. Aber für die Wirkung der im Ziel einschlagenden Kugel ist ihre Bewegungsenergie $\_mv^2$ entscheidend. Nach dem Schuß haben Gewehr und Kugel

gleich große, aber entgegengesetzte Impulse. Wegen der hohen Masse des Gewehrs ist seine Geschwindigkeit beim Rückstoß klein, so daß für den Schützen keine Lebensgefahr besteht. Doch die Kugel ist sehr leicht, weshalb ihr Impuls mv^1 im wesentlichen von ihrer sehr hohen Geschwindigkeit getragen wird. Eine hohe Geschwindigkeit bedeutet aber auch eine hohe Bewegungsenergie $\_mv^2$; deshalb ist die Kugel für ihr Ziel so gefährlich.

87 Das ist natürlich kein Beweis: Dies ist einer Aspekte, die ich auf meiner Webseite www.davidbodanis.com behandle.

88 Der unvorstellbar große Umrechnungfaktor …: Wenn jegliche Masse sich ohne weiteres vollständig in Energie umsetzen ließe, dann würden Kugelschreiber und Bleistifte um uns herum zu gewaltigen Bomben, die mit sonnenhellen Blitzen explodieren und ganze Stadtteile verwüsten könnten; der größte Teil des Universums verlöre bald seine materielle Existenz.

Was uns davor bewahrt, ist das Prinzip der Baryonen-Erhaltung. Es besagt im großen und ganzen, daß sich die Gesamtanzahl von Protonen und Neutronen im Universum nicht ändert; diese Teilchen können also nicht einfach plötzlich verschwinden.

Der einzige Fall, in dem eine hundertprozentige Umwandlung auftritt, ist das Aufeinandertreffen von gewöhnlicher Materie mit Antimaterie. Ein gewöhnliches Proton, wie es zu Abermilliarden in unserem Körper vorkommt, hat die Baryonenzahl +1, aber ein Antimaterie-Antiproton hat eine Baryonenzahl von −1. Wenn beide einander vernichten, ändert sich die Baryonenzahl im Universum also nicht. Antimaterie tritt öfter auf, als wir glauben, denn das aus vielen Gesteinen in geringer Menge entweichende Edelgas Radon erzeugt bei seinem radioaktiven Zerfall etwas Antimaterie. Wenn diese auf die gewöhnlichen Moleküle in der Luft oder auf unsere Haut trifft, dann ereignet sich eine (unvorstellbar winzige!) Explosion, bei der gemäß $E = mc^2$ etwas Energie freigesetzt wird.

7 Einstein und die Gleichung

92 … die Wiege des Einjährigen schaukelte …: Zu einem etwas späteren Zeitraum siehe beispielsweise David Reichinstein, *Albert Einstein: sein Lebensbild und seine Weltanschauung* (Prag: Selbstverlag des Autors; Vertrieb: Ernst Ganz, 1935).

92 …wie er Gott zu nennen pflegte: Eine besonders tiefschürfende Analyse findet sich in Max Jammer, *Einstein und die Religion* (Konstanz: UVK, Univ.-Verlag, 1995). Eine umfangreiche Zusammenstellung aktueller

Ansichten von Wissenschaftlern über die Religion – sowohl zustimmende als auch ablehnende – ging aus einer BBC-Sendereihe hervor: Russell Stannard, *Science and Wonders: Conversations about Science and Belief* (London: Faber and Faber, 1996).

92 »Wir befinden uns in derselben Situation, …«: Einstein schrieb dazu weiter: »Das, so scheint es mir, ist die Haltung des menschlichen Verstandes, sogar der größten und kultiviertesten Geister, zu Gott«. Zitiert nach einem 1929 geführten Interview mit dem damals berühmten Journalisten George Sylvester Viereck, abgedruckt in G. S. Viereck, *Glimpses of the Great* (London: Duckworth, 1934), S. 372. Die dort zu lesende Formulierung ist wahrscheinlich nicht genau die von Einstein gewählte, denn Viereck gibt an anderen Stellen zu, daß er seine eigene Kurzschrift nicht immer sicher entziffern konnte.

93 … war sie ein leidenschaftlicher Mensch …: Siehe hierzu Susan Quinn, *Marie Curie: Eine Biographie* (Frankfurt/M.: Insel, 1999), S. 417f. Dort wird auch Einsteins Äußerung über Marie Curie zitiert, deren Wesen er nach einer Wandertour im Sommer 1913 im Engadin als »arm an jeglicher Freude und Schmerz« beschrieb.

96 Neben anderen Aufsätzen fügte er der Bewerbung seinen Artikel über die Spezielle Relativitätstheorie bei, …: Die bahnbrechende Abhandlung wurde aus mehreren Gründen abgelehnt, nicht zuletzt mit dem bürokratischen Argument, daß sie gedruckt sei. Schließlich »verlangte das Reglement eine handschriftliche Habilitationseingabe«. Siehe Carl Seelig, *Albert Einstein – Eine dokumentarische Biographie* (Zürich, Stuttgart, Wien: Europa Verlag, 1954), S. 103. Der Autor bezieht sich bei dieser Schilderung auf Paul Gruner, einen Förderer Einsteins, der die Begebenheit an der Fakultät in Bern mitbekam.

97 » … einem Menschen, dem die Haut abgezogen ist …«: Marianne Weber, *Max Weber: Ein Lebensbild* (Heidelberg: Lambert Schneider, 1950), S. 325.

99 … die Zeit gleichmäßig voranschritt …: Einstein war nicht der erste, der erkannte, daß die Gültigkeit von Newtons Gesetzen keine externe »Autorität« und keinen externen Maßstab erfordert, nach denen unsere Aktivitäten beurteilt werden könnten – denn schon Newton wußte das! Aber in einer theologisch dominierten Epoche mußte Newton mit seinen Äußerungen vorsichtig sein, um nicht den Vorwurf der Ketzerei zu riskieren. Vor allem um ein die Existenz Gottes bestreitendes »freies Fließen« der Zeit zu vermeiden, führte Newton in seinem Hauptwerk *Principia* die absolute Zeit ein. Die vielleicht bekannteste Schilderung findet sich im *General Scholium* von Newton, aber die weitaus verständlicheren Erläuterungen gab er in seinen Briefen an Richard Bentley, einen

damals noch jungen Theologen. Beide Versionen sind nachzulesen in *Newton: Texts, Backgrounds, Commentaries,* hrsg. von Bernard Cohen und Richard Westfall (New York: Norton, 1995). Hätte Newton vielleicht sogar die wenigen einfachen algebraischen Schritte ausgeführt, die zur Speziellen Relativitätstheorie führten, wenn er nicht durch diese Vorsicht zu Zurückhaltung gezwungen gewesen wäre?

99 … uns eine Welt vorstellen, in der das oberste Geschwindigkeitslimit …: Der Vergleich stammt von George Gamow, der die Figur des ehrenwerten Mr. Tompkins erfand und damit Generationen von wissenschaftlich interessierten Lesern amüsierte; siehe George Gamow, *Mr. Tompkins im Wunderland oder Träumereien von c, g und h* (Wien: Zsolnay, 1954). Als Gamow in den dreißiger Jahren diese Geschichten schrieb, mutete seine Vision noch sehr phantastisch an. Ich glaube, es hätte ihm gefallen, daß noch vor dem Ende des zwanzigsten Jahrhunderts, im Februar 1999, ein Team an der Harvard-Universität mit Hilfe eines Lasers eine Substanzprobe so weit abkühlen konnte, daß ihre Temperatur nur noch um 50 Milliardstel eines Kelvin über dem absoluten Nullpunkt lag; dabei nahm sie einen solchen Zustand an, daß die Geschwindigkeit des Lichts in ihr von den Beobachtern zu nur rund 60 km/h gemessen wurde.

99 … wären alle Werte wieder die gewöhnlichen: Die uns vertrauten Bezeichnungen wie *Gewicht* oder *Masse* sollen auch hier nur einen Eindruck davon vermitteln, was vor sich geht.

100 … der Fahrer und die Fahrgäste erschienen ihm entsprechend geschrumpft …: In den Physiklehrbüchern steht normalerweise, daß die Länge eines dermaßen beschleunigten Gefährts sich verkürzt, bis es kaum noch länger ist, als ein Blatt Papier dick ist. Aber obwohl eine direkte Anwendung des Kontraktionsfaktors (siehe Kapitel 5) dies ergibt, ist der Vorgang eigentlich komplizierter, weil die von verschiedenen Teilen des Autos emittierten Lichtstrahlen zu unterschiedlichen Zeitpunkten ausgesandt werden. Die Verzerrungen ähneln daher denen bei der Abbildung der dreidimensionalen Erdkugel auf eine zweidimensionale Landkarte mit Hilfe der Mercator-Projektion.

102 In meiner Webseite …: siehe www.davidbodanis.com.

102 Die Navigationssatelliten des *Global Positioning System* …: Zusammen mit den Korrekturen, die auf die Signale der GPS-Satelliten angewandt werden und auf der Speziellen Relativitätstheorie beruhen, liegen auch merkliche Konsequenzen der Allgemeinen Relativitätstheorie vor. Dies wird gut beschrieben in: Clifford M. Will, *…und Einstein hatte doch recht* (Berlin: Springer, 1989). Mich amüsiert die Vorstellung, daß Millionen von Menschen, die irgendwann einen GPS-Empfänger benutzen, damit

ein Gerät haben, dessen »Innenleben« in miniaturisierter Form dieselben Berechnungen und logischen Umformungen vornimmt, die sich einst in Einsteins Gehirn vollzogen.

102 ... die Bezeichnung *Relativitätstheorie* ...: Einstein benutzte diese Bezeichnung in seiner Originalarbeit von 1905 nicht; sie wurde erst ein Jahr später von Max Planck und anderen vorgeschlagen. Einstein bevorzugte später eindeutig den Ausdruck »Invarianz-Theorie«, den der Mathematiker Hermann Minkowski im Jahre 1908 für Einsteins Ansätze prägte. Wenn sich diese Benennung durchgesetzt hätte, dann würden wir heute von Albert Einstein und seiner berühmten Invarianz-Theorie sprechen. Aber im Laufe der Zeit änderte sich die allgemeine Auffassung der Physiker, und in den zwanziger Jahren war die von Einstein ursprünglich ungeliebte Bezeichnung anerkannt.

102 ... sie sei irreführend ...: Einstein erklärte im Jahre 1929: »Die Bedeutung der Relativität ist weithin mißverstanden worden. Die Philosophen spielen mit dem Wort wie ein Kind mit einer Puppe ... Sie [die Relativitätstheorie] besagt nicht, daß alles in Leben relativ ist«.

Einstein wurde vor allem auch deshalb falsch interpretiert, weil viele Menschen nur zu gern bereit waren, ihn zu mißdeuten. Paul Cézanne hatte von der Notwendigkeit gesprochen, sich nur auf das zu konzentrieren, was man persönlich sehen und messen kann: einen roten Farbtupfer hier, einen blauen Klecks dort. Diese Auffassung sollte nun der Relativitätstheorie entsprechen, die eine unpersönliche, »objektive« Hintergrund-Welt in Frage stellen sollte, die geradezu darauf wartete, wie eine bestimmte Interpretation eines Pariser Boulevards allen gemeinsam zu sein. In jüngster Zeit führte uns Tom Stoppard – der konventionelle Sichtweisen gern untergräbt – in seinen Stücken mit Genuß Figuren vor, die sich auf Einsteinsche Konsequenzen beziehen, die diese Sichtweise zu stützen scheinen.

Das Problem ist nun aber, daß diese Bezüge nichts mit Einsteins Arbeit zu tun haben. Wie hier in Kapitel 7 erwähnt, sind bei normalen Geschwindigkeiten die Abweichungen von den gewohnten Effekten bei weitem zu klein, um überhaupt meßbar zu sein. Noch wichtiger ist die Tatsache, daß die Spezielle Relativitätstheorie im Grunde auf bestimmten Invarianten beruht – nämlich auf der Konstanz der Lichtgeschwindigkeit und auf der Beständigkeit und »Gleichmäßigkeit« eines jeden vorliegenden Bezugssystems. Das *widerspricht* nun diametral der gängigen Darstellung dieser Theorie. Einstein selbst erklärte das einmal einem Kunsthistoriker, der versucht hatte, Kubismus und Relativitätstheorie unter einen Hut zu bringen:

*»Das Wesentliche an der Relativitätstheorie ist falsch verstanden worden … .
Die Theorie besagt nur, daß … allgemeine Gesetze derart beschaffen sind, daß
ihre Form nicht von der Auswahl des Bezugs- oder Koordinatensystems ab-
hängt. Diese logische Anforderung hat jedoch nichts damit zu tun, wie der Ein-
zelfall dargestellt wird. Eine Vielfalt von Koordinatensystemen wird für die Darstellung nicht [Betonung hinzugefügt] benötigt. Es reicht vollkommen aus, das
Ganze mathematisch in Bezug zu einem Koordinatensystems zu beschreiben.
Dies ist bei Picassos Malerei ganz anders. … Diese neue künstlerische »Sprache« hat mit der Relativitätstheorie nichts gemeinsam.«*

Das ist zitiert nach Paul LaPorte, »Cubism and Relativity, with a Letter
of Albert Einstein«, in *Art Journal, 25,* No. 3 (1966), S. 246. Vergleiche
auch Gerald Holton, *The Advancement of Science, and Its Burdens* (Cambridge, Mass.: Harvard University Press, 1998), S. 109. Holton geht
noch weiter und merkt vernünftigerweise an, daß die Vorstellung von
einer Vielfalt möglicher Bezugssysteme der modernen Naturwissenschaft prinzipiell eigen ist; dabei ist unter »modern« die Epoche seit Galileis Forschungen zu Beginn des siebzehnten Jahrhunderts zu verstehen. Mehrere und übereinstimmende Ansichten in einer Zeichnung
sind auch für Architekten schon lange alltäglich.

103 Sowohl Einstein als auch Newton vollendeten einen großen Teil ihrer
Arbeiten …: Hier gebührt der Lorbeer eindeutig Einstein. Newton ist
bekannt für die Behauptung, daß er die Differentialrechnung erfand
und die Zusammensetzung des Lichts sowie die Wirkung der universel-
len Gravitation erkannte – alles in der kurzen Zeitspanne, als er auf dem
Bauernhof seiner Mutter weilte. Doch als er das anführte, war er schon
ein recht alter Mann und sprach von der Vergangenheit. Die Berechnungen, die er auf dem Bauernhof angestellt hatte, waren nicht sehr
überzeugend gewesen. Beispielsweise hatte er für die Abschwächung
der Schwerkraft von der Erdoberfläche bis zur Mondbahn nicht den
(richtigen) Faktor 1/3600 gefunden, sondern einen Wert von etwa
1/4300 ermittelt. Diese Zahl ergab sich aufgrund von Ungenauigkeiten
bei der Erdvermessung und war als »Beweis« für die mit dem Abstandsquadrat zunehmende Abschwächung der Gravitationskraft eigentlich
unbrauchbar. Newton täuschte sich auch hinsichtlich der Rolle der
Zentrifugalkraft, und ob sich der Mond nun auf einer Spirale à la Descartes dreht oder nicht – es blieb für Newton noch viel zu tun, als er
den Bauernhof verließ, nach London zurückkehrte und bald danach
nach Cambridge ging. Allerdings ist Bescheidenheit wohl nicht gerade
das, was man von einem Forscher erwarten kann, der sich in solchen
wissenschaftlichen Höhen bewegt.

Der eingängig geschriebene Artikel »Newton and the Eötvös Experiment« von Curtis Wilson, zu finden in seinen gesammelten Werken *Astronomy from Kepler to Newton: Historical Studies* (London: Variorum Reprints, 1989), beschreibt die von Newton noch zu klärenden Einzelheiten besonders gut. Und in Kapitel 5 von Richard Westfalls Buch *Isaac Newton: Eine Biographie* (Heidelberg: Spektrum, 1996) werden die Leistungen näher untersucht, die Newton während der Londoner Pest auf dem Bauernhof in Lincolnshire wirklich vollbrachte; siehe auch *The »Annus Mirabilis« of Sir Isaac Newton, 1666–1966,* hrsg. von Robert Palter (Cambridge, Mass.: MIT Press, 1970).

105 *Also lernen sie, was ihnen angeboten wird, …:* Bei Thorstein Veblen spricht mich vor allem an, daß er sich auf einen besonderen sozio-intellektuellen Aspekt konzentriert – die Schnittlinie von Religion und Wissenschaft –, der besonders bedeutungsschwanger ist. Wir können in Einsteins Arbeit tiefer einsteigen, um diese Wechselwirkung zu erkennen.

Zunächst fällt Einsteins starker Glaube an die Einheit auf. Ein Teil der traditionellen Physik war auf der konventionellen Newtonschen Mechanik gegründet, in der es immer eine Möglichkeit gab, zwei Beobachter bzw. deren Ergebnisse miteinander zu vergleichen. Zum Beispiel konnte man ermitteln, welcher der beiden schneller oder langsamer ging als der andere; man konnte objektiv feststellen, daß jemand, der in einem fahrenden Auto vorn einen Scheinwerfer einschaltete, dessen Lichtstrahl dazu brachte, sich schneller zu bewegen, als das jemand in einem stehenden Auto konnte. Andererseits erkannte Einstein aber, daß der andere Teil der traditionellen Physik auf Maxwells Weiterentwicklung von Faradays Arbeiten beruhte. Und diese Erkenntnisse deuteten darauf hin, daß die Lichtgeschwindigkeit für ruhende wie für sich langsam bewegende Beobachter stets gleich sein müßte. Also müßte sowohl beim fahrenden als auch beim stehenden Auto der Lichtstrahl mit 1.079 Millionen km/h vorwärtsschießen. Für Newton war das unmöglich, doch im Zusammenhang mit Maxwells Gleichungen war es unausweichlich geworden.

Die meisten Forscher, die sich an dieser Diskrepanz gestört hatten, schoben sie beiseite, aber Einstein schrieb im Jahre 1920: »Der Gedanke, daß es sich hier um zwei wesensverschiedene Fälle handle, war mir aber unerträglich«; siehe Albrecht Fölsing, *Albert Einstein: Eine Biographie* (Frankfurt/M.: Suhrkamp, 1993), S. 196. Einstein betonte oft, eine seiner tiefsten ethischen bzw. religiösen Überzeugungen liege im Ideal der sozialen Gerechtigkeit. Was eine unbegründete oder ungerechte Unterscheidung zu sein scheint, kann, wenn man sie nur genau genug untersucht, aufgeklärt werden und so die Ungerechtigkeit beseitigen. Dies ist das Fairness-Prinzip von John Rawls und allen anderen, die an die Anstößigkeit unverdienter Unterschiede glauben; und es ist eine Verlagerung des Gebiets der Einheit nach außen, deren Einrichtung von einer einzigen Gottheit erwartet werden kann.

Einstein schlug, um das Dilemma des »Widerspruchs« zwischen Newton und Maxwell zu lösen, sozusagen einen logischen Haken, wie ihn auch Faraday oder Römer schon früher geschlagen hatten und dabei so erfolgreich gewesen waren. Einstein hinterfragte genau die Bedingungen und Ausdrücke, von denen diese Widersprüchlichkeit herrührte. Die Definitionen von Länge, Zeit und Gleichzeitigkeit waren schon so lange etabliert – und zumindest seit Newton in ein System eingefügt –, daß sie dem gesunden Menschenverstand »elementar« erschienen. Doch Einstein erkannte, daß sie alle mit verfälschenden Annahmen darüber belastet waren, wie die Messungen auszuführen sind. Newton und Maxwell wurden also auseinandergezoooooooogen … und Einstein führte nun eine Änderung herbei; das heißt, er erarbeitete die Definitionen auf eine solche Weise, daß beide annehmen konnten, den Nagel auf den Kopf getroffen zu haben

Wenn ich Ihnen sage, daß ein Lichtstrahl einen bestimmten Meßstab in einer bestimmten Zeitspanne passiert, und Sie meinen, das sei Unsinn, denn er sei ganz bestimmt länger unterwegs, das ist überhaupt kein Problem – *solange Ihre Vorstellung von »länger« nicht dieselbe ist wie meine.* Dann ist das wahr, was ich sehe, *und* es widerspricht dennoch nicht dem, was Sie sehen. In der Speziellen Relativitätstheorie wird also das anscheinend Widersprüchliche miteinander in Einklang gebracht, indem die Beobachtungsbedingungen und -beschreibungen der Beteiligten geklärt und eindeutig angegeben werden.

War dies eine Revolution? Einstein bestand immer darauf, daß es keine war. Er habe vielmehr einfach das Notwendige getan, um die Erkenntnisse aus der Vergangenheit zu bewahren, indem er die zentralen Vorstellungen variierte. Ich würde ihn gern beim Wort nehmen. Vielleicht war sein Wunsch nach Kontinuität – um das Wesentliche aus der Vergangenheit zu bewahren – im Grunde seines Herzens ein Wunsch nach religiöser Kontinuität; vielleicht war es auch sein eigener Respekt vor den großen Physikern früherer Zeiten.

Ich vermute, daß damit auch sein häufiger Ortswechsel zu tun hat. Zuerst erlebte er die Geborgenheit der schwäbischen Heimat, dann besuchte er eine im barschen preußischen Stil geführte Schule, und das als Jude im katholischen Bayern. Es folgten in seiner Jugend einige angenehme Monate im liberaleren Italien, eine intensive Mischung intellektueller und romantischer Komponenten im abgelegenen Städtchen Aarau; schließlich studierte er in Zürich und wurde von einem engstirnigen, abweisenden Lehrkörper am Polytechnikum tief enttäuscht; dann folgten die Tätigkeit am Patentamt in Bern und sehr schnell die Verpflichtungen eines Erwachsenen – er war inzwischen verheiratet und hatte Kinder –, neben der notwendigen Ehrerbietung innerhalb der Hierarchie einer großen Behörde. Zu dieser Zeit war Einstein erst Mitte zwanzig. In diesem Alter hatte Hendrik Antoon Lorentz noch nie seine Heimat, die Niederlande, verlassen. Einstein hingegen sollte noch des öfteren umziehen. Sein letzter Wohnort war Princeton im fernen und ihm kaum verständlichen Amerika. Bei so vielen Ortswechseln und der daraus erwachsenden Isolation ist das einzige, das intakt bleibt, das Innere.

105 … dessen Auffassungen von persönlicher Verantwortung, Gerechtigkeit …: Zu welcher Art von Theorien gehört die Relativitätstheorie, die Einstein schuf? Sie gleicht nicht den ausführlichen Gesetzen, die die Ingenieure entwickelten und die beispielsweise besagen, daß der Luftwiderstand eines Flugzeugs porportional zu einer bestimmten Potenz seiner Geschwindigkeit ansteigt. Untersucht man solche »Gesetze« sehr detailliert, so kann es sein, daß sie nicht mehr gelten, denn ihre Voraussetzungen oder Grundannahmen sind auf nur partielle Analysen gegründet; man kann sie also nur in bestimmten Situationen anwenden. Damit sind sie nichts als nützliche Faustregeln, die man formuliert, um im jeweiligen Zusammenhang Teilbereiche der physikalischen Welt handlich zu beschreiben; aber darüber hinaus haben diese »Gesetze« keine Gültigkeit.

Andere Prinzipien, zum Beispiel Newtons drittes Bewegungsgesetz – das den Zusammenhang von Aktion und Reaktion beschreibt –, gehen tiefer. Sie sind damit Regeln, die man immer beachten muß, wenn man in der Technik vielleicht die Faustregeln über den Luftwiderstand anpaßt oder verbessert. Vor allem aber sind sie viel tiefer in ein analytisches System eingebettet. Ihre Anwendung in solchen Systemen ist, zumindest im Prinzip, unbegrenzt.

Einsteins Spezielle Relativitätstheorie ist nun wieder etwas anders geartet und nicht einfach nur ein besonderes Ergebnis, das über die Resultate von Newtons oder Maxwells Arbeiten hinausgeht. Sie ist vielmehr eine Theorie *über* Theorien, nämlich die Beschreibung derjenigen beiden Kriterien – daß die Lichtgeschwindigkeit für alle Beobachter stets die gleiche ist und daß gleichförmig bewegte Bezugssysteme prinzipiell nicht voneinander zu unterscheiden sind –, die jede zutreffende Theorie erfüllen muß.

Wenn diese Kriterien gelten, dann kann die jeweilige Theorie richtig sein. Wenn sie nicht gelten, so ist die Theorie definitiv falsch.

Die Spezielle Relativitätstheorie ist damit so etwas wie eine »Urteilsmaschine«. Sie ist ein Kommentar auf einer Meta-Ebene, ähnlich den abgestuften Auslegungen und Analysen des Talmud oder ähnlich dem Zweiten Hauptsatz der Thermodynamik.

Diese sozusagen juristische Natur von Einsteins Theorie wird oft übersehen, denn nachdem er sie formuliert hatte, begann Einstein selbst – wie später auch viele andere –, nach einzelnen Ergebnissen Ausschau zu halten. Ein Beispiel dafür war die Beziehung $E = mc^2$ oder das langsamere Vergehen der Zeit. Diese Vorgehensweise scheint den aus anderen Theorien hergeleiteten Besonderheiten zu entsprechen. Doch weil die Rangordnung von Einsteins Theorie innerhalb der Naturgesetze so hoch ist, hat das »m« in der Gleichung $E = mc^2$ eine so allgemeine Bedeutung; es gilt für jede Substanz im Universum – vom Kohlenstoff Ihrer Hand bis zum Plutonium in einer Bombe oder dem Wasserstoff in der Sonne.

106 »eine Verführung zur Oberflächlichkeit, ...«: Albrecht Fölsing, *Albert Einstein: Eine Biographie* (Frankfurt/M.: Suhrkamp, 1993), S. 122.

106 ... diese Selbstironie spricht auch aus den Äußerungen seiner Schwester Maja, ...: In den Briefen vieler Künstler jener Zeit klingen ähnliche Töne an, auch eine ähnlich nachdenkliche Hinnahme des Umstands, daß wir in einer alles andere als rationalen Welt überkommener Regeln leben müssen. Die Tatsache, daß ein die Erkenntnis hochhaltendes akademisches System in einer Gesellschaft aufging, die völlig andere Grundsätze vertrat – die Vorrechte des Adels, die Unantastbarkeit des Kaisertums –, ließ unter den Jüngeren einen gewissen intellektuellen Zynismus aufkommen.

106 »ein Loch in den Kopf [geschlagen]«: Aus den köstlichen Erinnerungen seiner Schwester Maja: »Albert Einstein – Eine Biographische Skizze«, in *The Collected Papers of Albert Einstein, Vol. 1, The Early Years: 1879–1902* (Princeton, N. J.: Princeton University Press, 1987), S. lvii.

106 »es werde nie in seinem Leben etwas Rechtes aus ihm werden«: ebenda, S. lxi.

107 Onkel Rudolf (»der Reiche«): ebenda, S. 281.

107 »Dabei drückt ihn noch das Bewußtsein, ...«: ebenda, S. 289. Dies ist wieder Hermann Einsteins (in Kapitel 1 zitierter) Brief von 1901 an Professor Ostwald.

107 Nach und nach wurden einige Physiker auf Einstein aufmerksam: Plancks Schüler Max von Laue war der erste Wissenschaftler, der Ein-

stein nach dessen Veröffentlichung aufsuchte. Er wurde im Patentamt gebeten, auf dem Korridor zu warten, wo Einstein ihm entgegenkommen würde. Von Laue berichtete später: »... aber der junge Mann, der mir entgegenkam, machte mir einen so unerwarteten Eindruck, daß ich nicht glaubte, er könne der Vater der Relativitätstheorie sein. So ließ ich ihn an mir vorübergehen, und erst als er aus dem Empfangszimmer zurückkam, machten wir Bekanntschaft miteinander.« Carl Seelig, *Albert Einstein – Eine dokumentarische Biographie* (Zürich, Stuttgart, Wien: Europa Verlag, 1954), S. 92.

108f. »... wenn ich Ihnen sagen soll, was wir durchgenommen«: Albert Einstein und Mileva Marić, *Am Sonntag küß' ich Dich mündlich. Die Liebesbriefe 1897–1903* (München, Zürich: Piper, 1998), S. 83, 104, 106 und 115. Ich habe Passagen aus einigen Briefen herangezogen und umgestellt, die Albert in den Jahren 1898 und 1900 an Mileva schrieb.

109 Die Mär, daß seine entscheidenden Ergebnisse eigentlich auf *sie* zurückgingen, ...: Diese Geschichte wurde erstmals 1969 von der pensionierten Lehrerin Desanka Trbuhović-Gjurić in einem Buch mit dem (übersetzten) Titel *Im Schatten von Albert Einstein* verbreitet. Die Story wurde aufgenommen in Andrea Gabor, *Einstein's Wife* (New York: Viking, 1995) und erfuhr eine größere öffentliche Aufmerksamkeit, als Jill Ker Conway, damals Präsidentin des Smith College, Gabors Buch in der *New York Times* sehr zustimmend rezensierte.

Leider haben die *Times* und Conway (wie auch Gabor und Trbuhović-Gjurić die Geschichte völlig falsch erzählt. Mileva war eine gute Physikstudentin, aber keine Muse; siehe hierzu John Stachel, »Albert Einstein und Mileva Marić: A Collaboration that Failed to Develop«, in *Creative Couples in Science,* hrsg. von H. Pycior, N. Slack und P. Abir-Am (New Brunswick, N. J.: Rutgers University Press, 1995). Wie ihre Beziehung wirklich geartet war, wird am besten deutlich in: Albert Einstein und Mileva Marić, *Am Sonntag küß' ich Dich mündlich. Die Liebesbriefe 1897–1903* (München, Zürich: Piper, 1998).

111 »Gegen dies Problem ist die ursprüngliche Relativitätstheorie eine Kinderei«: Banesh Hoffmann, *Albert Einstein, Schöpfer und Rebell* (Dietikon-Zürich: Stocker-Schmid, 1976), S. 139.

8 Ins Innere des Atoms

114 Das Ergebnis des erwähnten Experiments ...: Rutherford vermutete zuerst, daß jedes Atom eine nach außen neutrale Wolke aus elektrischer Ladung sei – völlig in Übereinstimmung mit dem damals gelehrten

»Rosinenkuchen-Modell«: In eine homogene, positiv geladene Masse sind die negativ geladenen Elektronen eingebettet wie die Rosinen in einen Kuchen. Aber als er mit einer »Mikrokanone« winzigste Teilchen (nämlich Alpha-Teilchen) in eine dünne Goldfolie schoß, prallten einige von ihnen zurück. Daraus folgerte er, daß irgend etwas Festes, Undurchdringliches sich in den Atomen befinden müsse. Aber wo befand sich das?

Dies war nun ein ernstes Problem. Rutherford war zwar einer der besten Experimentatoren des zwanzigsten Jahrhunderts, doch seine Fähigkeiten als Mathematiker waren nicht berauschend. Er vermochte daher auch keine plausiblen Flugbahnen der in die Goldfolie hineingeschossenen Teilchen zu berechnen, die offenbar um etwas herumkurvten und wieder zurückgeworfen wurden. So nahm er Zuflucht zur Mathematik der Kegelschnitte, die in klassischen Zeiten entwickelt worden war und vor allem im siebzehnten Jahrhundert dazu gedient hatte, die Bahnen von Kometen zu beschreiben. Das funktionierte recht und schlecht; gerade noch rechtzeitig, um die Ergebnisse seiner in Manchester angestellten Versuche zu erklären, wurden seine Berechnungen fertig. Diese führten nun dazu, daß die Studenten in den nächsten Jahren zu lernen hatten, daß das Atom tatsächlich so etwas wie ein winziges Sonnensystem sei. Das ergibt zwar keinen Sinn, denn es gibt nichts, das die Elektronen davon abhielte, unter Emission von Strahlung aus ihren schnell durchlaufenen Umlaufbahnen in den Atomkern hinabzustürzen. Außerdem kannte man keine physikalische Analogie zur Stabilität des Sonnensystems, die ja auf dem Newtonschen Gravitationsgesetz beruht, nach dem die Schwerkraft umgekehrt proportional zum Abstandsquadrat ist. Aber der Einfluß der von Annahmen ausgehenden mathematischen Berechnungen (und wer hatte schon eine bessere Idee?) war enorm. Daher wurde das, was aus Rutherfords mathematischer Schwäche hervorging, schließlich – selbst dann noch, als das Sonnensystem-Modell längst widerlegt war – zu einem unausrottbaren Mythos, an den alle glauben, wenn sie sich ein Atom vorstellen.

116 Im Kern befinden sich positive Teilchen, ...: Wie konnte man überhaupt feststellen, daß sich im Kern eine positive Ladung befindet? Der Grund lag in der altbekannten Regel, die jeder Schüler lernt: Gleichnamige elektrische Ladungen stoßen einander ab und ungleichnamige ziehen einander an. Wenn man nun ein positives Teilchen auf den Atomkern schießt und es dort bleibt, müßte man annehmen, daß der Kern negativ geladen ist. Aber die von Rutherford eingesetzten Alpha-Teilchen wurden ja von »irgend etwas« innerhalb des Atoms zurückge-

worfen. Und da sie positiv geladen sind, muß dieses »Etwas« ebenfalls positiv geladen sein.

116 ... es »Fewtron« zu nennen: Andrew Brown, *The Neutron and the Bomb: A Biography of Sir James Chadwick* (Oxford: Oxford University Press, 1997), S. 103.

118 Der Grund, weshalb sie [die langsameren Neutronen] an den Atomkernen besser haften, ...: Damit hängt die Unbestimmtheitsrelation der Quantenmechanik eng zusammen; siehe hierzu die Anmerkungen zu Kapitel 10.

118f. ... schleppten seine Assistenten eimerweise Wasser ...: Was in Fermis Institut in der alten Villa funktionierte, müßte natürlich überall funktionieren, wo viel die Neutronen abbremsendes Wasser eine Menge radioaktiven Materials umgibt. In den frühen siebziger Jahren wunderten sich viele Geologen über bestimmte Erzproben aus einem Bergwerk nahe beim Fluß Oklo in Gabun. Spezialisten der französischen Atomenergie-Kommission fanden bald heraus, daß hier einige natürliche Uranvorkommen vor etwa 1,8 Milliarden Jahren kritisch geworden waren. Eine natürliche Grundwasserader hatte das nötige Wasser geliefert, und jede der Reaktionen lief rund 100.000 Jahre lang, bevor sie zum Erliegen kam.

119 ... Georg Karl von Hevesy: Er schritt zwei Jahrzehnte vor Fermis Arbeiten zu seiner »kulinarischen Notwehr« mittels Blei und ähnlichen Elementen; siehe M. A. Tuve: »The New Alchemy«, in *Radiology, 35* (Aug. 1940), S. 180.

9   Weihnachtsspaziergang im Schnee

121 »Ich habe hier eben ... einen Arbeitsplatz und keinerlei Stellung, ...«: Fritz Krafft, *Im Schatten der Sensation: Leben und Wirken von Fritz Straßmann* (Weinheim: Verlag Chemie, 1981), Seite 481f.
Zum Briefwechsel zwischen Hahn und Meitner siehe auch Sallie Watkins' Aufsatz »Lise Meitner: The Foiled Nobelist« in: Rayner-Canham, *A Devotion to Their Science* (Toronto: McGill – Queen's University Press, 1997) sowie Ruth Lewin Sime, *Lise Meitner: A Life in Physics* (Berkeley: University of California Press, 1996).

121 »unsere Frau Curie«: Philipp Frank, *Einstein: Sein Leben und seine Zeit* (Braunschweig, Wiesbaden: Vieweg, 1979), S. 193.

122 »pfiff er [Hahn] große Teile aus dem Violinkonzert von Beethoven ...«: *Die Naturwissenschaften, 46* (1959) 97.

122 »Mit den jungen Kollegen am nahegelegenen Physikalischen Institut ...«: *Die Naturwissenschaften, 41* (1954) 157.

123 »Ich habe mich in Sie verliebt«: zitiert nach Ruth Lewin Sime, *Lise Meitner: A Life in Physics* (Berkeley: University of California Press, 1996), S. 37.

124 »Lieber Herr Hahn! ... Holen Sie tief Athem, ...« (Brief vom 17. Januar 1918): Sabine Ernst, *Lise Meitner an Otto Hahn: Briefe aus den Jahren 1912 bis 1924* (Stuttgart: Wiss. Verlagsgesellschaft, 1992), S. 86.

124 »Lieber Herr Hahn! ... Lassen Sie sichs gut gehen ...« (Brief vom 6. August 1917): ebenda, S. 77.

125 ... orientierte sich Meitner wiederum neu: Natürlich waren einige weniger erfolgreiche Berliner Kollegen neidisch, als Meitner anfing, sich mit dem Neutron zu beschäftigen, und es gab sicher auch verärgertes Getuschel. Es kommt selten vor, daß in einem physikalischen oder chemischen Institut die Ausrichtung der Forschungsarbeiten geändert wird, denn die vorhandenen Geräte und Versuchsaufbauten wurden ja für bestimmte Experimente konzipiert, und es arbeiten Doktoranden und Habilitanden im Institut, deren Stipendien mit der Fortführung und Erweiterung früherer Arbeiten verknüpft sind. Außerdem kennen sich die Ingenieure und Mechaniker mit den Apparaturen bestens aus, und man hat guten Kontakt zu den Lieferanten spezieller Materialien und Geräte. Ökonomen sprechen dabei vom Effekt der einmaligen Produktionskosten; aber dieser Effekt ist auch einer der Hauptgründe dafür, daß nur sehr wenige erstklassige Institute lange an der Spitze bleiben. In letzter Zeit gerieten aus demselben Grund viele große, träge gewordene Computerfirmen durch neugegründete, flinke Firmen im Silicon Valley in finanzielle Probleme. Trotz ihrer vordergründigen Schüchternheit wäre Meitner dort wohl eine selbstsichere, erfolgreiche Unternehmerin in der Dot-com-Branche geworden.

125 »Die Jüdin gefährdet das Institut«: Fritz Krafft, *Im Schatten der Sensation: Leben und Wirken von Fritz Straßmann* (Weinheim: Verlag Chemie, 1981), Seite 172. Siehe auch Sallie Watkins' Aufsatz »Lise Meitner: The Foiled Nobelist« in: Rayner-Canham, *A Devotion to Their Science* (Toronto: McGill – Queen's University Press, 1997).

126 Hahn mag durchaus bekümmert gewesen sein ...: Es gibt viele Abstufungen schuldhaften Verhaltens, und Hahn war natürlich nie ein Nazi. Er hatte auch, einige Monate nachdem Hitler an die Macht gekommen war, Planck vorgeschlagen, dagegen zu protestieren, wie jüdische Akademiker aus den Instituten entfernt wurden. Gegen Ende der dreißiger Jahre waren derartige öffentliche Proteste unmöglich geworden, aber etliche andere Physiker fanden Möglichkeiten, Institutsangehörigen wie Meitner diskret zu helfen: Sie ermutigten ausländische Kollegen, sie

zu Kolloquien einzuladen; in den Einladungsschreiben sollte betont werden, daß sämtliche Kosten im Ausland bezahlt würden (weil ein Visum mit der Begründung verweigert werden konnte, es müsse Geld aus Deutschland ausgeführt werden). Solche Briefe sollten möglichst zurückdatiert werden, um den Eindruck zu erwecken, sie seien vor einem inzwischen vielleicht erfolgten Ausschluß aus dem Institut abgesandt worden. Die Tatsache, daß Hahn sich an derartigen Hilfsmaßnahmen für seine lebenslange Kollegin nicht beteiligte, ist keine Todsünde, sondern beweist nur, daß er nicht ein nur wenigen Menschen eigenes, hohes moralisches Niveau hatte wie zum Beispiel sein Kollege Straßmann.

Was aber schwerer wiegt − oder zumindest, was nur dadurch erklärbar ist, daß Hahn erkannte, sehr falsch gehandelt zu haben −, war die Art und Weise, wie er versuchte, die Geschichte seiner Beziehung zu Meitner nach dem Kriege umzuschreiben: In einem Interview mit schwedischen Zeitungen stellte er Ende 1946, einige Tage vor der feierlichen Verleihung des Nobelpreises an ihn, Meitner als eine Art jüngere Assistentin hin; später wies er zuweilen spöttisch, beinahe seufzend, darauf hin, wie lächerlich unangebracht ihre Versuche gewesen seien, mit Ratschlägen behilflich zu sein. Meitner vermutete, dies alles rührte daher, daß Hahn sich vor sich selbst rechtfertigen wollte − denn wenn sie kaum da gewesen war, wie konnte er dann beschuldigt werden, sie schlecht behandelt zu haben? Siehe hierzu Ruth Lewin Sime, *Lise Meitner: A Life in Physics* (Berkeley: University of California Press, 1996), Kapitel 8 und 14, vor allem die Anmerkung Nr. 26 auf Seite 454.

126 »Lise war sehr unglücklich und böse mit mir, …«: Fritz Krafft, *Im Schatten der Sensation: Leben und Wirken von Fritz Straßmann* (Weinheim: Verlag Chemie, 1981), Seite 172.

126 »Hahn sagt, ich möge nicht mehr ins Institut kommen«: zitiert nach Ruth Lewin Sime, *Lise Meitner: A Life in Physics* (Berkeley: University of California Press, 1996), S. 185.

126 Wie immer schien Hahn als letzter zu verstehen, …: Nachdem die Kernspaltung im wesentlichen aufgeklärt war, hatte er immer noch Schwierigkeiten. Im Juli 1939 schrieb Hahn an Meitner: »Bohr wird mich vielleicht für einen Crétin halten, aber trotz seiner 2maligen langen Erklärung verstehe ich es wieder nicht«. Fritz Krafft, *Im Schatten der Sensation: Leben und Wirken von Fritz Straßmann* (Weinheim: Verlag Chemie, 1981), Seite 120. Wie auch bei Lawrence kommt es aber auf das Ausmaß der »Begriffsstutzigkeit« an. Hahn war sicher intelligent − aber Meitners Niveau erreichte er nicht. Doch er vermochte außergewöhn-

lich gut zu beurteilen, wann ein Forschungsgebiet »reif« war. Und das ist für Forscher eine unabdingbare Fähigkeit. So war es kein reiner Zufall, daß er sich in Rutherfords Institut in Montreal aufhielt, als es für einen geschickten Chemiker gerade möglich geworden war, ein neues Element zu entdecken. Und ebenso war es kein Zufall, daß er in den Instituten am Berliner Stadtrand arbeitete, als diese für einen Chemiker mit seinem Hintergrund der fruchtbarste Wirkungsort waren.

Peter Medawar nannte diese Bedeutung der richtigen Auswahl »die Kunst des Lösbaren«. Dabei kommt es nicht darauf an, nur leichte Probleme anzugehen, sondern, »die Kunst der Forschung [ist vielmehr] die Kunst, schwierige Probleme dadurch lösbar zu machen, daß man Mittel ersinnt, ihnen auf den Grund zu gehen.« Einstein war darin als junger Mann hervorragend, und Rutherford behielt diese Fähigkeit sein ganzes Leben lang. Das Zitat findet sich auf Seite 2 von Peter Medawars zu Recht gelobtem Werk *Pluto's Republic* (Oxford: Oxford University Press, 1984).

127 »Zum Glück hatte L. Meitners Ansicht und Urteil …«: Fritz Krafft, *Im Schatten der Sensation: Leben und Wirken von Fritz Straßmann* (Weinheim: Verlag Chemie, 1981), Seite 208.

127 »Montag Abend, im Labor«, Hahns Brief vom 19. Dezember 1938 an Meitner: ebenda, S. 264.

128 »Lise Meitner war die geistig Führende …«: ebenda, S. 211.

128 »Du siehst, Du tust ein gutes Werk, …«: ebenda, S. 265.

128 Robert Frisch: In vielen Büchern ist die Rede von einem gewissen Otto Frisch, der – was zuweilen Verwirrung stiftete – mit einem älteren Physiker namens Robert Frisch verwandt zu sein schien, vielleicht dessen Neffe war. Beide sind aber ein und dieselbe Person. Als junger Mann hatte Otto Robert Frisch nur seinen Rufnamen Robert benutzt; doch seit er viel mit Amerikanern zusammenarbeitete, bei denen der Vorname Robert recht verbreitet ist, stellte er seinen anderen Vornamen Otto voran.

128 »schnell, aber nicht Tante«: Otto Robert Frisch, *Woran ich mich erinnere* (Stuttgart: Wiss. Verlagsgesellschaft, 1981), S. 53.

129 Als er am nächsten Morgen in den Frühstücksraum des Hotels kam, …: ebenda, S. 148f. Ihre Gespräche beim Frühstück und beim Spaziergang in der verschneiten Landschaft wurden von beiden häufig geschildert. Siehe hierzu die Abschnitte über Frisch und Meitner im »Kommentierten Verzeichnis weiterführender Literatur«, außerdem die bibliographischen Anmerkungen in Ruth Lewin Sime, *Lise Meitner: A Life in Physics* (Berkeley: University of California Press, 1996), S. 455, und auch Stefan

Rozental, *Schicksalsjahre mit Niels Bohr* (Stuttgart: Deutsche Verlags-Anstalt, 1991), S. 22.

130 »Lise Meitner bewies ihre Behauptung, ...«: Otto Robert Frisch, *Woran ich mich erinnere* (Stuttgart: Wiss.Verlagsgesellschaft, 1981), S. 149.

130 »dermaßen überwältigend neu und überraschend« zitiert nach Lise Meitner, »Looking Back«, in *Bulletin of the Atomic Scientists* (Nov. 1964), S. 4.

132 »Zum Glück erinnerte sich Lise Meitner an die empirische Formel ...«: Otto Robert Frisch, *Woran ich mich erinnere* (Stuttgart: Wiss.Verlagsgesellschaft, 1981), S. 149. Meitner wußte davon aus früher veröffentlichten Messungen von Kernmassen.

133 »...nun entsprach ein Fünftel einer Protonenmasse gerade 200 MeV«: ebenda, S. 149.

134 ... *fission*, zu deutsch *Spaltung*: Die Analogie zur Biologie war recht gebräuchlich; Rutherford hatte den Begriff *Kern* für das Zentrum eines Atoms aus demselben Grund gewählt.

10 Deutschland

139 »F. D. Roosevelt, ...«, Einsteins Brief an Roosevelt vom 2. August 1939: Albert Einstein, *Über den Frieden*, hrsg. von Otto Nathan und Heinz Norden (Bern: Herbert Lang & Cie., 1975), S. 309f. Der Brief wird in vielen Biographien Einsteins wiedergegeben. Ein Faksimile des englischen Originals ist u. a. abgedruckt in *Albert Einstein:Wirkung und Nachwirkung,* hrsg. von A. P. French (Braunschweig, Wiesbaden: Vieweg, 1985), S. 191.Wie es dazu gekommen war, daß Einstein den Brief unterzeichnete, wird eingehend geschildert in: Leo Szilard, *The Collected Works* (Cambridge, Mass.: MIT Press, 1972) sowie – etwas genauer – in: Eugene Wigner, *The Recollections of Eugene P. Wigner* (New York: Plenum Press, 1992).

140 »The White House«, Roosevelts Brief vom 19. Oktober 1939: Albert Einstein, *Über den Frieden*, hrsg. von Otto Nathan und Heinz Norden (Bern: Herbert Lang & Cie., 1975), S. 312.

142 »Mir wird Vortrag gehalten über die neuesten Ergebnisse der deutschen Wissenschaft ...«: Mark Walker, *Die Uranmaschine – Mythos und Wirklichkeit der deutschen Atombombe* (Berlin: Siedler, 1990), S. 77. Die Erwähnung dieses Tagebucheintrags greift hier, wie im Haupttext angedeutet, den Geschehnissen voraus. Goebbels schrieb ihn nach einer im Februar 1942 abgehaltenen Konferenz nieder, auf der Heisenberg vor etlichen Nazi-Größen einen eindrucksvollen Vortrag hielt; darin erklärte er, wie leicht man zu einer Atombombe kommen könne.

143 … mehrere Angebote von erstklassigen Universitäten des Auslands abgelehnt: siehe David Cassidy, *Werner Heisenberg: Leben und Werk* (Heidelberg: Spektrum, 1995), S. 503–505.

144 … seine Frau berichtete später, er habe noch Jahre danach Alpträume
gehabt: vgl. ebenda, S. 478.

144 »Ach, wissen Sie, Frau Himmler, …«: Alan Beyerchen, *Wissenschaftler unter Hitler* (Köln: Kiepenheuer & Witsch, 1980), S. 218. Das Interview mit
Beyerchen fand 34 Jahre nach den Ereignissen statt; möglicherweise
übertrieb Heisenberg darin die Naivität seiner Mutter etwas.

144 »Der Reichsführer SS«, Himmlers Brief an Heisenberg vom 11. 7. 1938:
Samuel Goudsmit, *Alsos: The Failure in German Science* (New York: Henry Schuman Inc., 1947), S. 119. Dort ist das Schreiben als Faksimile abgedruckt.

148 Was bei einem schnellen Neutron ein knapper Fehlschuß würde, …:
Das ist die Auswirkung der berühmten Unschärferelation (auch Unbestimmtheitsprinzip genannt), die Heisenberg Mitte der zwanziger Jahre
erarbeitete. Sie hat eine seltsam anmutende Konsequenz, war aber von
ganz entscheidender Bedeutung dafür, wie die Beziehung $E = mc^2$ sozusagen aus dem Labor entwich und zu einer so überwältigenden
Macht auf der Erde wurde. Die Unschärferelation ist, ebenso wie $E =
mc^2$, eine jener so entscheidenden Gleichungen, die man sich gut mer-
ken kann, weil sie so kurz und einfach sind. Sie lautet $m\Delta v \cdot \Delta x \geq h$. Die
Größe Δx ist die Ungenauigkeit (Δ) des Ortes x, an dem sich das betref-
fenden Teilchen befindet, und Δv ist die Ungenauigkeit (Δ) der Geschwindigkeit v, mit der es sich bewegt. (Die Größe h, das sogenannte
Plancksche Wirkungsquantum, hat einen äußerst kleinen Wert.)
Streng genommen ist die Heisenbergsche Unschärferelation eine Un-
gleichung; sie besagt, daß das Produkt aus den Ungenauigkeiten der
Orts- und der Impuls-Messung *mindestens* gleich dem Planckschen
Wirkungsquantum ist. Wenn man den momentanen Ort des Teilchens
genauer mißt, wird zwangsläufig und prinzipiell die Messung seines
Impulses bzw. seiner Geschwindigkeit im gleichen Maße ungenauer
werden, und umgekehrt. Dieser »Wippen-Effekt« folgt direkt aus der
Multiplikation beider Unsicherheiten.
Die Unschärferelation hat keinerlei merkliche Auswirkung auf die nor-
mal großen Gegenstände und deren Bewegungen, mit denen wir im
Alltag zu tun haben. Aber im atomaren Maßstab – und damit auch für
Heisenbergs Arbeiten ab dem Ende der dreißiger Jahre – ist sie ent-
scheidend. Wenn man ein Neutron, das auf ein Ziel geschossen wird,
abbremst, kann man seine Geschwindigkeit genauer messen als zuvor.

Aufgrund der Unschärferelation kann man dann aber den jeweiligen Ort weniger genau als zuvor bestimmen. Kurz gesagt: Wenn Δv kleiner wird, so wird Δx größer.

Das mag wie leeres Wortgeklingel erscheinen, beschreibt aber wirklich die Realität – ebenso wie die Merkwürdigkeiten im Zusammenhang mit der Relativitätstheorie, die wir in früheren Kapiteln betrachtet haben. Wenn Δx größer ist, gibt es eine größere Bandbreite an Möglichkeiten, den Ort des Neutrons anzugeben. *Das bedeutet, daß sich seine Wechselwirkung mit dem Zielobjekt verändert.* Wie kann man nun die Größe eines ankommenden Objekts sinnvoll definieren? Nun, sie entspricht der Wahrscheinlichkeit, daß es mit dem Kern, auf den es geschossen wird, wirklich in engen Kontakt kommt.

Es klingt erstaunlich, daß dies eine Definition der »Größe« des Neutrons sein soll, wie man sie nicht besser erarbeiten kann. Doch erinnern wir uns noch einmal daran, daß es in der Speziellen Relativitätstheorie keinen objektiven Zeit-Hintergrund beziehungsweise keine »wahre« Zeit gibt, in die die Ereignisse eingeordnet werden können. Zu glauben, es gebe eine »wahre« Größe, die man messen könne, ist in der Tat eine Verletzung des Unbestimmtheitsprinzips. Beispielsweise kann man mit einem Baseball- oder einem Kricket-Handschuh auch Bälle fangen, die an der bloßen Hand vorbeifliegen würden, denn der ausladende Handschuh vergrößert sozusagen die Hand. Wenn aber ein Zuschauer sehr wenig über diese Spiele weiß und bei einer Fernsehübertragung nur flüchtig auf den Bildschirm schaut, wäre es für ihn ebenso plausibel, daß der Ball entsprechend größer ist – denn wie könnte der Fänger sonst bei so spektakulären Würfen noch den Ball erreichen?

Aufgrund der Unschärferelation gibt es keine Möglichkeit, ein exakteres Bild zu konstruieren. Bei einem langsamer ankommenden Neutron ist die Wahrscheinlichkeit höher, daß es vom Kern »eingefangen« wird – und das ist die einzige Erklärung, die wir dafür finden werden, daß das Ziel anscheinend größer geworden ist. (Im wirklichen Leben ist das Unschärfeprinzip probabilistisch, und das effektive »Vergrößern« gilt nur für eine Reihe von ankommenden Neutronen.)

Die Unschärferelation spielt also eine große Rolle dabei, wie gemäß der Beziehung $E = mc^2$ Energie freigesetzt wird, denn sie ging auch in viele anderen Berechnungen ein, die mit der Konstruktion der Atombombe zu tun hatten. (Beispielsweise dürfen die Elektronen in einem Atom nicht zu schnell sein – andernfalls würden sie aus ihm entweichen –, und diese Geschwindigkeitsbeschränkung bedeutet wiederum, daß man ihren Aufenthaltsort etwas detaillierter angeben kann.)

152 »Es wurde mir mitgeteilt, daß Deutschland den Verkauf von Uran ...«:
Aus Einsteins Brief an Roosevelt vom 2. August 1939, in Albert Einstein, *Über den Frieden*, hrsg. von Otto Nathan und Heinz Norden (Bern: Herbert Lang & Cie., 1975), S. 310. Ein Faksimile des englischen Originals ist abgedruckt in *Albert Einstein: Wirkung und Nachwirkung*, hrsg. von A. P. French (Braunschweig, Wiesbaden: Vieweg, 1985), S. 289.

152 Aber Heisenberg konnte eine Beschaffungsorganisation nutzen, ...: Ab 1943 wurden die Frauen vom Konzentrationslager Sachsenhausen »gekauft«, und gleichzeitig wurden russische Kriegsgefangene zu anderen Arbeiten am Bombenprojekt herangezogen (beispielsweise wurden sie gezwungen, in Bagges Isotopenschleuse zu arbeiten). Gegen Ende des Krieges, als Teile des Kaiser-Wilhelm-Instituts für Physik nach Hechingen ausgelagert worden waren, erfuhr Heisenberg, daß polnische Zwangsarbeiter verfügbar seien. Siehe auch Mark Walker, *Die Uranmaschine – Mythos und Wirklichkeit der deutschen Atombombe* (Berlin: Siedler, 1990), vor allem Seite 163.

153 ... Zwangsarbeiterinnen aus dem Konzentrationslager Sachsenhausen, ...: Aus dem zeitlichen Abstand, den wir heute haben, wird vielleicht nicht immer klar, in welcher Lage die Menschen, die während des Krieges in Deutschland arbeiten mußten, lebten und was die Wörter »gekauft« und »Sklaven« oder »Zwangsarbeiter« wirklich bedeuteten. Die Dokumentation der Nürnberger Kriegsverbrecherprozesse umfaßt Zehntausende von Seiten. Am 15. November 1947 berichtete die New Yorker Zeitung *Herald Tribune* über die Aussage eines direkten Zeugen: Nürnberg, 14. November 1947 (A.P.) *Ein französischer Zeuge sagte heute aus, daß der Konzern I. G. Farben 150 Frauen aus dem Konzentrationslager Auschwitz kaufte, nachdem man sich über den Preis von 200 Reichsmark (damals 80 US-Dollar) pro Frau beschwert hatte, und sie alle bei Experimenten mit einem Schlafmittel tötete.*
Der Zeuge war Grégoire M. Afrine. Er berichtete dem amerikanischen Militärgericht – das gegen 23 Direktoren der I. G. Farben die Anklage wegen Kriegsverbrechen verhandelte –, daß er von den Russen als Dolmetscher eingesetzt worden war, nachdem diese im Januar 1945 das Konzentrationslager Auschwitz eingenommen und dort eine Anzahl von Briefen gefunden hatten. Unter diesen Briefen waren nach seiner Aussage einige gewesen, die vom Werk »Bayer«, das zur I. G. Farben gehörte, an den Nazi-Kommandanten des Konzentrationslagers gerichtet waren. Auszüge daraus wurden als Beweis vorgelegt:

1. Da Experimente mit einem neuen Schlafmittel geplant sind, würden wir es begrüßen, wenn Sie uns eine Anzahl von Frauen beschaffen könnten.

2. Wir erhielten Ihre Antwort, halten aber den Preis 200 Mark pro Frau für unangemessen hoch. Wir schlagen vor, pro Kopf höchstens 170 Mark zu zahlen. Wenn Sie einverstanden sind, werden wir die Frauen übernehmen. Wir benötigen ungefähr 150.

3. Wir nehmen Ihre Zustimmung zur Kenntnis. Stellen Sie für uns 150 Frauen in bestmöglichem Zustand bereit. Sobald Sie uns mitteilen, daß dies erfolgt ist, werden wir die Frauen übernehmen.

4. Wir erhielten die Lieferung von 150 Frauen. Trotz ihres ausgemergelten Zustands betrachten wir sie als zufriedenstellend. Wir werden Sie über den weiteren Fortgang der Versuche auf dem laufenden halten.

5. Die Experimente wurden durchgeführt. Alle Personen starben. Wir werden Sie in Kürze wegen einer weiteren Lieferung ansprechen.

153 … hatte Heisenberg seinen Unmut darüber geäußert, …: vgl. hierzu z. B. David Cassidy, *Werner Heisenberg: Leben und Werk* (Heidelberg: Spektrum, 1995), S. 525.

154 »Ich habe jetzt gehört, daß die Forschungen …«: Albert Einstein, *Über den Frieden*, hrsg. von Otto Nathan und Heinz Norden (Bern: Herbert Lang & Cie., 1975), S. 314.

154 »Wegen seines radikalen Hintergrundes …«: Albrecht Fölsing, *Albert Einstein: Eine Biographie* (Frankfurt/M.: Suhrkamp, 1993), S. 802; siehe auch Richard A. Schwartz, »*Einstein and the War Department*« in *Isis*, 80, 302 (Juni 1989), S. 282f.

155 Lawrence war kein besonders begabter Physiker, …: Wie auch bei Hahn ist »Intelligenz« sehr relativ. Lawrence war sich über seine Grenzen durchaus im klaren: »Man muß sich im wahrsten Sinne des Wortes aufopfern, wenn man etwas erreichen will«, hatte er einem Assistenten erklärt, als er anfangs in Berkeley lehrte. Dieses Zitat findet sich in: Nuel Phar Davis, *Die Bombe war ihr Schicksal. Die Forscher Oppenheimer und Lawrence im Widerstreit von Wissenschaft und Politik* (Freiburg: Herder, 1971), S. 13. – Zum Teil deshalb war Lawrence stets sehr bestrebt, auch Entwicklungen auf anderen Gebieten zu verfolgen, die er möglicherweise für seine eigene Arbeit nutzen konnte. Sein großer Erfolg bestand darin, daß er eine norwegische Methode zum Beschleunigen geladener Teilchen verbesserte; dies wurde die Grundlage des Zyklotrons und brachte ihm schließlich den Nobelpreis ein. Ein solch begieriges »Entlehnen« ist für eine bestimmte Art erfolgreicher Institute kennzeichnend; siehe hierzu Terence Kealey, *Economic Laws of Scientific Research* (New York: St. Martin's Press, 1996) und auch die im »Kommentierten

Verzeichnis weiterführender Literatur« für die Kapitel 8 und 9 erwähnten Werke.

155 »Briggs sagte immer …«: Nuel Phar Davis, *Die Bombe war ihr Schicksal. Die Forscher Oppenheimer und Lawrence im Widerstreit von Wissenschaft und Politik* (Freiburg: Herder, 1971), S. 82.

155f.… daß er Eugene … Maschinenbau studieren ließ …: Eugene Wigner, *Recollections of Eugene P. Wigner* (New York: Plenum Press, 1992), S. 59–62. Diese Vorsicht war verbreitet: Sogar der hochbegabte John von Neumann promovierte nicht nur *summa cum laude* in Mathematik, sondern wurde auch Diplomingenieur für Verfahrenstechnik. Auch Einstein beteiligte sich – zum Teil aus ähnlichen Gründen – an praktischen Entwicklungen, zum Beispiel an der Verbesserung eines Amperemeters oder eines Kühlgeräts.

156 In welcher Form sollte man beispielsweise die vorliegende Uranmenge …: Siehe hierzu *Hitler's Uranium Club: The Secret Recordings at Farm Hall*, hrsg. von Jeremy Bernstein (Woodbury, N. Y.: American Institute of Physics, 1996), S. 40. Bernsteins Buch war für mein Verständnis der deutschen Arbeiten an der Atombombe zentral; ich habe es für dieses gesamte Kapitel herangezogen. Außerdem sei angemerkt, daß nach den Ergebnissen anderer Arbeitsgruppen in Deutschland der Würfel die geeignetere Form war und daß Heisenberg bis kurz vor Kriegsende dem widersprach. Ähnlich bekämpfte er auch die Meinung von Kollegen, die anstelle von schwerem Wasser andere Moderatoren (»Neutronenbremsen«) bevorzugten.

156 … daß bei einer flachen Form die weiteren Vorgänge am einfachsten theoretisch zu berechnen sind: Dies ist eine verbreitete Schwäche. So hat der F-117-Bomber (»Stealth«-Bomber) seine scharfen Kanten nicht etwa deshalb, weil sie aerodynamisch günstig wären – das sind sie nämlich keineswegs –, sondern weil man mit den Computern der siebziger Jahre keine runderen Formen berechnen konnte. Siehe hierzu Ben Rich und Leo Janos, *Skunk Works: A Personal Memoir of My Years at Lockheed* (Boston: Little, Brown, 1994), S. 21.

157 Die Vereinigten Staaten verfügten nur über eine Armee, die gerade einmal …: Wie rückständig Amerika noch gegen Ende der dreißiger Jahre war – sowohl in der Forschung als auch militärisch –, wurde oft übersehen. Wenn überhaupt etwas zu der auftrumpfenden, selbstsicheren Einschätzung in der Nachkriegszeit beitrug, dann war es der Nachweis, ein solch gigantisches administrativ-militärisches Vorhaben wie das Manhattan-Projekt erfolgreich durchziehen zu können.

11 Norwegen

159 ... daß es in Norwegen bereits eine gut funktionierende Fertigungsstätte für schweres Wasser gab: Dabei handelte es sich eigentlich um eine Düngemittelfabrik, die direkt mit einem großen Wasserkraftwerk verbunden war. Wenn bei der Düngemittelproduktion Wasser zu Wasserstoff und Sauerstoff zersetzt wird, so ist problemlos auch schwerer Wasserstoff (Deuterium) zu gewinnen. Mit diesem wurde das schwere Wasser erzeugt.

160 Das war eine verhängnisvolle Entscheidung, ...: Viele deutsche Akademikerfamilien waren vor 1945 sehr nationalistisch gesinnt und identifizierten sich mit dem militaristischen Regime in Berlin. Etliche dieser Familien hielten für Deutschlands Aufstieg solche »heroischen« Aktionen für ebenso unabdingbar wie die Angriffe auf Dänemark, Österreich und Frankreich zwischen 1860 und 1870 oder den Einmarsch in Belgien 1914.
Als die Hegemoniebestrebungen 1918 zusammenbrachen, wurde das Gefühl stärker, als Nation unterdrückt zu sein. Daran wurde man auch ständig erinnert: Während Heisenberg in den zwanziger Jahren mit seiner Entwicklung der Quantenmechanik einer der führenden Köpfe der Physik wurde, standen französische Besatzungstruppen – oft gewiß keine Eliteeinheiten – immer noch auf deutschem Boden. So machte sich unter dem Bürgertum eine mißmutige Stimmung voller Ressentiments breit. Eine gewisse Genugtuung setzte erst ein, als 1936 die neuen Expansionsbestrebungen des Deutschen Reiches offenbar Gestalt annahmen und neue Hoffnung verhießen.

160 ... »die Demokratie [könne] nicht genügend Kraft entwickeln«: David Cassidy, *Werner Heisenberg: Leben und Werk* (Heidelberg: Spektrum, 1995), S. 577; siehe hier auch das gesamte Kapitel 24. Vgl. auch Mark Walker, *Die Uranmaschine – Mythos und Wirklichkeit der deutschen Atombombe* (Berlin: Siedler, 1990), S. 139, und Abraham Pais, *Niels Bohr's Times* (Oxford: Oxford University Press, 1991), S. 483.

163 »Mir oblag die Entscheidung, ...«: zitiert nach R. V. Jones, »Thicker than Water«, in *Chemistry and Industry,* 26. August 1967, S. 1422.

164 »Ein Stück unterhalb von uns sahen wir unser Ziel ...«: zitiert nach Knut Haukelid, *Skis Against the Atom* (London: Fontana, 1973), S. 68.

165 »Wo Bäume wachsen, ...«: zitiert nach: ebenda, S. 65.

12 Amerika am Zuge

169 … doch dessen [Ernest Lawrences] Fähigkeiten bereiteten Heisenberg
keinerlei Kopfzerbrechen: Das bedeutet nicht, daß der Führungsstil von
Lawrence nicht auf andere Art nützlich gewesen sei. Lawrence sammelte Schüler um sich, die in der von ihm beeinflußten Umgebung durchaus profitierten. Etliche von ihnen eigneten sich Ergebnisse anderer
Forscher an oder entfernten deren Namen aus Forschungsberichten;
aber man kann nicht behaupten, daß es am Institut in Berkeley unmo-
ralisch zugegangen wäre. Die Verhältnisse dort waren »amoralisch« –
und das ist etwas ganz anderes. Viele Mitarbeiter versuchten einfach mit
allen Mitteln, die Erwartungen der Außenwelt zu erfüllen. Wenn in der
Medizin das Prestige davon abhing, Mittel zum Heilen von Krankhei-
ten zu finden, dann schreckte man dort eben auch nicht vor schlimmen
Intrigen zurück, um das zu erreichen.
Während die auf der Beziehung $E = mc^2$ basierenden technischen Verfahren allmählich neue Möglichkeiten eröffneten, bedienten Lawrences
unorthodoxe junge Männer sozusagen den »Zapfhahn«, der die neuen
Kräfte in unsere Welt gelangen ließ. Sie lieferten letztlich de Hevesy
und seinen Kollegen verfeinerte medizinische Diagnosemöglichkeiten;
sie verbesserten die Geräte für Röntgenaufnahmen, für die Strahlentherapie bei Krebs und noch manches andere. Nach dem Kriege resultierte
aus dem Atombomben-Projekt eine Fülle an Chancen – durch Förde-
rungen, Kontakte und technische Kenntnisse –, und Lawrences Mitarbeiter hatten einfach die meiste Erfahrung darin, diese Chancen zu
nutzen. Man könnte ein ganzes Buch über das hier gegebene Zusam-
menspiel zwischen moralischen und praktischen Aspekten schreiben.

169 Das Niveau der amerikanischen Physik war in den 20er und 30er Jahren so niedrig, …: Aber dies änderte sich schnell, denn die jungen pro-
movierten Mitarbeiter bildeten bald die Kernmannschaft erstklassiger
Universitäten. Siehe hierzu Daniel J. Kevles, *The Physicists: The History of
a Scientific Community in Modern America* (Cambridge, Mass.: Harvard
University Press, 1995), vor allem Kapitel 14.

169 »Im Juli 1939 fragte mich Lawrence, …«: zitiert nach Emilio Segrè, *A
Mind Always in Motion* (Berkeley: University of California Press, 1994),
S. 147f.

170 … Fabrikhallen von mehreren hundert Metern Länge …: Und hier –
nicht in der Raumfahrt – fand das Teflon seine erste kommerzielle Anwendung. Die Pumpen an den Filtern der Fabrik in Tennessee benötigten eine Dichtung, die den aggressiven Gasen standhielt. Dafür eignet

311

sich eine organische Substanz optimal, deren Kohlenstoffkette vollständig durch Fluoratome abgeschirmt ist – zum Beispiel die sehr stabile, reaktionsträge Verbindung Polytetrafluorethylen. Sie wird meist kurz *Teflon* genannt, obwohl dies eigentlich ein Warenzeichen der Firma DuPont ist. Später fand man heraus, daß diese Verbindung, an der die giftigen uranhaltigen Dämpfe nicht kleben bleiben, auch in ganz gewöhnlichen Bratpfannen das Festbacken des Gebratenen verhindert. Auch neuartige Fasern wie *Gore-Tex* werden vor allem aus diesem Material gesponnen.

170 »Nach seinen Worten zu urteilen,…«: Peter Goodchild, *J. Robert Oppenheimer. Eine Bildbiographie* (Basel: Birkhäuser, 1982), S. 84.

172 »Das ist überhaupt kein Problem, …«: zitiert nach dem 1976 von Alice Kimball Smith mit Nedelsky geführten Interview, abgedruckt in *Robert Oppenheimer: Letters and Recollections*, hrsg. von A. K. Smith und Charles Weiner (Palo Alto: Stanford University Press, 1995), S. 149.

174 Ein Team in Tennessee … versuchte …, den explosiven Bestandteil des natürlichen Urans zu extrahieren: Dies ist das berühmte Uran 235; es macht knapp 1 Prozent des gewöhnlichen Urans aus, das vor allem aus dem weniger aktiven Uran 238 besteht und bei dem keine gefährliche Kettenreaktion eintritt. Ein Mensch kann 25 Kilogramm Uran 238 in der Hand halten und spürt dabei nur eine leichte Erwärmung; wenn er aber in jeder Hand 12,5 Kilogramm Uran 235 hält und sich dazu entschließt, die beiden Mengen zusammenzubringen, dann bleibt von ihm, seinem Haus und der ganzen Umgebung nur ein riesiger Krater übrig.

Auf weniger spektakuläre Weise kann man sich den Unterschied zwischen beiden Uran-Isotopen dadurch klarmachen, daß man sich die Eigenschaften der geraden und der ungeraden Zahlen vor Augen führt. Im Atomkern des Uran 238 liegen 238 Kernbausteine vor, die man sich paarweise angeordnet denken kann. Daher findet ein hereinkommendes Neutron keinen einzelnen Partner, den es leicht beeinflussen könnte. Doch im Uran 235 besteht der Atomkern aus einer ungeraden Anzahl (235) von Bausteinen, nämlich 46 Protonenpaaren, 71 Neutronenpaaren – und einem einzelnen Neutron. Das ist seine Schwachstelle. Wenn ein Neutron von außen dazukommt, reagiert es leicht mit dem ungepaarten Neutron; das Ergebnis sind jetzt 46 enge Protonenpaare und 72 enge Neutronenpaare. Wenn ein Kern auf diese »dichtere« Weise konfiguriert wird, können sich potentiell abspaltbare Teile anschließend viel leichter vom Kern trennen. Warum das geschieht, warum also hierfür eine niedrigere Energiebarriere überwunden werden muß, ist die wesentliche Frage, die der gesamten Atomphysik zugrundeliegt.

174 Obwohl es Ausnahmen gab, …: Die Ingenieure der Firma DuPont, die die Umhüllung für den Reaktorkern in Hanford konstruierten, wußten über Atomphysik wenig, aber sie kannten die Grundregel des Ingenieurwesens, nach der immer irgend etwas schiefgehen wird und man daher immer zusätzliche Sicherheiten vorsehen muß. Als sich beim ersten regulären Betrieb die Reaktion verlangsamte, weil sich das Edelgas Xenon als Nebenprodukt bildete, waren die Ingenieure froh, daß sie – einer früheren Anregung Wheelers folgend – etwas Reservevolumen eingeplant hatten. Dadurch ließ sich die Uranmenge leicht erhöhen, ohne daß der Reaktorkern selbst umgebaut werden mußte. Die Energie aus diesem zusätzlichen Uran machte die Verlangsamung aufgrund der Xenonbildung mehr als wett. Siehe hierzu John Archibald Wheeler, *Geons, Black Holes, and Quantum Foam* (New York: Norton, 1998), S. 55–59.

176 … eine Plutoniumkugel mit ziemlich geringer Dichte einsetzen…: Der Ausdruck *geringe Dichte* ist natürlich relativ; Plutonium hat eine viel höhere Dichte als Blei. Entscheidend ist, daß es nicht dicht genug ist, um die Kettenreaktion selbständig einzuleiten.

176 »Es stinkt!«: zitiert nach Nuel Phar Davis, *Lawrence und Oppenheimer* (London: Jonathan Cape, 1969), S. 216. [A.d.Ü.: Das Zitat ist in der deutschen Ausgabe – Nuel Phar Davis, *Die Bombe war ihr Schicksal*, Freiburg: Herder, 1971 – nicht enthalten.]

177 Teller war eitel genug …: Tellers Projekt war die Wasserstoffbombe, die weitaus zerstörerischer ist, als es jede Uranbombe sein kann. Die Tatsache, daß Oppenheimer später an der Notwendigkeit der Wasserstoffbombe zweifelte, war einer der Gründe, weshalb der beleidigte Edward Teller gegen Robert Oppenheimer aussagte, als nach dem Kriege die McCarthy-Kommission »antiamerikanische Umtriebe« verfolgte.

178 … amüsierten sich Serber und ihre Mitarbeiterinnen damit, … »: zitiert nach Robert Serber, *The Los Alamos Primer* (Berkeley: University of California Press, 1992), S. 32. – Auf der gleichen Seite heißt es auch: »Ich erinnere mich an jemanden in Los Alamos, der sagte, er könne einen Eimer voller Diamanten bestellen, und das ginge ohne jede Nachfrage durch die Beschaffungsabteilung – aber wenn er eine Schreibmaschine bestellen wolle, müsse er … eine Prioritätsnummer beantragen sowie eine Bescheinigung über die Notwendigkeit vorlegen.«

178 »Es ist jedoch auch möglich, …«: Richard Rhodes, *Die Atombombe oder Die Geschichte des 8. Schöpfungstages* (Nördlingen: Greno, 1988), S. 520.

179 Schon einige Kilogramm radioaktiver Metallstaub … auf Jahre hinaus unbewohnbar machen: Was konnten die Deutschen nach Lage der Din-

ge wohl erreicht haben? Wahrscheinlich war dies keine funktionsfähige Bombe; doch die Entwicklung eines Reaktors, bei dem Kohlendioxid anstatt des schweren Wassers als Moderator (»Neutronenbremse«) diente, wurde von dem Hamburger Physicochemiker Paul Harteck vorangetrieben. Der Bau eines solchen Reaktors wäre mit den damaligen Uranvorräten und technischen Möglichkeiten Deutschlands leicht zu realisieren gewesen, und die großen Mengen stark radioaktiver Substanzen, die darin entstanden, waren problemlos in einer V-1- oder V-2-Rakete unterzubringen. Anscheinend hatte Otto Skorzeny vogeschlagen, von einem U-Boot aus eine radioaktive Waffe abzuschießen, die in New York explodieren sollte. Wäre dieser Plan von einem gewöhnlichen Beamten vorgelegt worden, hätte man ihn sicher ignoriert. Aber Skorzeny war der Mann, der den mit Segelflugzeugen ausgeführten Angriff organisiert und befehligt hatte, bei dem Mussolini 1943 aus einer »uneinnehmbaren« Gebirgsfestung befreit worden war. Die deutschen U-Boote konnten ohne weiteres die Ostküste der Vereinigten Staaten erreichen, und einige von ihnen waren auch mit Startvorrichtungen für kleine Flugzeuge ausgestattet.

Der wichtigste Grund für die andauernde Vorsicht war aber die außergewöhnlich gute personelle Ausstattung, die Deutschland im Maschinenbau und in den Naturwissenschaften hatte, und das sogar noch mitten im Krieg. In Amerika arbeiteten etliche Chemiker, die über Erfahrung mit dem Clusius-Prozeß für die Isotopentrennung verfügten, aber Deutschland hatte Professor Klaus Clusius selbst – und es hatte auch Professor Werner Heisenberg, Professor Hans Geiger und all die anderen. Daneben wirkten in Deutschland zahlreiche Ingenieure und Techniker, die solche erstaunlichen Leistungen vollbrachten wie die Fabriken für den Bau von düsen- oder raketengetriebenen Flugzeugen, von U-Booten mit enormer Reichweite, von V-2-Raketen und anderem militärischem Gerät, das noch vor Kriegsende einsatzfähig war. Viele der erwähnten Waffensysteme konnten nicht mehr in größerer Stückzahl produziert und ausgeliefert werden. Aber wenn Heisenberg mit dem Reaktor oder der Atombombe Erfolg gehabt hätte, so hätte es jeweils nur eines oder zweier Exemplare bedurft, und das Schicksal ganzer Nationen wäre nachhaltig verändert worden.

Wie weit hätte Deutschland kommen können? Anfang 1940 meinte Harteck, er brauche maximal 300 Kilogramm Uran, um seine Hypothese mit Kohlendioxid als Moderator zu testen. Er bestellte das gefrorene Kohlendioxid (Trockeneis) bei der I. G. Farben und orderte beim Heereswaffenamt einen Eisenbahnwaggon, der es nach Hamburg brin-

gen sollte; das notwendige Uran sollte er von Heisenberg und den Auer-Werken erhalten. Aber im letzten Moment erklärte die I. G. Farben,
daß sie das Trockeneis nur bis Anfang Juni bereitstellen könne, denn danach benötige sie es für die Kühllagerung von Nahrungsmitteln
während der heißen Sommermonate. Harteck war wütend, denn die gesamte Uranmenge von Heisenberg
sollte erst gegen Ende Juni eintreffen. Die I. G. Farben blieben stur.
Harteck kratzte ungefähr 200 Kilogramm Uran zusammen, aber mit
dieser geringen Menge konnte er keine aussagekräftigen Ergebnisse erzielen. Deutschland verfolgte also die Entwicklung des leicht zu bauen-
den, mit Trockeneis moderierten Reaktors nicht weiter, der (wie spätere Erfahrungen zeigten) ziemlich sicher ausreichend viel radioaktives
Metall erzeugt hätte, und das schon lange vor Kriegsende. Das klare,
warme Wetter jenes Frühsommers war von den Alliierten oft verflucht
worden, weil es die deutschen Panzerverbände so leicht vorrücken ließ
– aber andererseits trug es ganz entscheidend dazu bei, das noch größere Übel, eben jenen Reaktor, zu verhindern. Zu Hartecks Bemühungen
siehe Mark Walker, *Die Uranmaschine – Mythos und Wirklichkeit der deutschen Atombombe* (Berlin: Siedler, 1990), S. 39, sowie *Hitler's Uranium
Club: The Secret Recordings at Farm Hall*, hrsg. von Jeremy Bernstein
(Woodbury, N. Y.: American Institute of Physics, 1996).

179 … daß General Eisenhower den Einsatz von Geigerzählern akzeptierte:
Groves traf sich mit General Marshall am 23. Mai 1944 und erklärte
ihm, die Deutschen wüßten von radioaktiven Materialien; sie könnten
sie auch produzieren und als militärische Waffe einsetzen, beispielsweise
– ohne vorherige Warnung – beim Abwehren einer Invasion der Alliierten an der Westküste Europas. In der Konferenz entschied man sich
dafür, tragbare Geigerzähler produzieren zu lassen und General Eisenhower über deren Verwendung zu informieren. Bald wurde von Eisenhowers Stab in England der Befehl ausgegeben, daß Offiziere der Inva-
sionsarmee, denen über seltsame Schwärzungen auf Röntgenfilmen berichtet würde, dies sofort an das Hauptquartier zu melden hätten.
Außerdem sollte jegliche Häufung unerklärlicher Erkrankungen mitgeteilt werden, vor allem wenn zu deren Symptomen Haarausfall oder
Übelkeit gehörten. Siehe hierzu Leslie Groves, *Jetzt darf ich sprechen: Die
Geschichte der ersten Atombombe* (Köln, Berlin: Kiepenheuer & Witsch,
1965), Kapitel 14.

179 Georg Karl von Hevesy hatte sie [die Nobelpreis-Medaillen] in starker
Säure aufgelöst …: *Adventures in Radioisotope Research: The Collected Papers of George Hevesy*, Vol. 1 (London: Pergamon Press, 1962), S. 27.

180 ... wären deutsche Taucher niemals in der Lage, ...: Die amerikanischen großen Seen sind recht seichte Vertiefungen, in langen Zeiträumen entstanden durch den Abrieb von Gletschern. Dagegen ist der Tinnsjö-See, ein über 300 Meter tiefes, mit Wasser gefülltes Gebirgstal, einer der tiefsten Seen Europas.

181 Kommando Norwegen an London: zitiert nach dem Gedächtnisprotokoll in Knut Haukelid, *Skis Against the Atom* (London: Fontana, 1973), S. 126. Ich habe den Briefkopf von »Kommando Hardanger« in »Kommando Norwegen« geändert, und zwischen den Sätzen jeweils »Stop« hinzugefügt (wie auch Haukelid das an einer früheren Stelle seines Buches, nämlich auf Seite 78, getan hat). Das Hardanger-Plateau war das Gebiet, in dem die Männer operierten.

182 »Als ich den Wachmann zurückließ, ...«: zitiert nach: ebenda, S. 132.

186 Die von Berlin und Leipzig herantransportierten Gerätschaften ...: Zur Lage der Höhle siehe Boris Pash, *The Alsos Mission* (New York: Award Books, 1969), S. 206ff. – Vgl. auch: David Cassidy, *Werner Heisenberg: Leben und Werk* (Heidelberg: Spektrum, 1995), S. 602. Zum Warten auf den Sonnenaufgang auf Helgoland siehe Werner Heisenberg, *Der Teil und das Ganze. Gespräche im Umkreis der Atomphysik* (München: dtv, 1973), S. 78.

187 ... hatten die deutschen Forscher ungefähr die Hälfte der Kernspaltungsrate erreicht ...: Sie hatten – wie sich Heisenberg später erinnerte – eine Neutronen-Multiplikationsrate von fast 700 Prozent erzielt. Für eine sich selbst erhaltende Kettenreaktion wäre aber die doppelte Rate erforderlich gewesen, und dafür hätte man mehr Uran und mehr schweres Wasser einsetzen müssen. Siehe David Cassidy, *Werner Heisenberg: Leben und Werk* (Heidelberg: Spektrum, 1995), Kapitel 25.

188 Bis August hatten sie schon achtundfünfzig Orte in Schutt und Asche gelegt: Die Benzin- und Napalmbomben, die die amerikanischen Flugzeuge auf japanische Städte abgeworfen hatten, hätten für sich allein keine derartige Zerstörung hervorgerufen. Hinzu kam nämlich die – thermonuklear erzeugte – Sonnenstrahlung, die die Japaner über Jahrzehnte hinweg sozusagen konserviert hatten, nämlich im Holz, aus denen ihre Städte weitgehend errichtet waren. (Die Pflanzen nehmen ja Energie aus dem Sonnenlicht auf und nutzen sie bei der Photosynthese, die Kohlenhydrate, darunter auch Zellulose, ergibt.) Und die amerikanischen Brandbomben führten nun dazu, daß die ursprünglich in der Sonne thermonuklear erzeugte Energie – nun als chemische Energie – wieder freigesetzt wurde, indem die Brände sich über die Holzhäuser fast ungehindert ausbreiteten.

188 »Ich sagte ihm, ich sei aus zwei Gründen dagegen«: zitiert nach Harold Evans, *The American Century* (London: Jonathan Cape, 1998), S. 325.

189 »Mr. Byrnes machte den Vorschlag, …«: Richard Rhodes, *Die Atombom-be oder Die Geschichte des 8. Schöpfungstages* (Nördlingen: Greno, 1988), S. 657f. Zu näheren Einzelheiten der Besprechung siehe Martin J. Sher-win, *A World Destroyed: The Atomic Bomb and the Grand Alliance* (New York: Knopf, 1975), vor allem S. 302f.

190 Die Armee baute Waffen, um sie einzusetzen: In vielen Ländern erin-nern sich Wissenschaftler in ähnlicher Weise daran, wie ihnen plötzlich klar wurde, an welcher Stelle sie in der Befehlskette standen. Andrej Sacharow – der große Physiker, der zum Dissidenten wurde – be-schreibt in seinen Memoiren den Abend nach dem eindrucksvollen Atombombentest der Sowjetunion im Jahre 1955. Marschall Nedelin gab an jenem Abend ein Bankett für alle an den Vorarbeiten Beteiligten. Sacharow erinnerte sich, als er seinen Toast ausbrachte, an den gewalti-gen Feuerball, den er gesehen hatte:
»Ich nahm das Glas, stand auf und sagte ungefähr folgendes: »Ich schlage vor, darauf zu trinken, daß unsere Produkte immer genauso erfolgreich wie heute über Versuchsgeländen explodieren mögen, doch niemals – über Städten.« Am Tisch trat Schweigen ein, als ob ich etwas Unanstän-diges gesagt hätte. Alle waren erstarrt. Doch Nedelin lächelte spöttisch, erhob sich gleichfalls mit dem Glas in der Hand und erklärte: »Erlauben Sie mir, ein Gleichnis zu erzählen. Der Alte, nur im Hemd, betet vor der Ikone mit dem Lämpchen: ›Lenk und stärke, lenk und stärke.‹ Die Alte liegt auf dem Ofen und läßt sich von dort vernehmen: ›Du, Alter, bitte nur um Stärkung, lenken kann ich selbst!‹ Lassen Sie uns auf die Stär-kung trinken.«
In mir krampfte sich etwas zusammen, und ich wurde bleich. … Ich trank schweigend meinen Cognac aus. … Seitdem sind viele Jahre ver-gangen, doch noch heute habe ich die Empfindung, daß mir damals ein Peitschenschlag versetzt worden ist.«
Zitiert aus: Andrej Sacharow, *Mein Leben* (München: Piper, 1991), S. 220.

13   8.16 Uhr über Japan

191 »eine längliche Mülltonne mit Flossen«: Richard Rhodes, *Die Atombom-be oder Die Geschichte des 8. Schöpfungstages* (Nördlingen: Greno, 1988), S. 708. Dieses Kapitel stützt sich auch auf weitere Ausführungen eben-da, S. 708–719; sowie auf Robert Serber, *The Los Alamos Primer* (Berke-ley: University of California Press, 1992), vor allem S. 35–49. Die physi-kalischen Grundlagen werden in vielen Lehrbüchern der Physik be-

handelt. Der Vergleich der Bombe mit einer Mülltonne stammt von Jakob Beser, einem Mitglied der Flugzeugbesatzung.

192 Als günstigste Explosionshöhe waren eben jene 570 Meter ermittelt worden: In Kriegszeiten verhärten sich viele persönliche Einstellungen. In ihrem Memorandum vom März 1940 beschrieben Frisch und Peierls eingehend die theoretische Möglichkeit einer praktisch einsetzbaren Atombombe und bemerkten dazu:

Aufgrund der Verteilung radioaktiver Substanzen durch den Wind könnte die Bombe wahrscheinlich nicht eingesetzt werden, ohne daß viele Zivilisten getötet werden, und dieser Umstand dürfte sie als eine Waffe ungeeignet machen, die von unserem Land angewendet werden kann. (Die Zündung unter Wasser in der Nähe eines Marinestützpunkts bietet sich an, aber sogar dabei ist es wahrscheinlich, daß sie infolge von Überschwemmungen und radioaktiver Strahlung große Verluste unter der Zivilbevölkerung verursacht.)

Das Abwerfen der Bombe wurde also nicht durchgehend für falsch gehalten, und jetzt, fünf Jahre nach diesem von einer menschlichen Haltung bestimmten Memorandum, gehörte es zum Tagewerk der Entwickler, die optimale Explosionshöhe über einem hauptsächlich zivilen Zielgebiet zu berechnen. Zum gesamten Memorandum von Frisch und Peierls – sowie zu dem, was Briggs im Safe verwahrte – siehe Rudolf Peierls, *Atomic Histories* (New York: Springer, 1997), S. 187–194. Zu der Art und Weise, wie vor allem Demokratien der Gefahr unterliegen, solche erschreckenden Veränderungen zu erfahren, äußert sich Tocqueville in seinen kurz nach 1830 erschienenen berühmte Anmerkungen über die Faktoren, die bei einer Karriere mitentscheiden; siehe Alexis de Tocqueville, *Über die Demokratie in Amerika* (München: dtv, 1984), Bd. 1, Teil 3, Kapitel 24. Folgendes ausgezeichnete Werk geht noch viel tiefer: Victor Davis Hanson, *The Soul of Battle* (New York: The Free Press, 1999).

193 ... macht sich die elektrische Ladung der Protonen bemerkbar, ...: Die Kraft ist so groß, daß viele meinen, Kernexplosionen würden von irgendeiner neuen Energieform hervorgerufen, die niemals zuvor existiert hatte. Aber das ist nicht der Fall. Letztlich spielt dabei nämlich die statische Elektrizität eine Rolle.
Die Kraft der elektrischen Abstoßung oder Anziehung hängt vom Abstand der Gegenstände ab, die die elektrischen Ladungen tragen. Nehmen Sie einmal zwei Blatt Papier zur Hand, die gerade aus einem Kopierer kamen und infolge elektrischer Aufladung aneinander haften.

Wenn Sie beide Blätter dann mit je einer Hand oben festhalten und in geringem Abstand – vielleicht einem Zentimeter – nach unten hängen lassen, dann bemerken Sie, wie sie einander anziehen. Wenn Sie sie aber einen Meter weit auseinanderhalten, ist keine Beeinflussung mehr sichtbar oder spürbar.

Ein Atomkern ist über 1000mal kleiner als ein ganzes Atom. Das bedeutet, daß die positiv geladenen Protonen im Kern einander viel stärker abstoßen als die Elektronen in der Atomhülle. (Die Einzelheiten sollen hier nicht weiter betrachtet werden.)

Normalerweise wird die Abstoßung durch die starke Kernkraft ausgeglichen. Doch wenn diese plötzlich überwunden wird, dann kommt die elektrische Abstoßung voll zum Tragen. Wenn beispielsweise die 92 Protonen im Urankern einander abstoßen, dann ist die Abstoßungsenergie 8.464mal (denn es ist $92 \cdot 92 = 8464$) größer als bei einem Paar von Teilchen.

In einer Atombombe wirken sich beide Effekte gleichzeitig aus. Die geladenen Teilchen im Urankern fliegen wegen der höheren Packungsdichte des Kerns mit einer etwa 1000mal größeren Wucht auseinander, als sie bei gewöhnlichen Explosionen auftritt. Und das müssen wir multiplizieren mit dem eben berechneten Faktor 8464 aufgrund der gegenseitigen Abstoßung der 92 gleichnamig geladenen Kernbausteine. Die Gesamtenergie ist also ungefähr 8,4 Millionen mal höher als bei gewöhnlichen chemischen Reaktionen. Eine genauere Berechnung ergibt natürlich zutreffendere Werte, doch diese Abschätzung ist für unsere Zwecke genau genug. Es scheint übertrieben zu sein, wenn man sagt, eine Atombombe ist millionenfach stärker als jede normale Bombe – aber es stimmt.

193 Es »verschwindet« also ständig Masse, die als Energie $E = mc^2$ zum Vorschein kommt: (Diese und einige der nächsten Anmerkungen erläutern, wie die Beziehung $E = mc^2$ ihren Weg in die Technik und die Astrophysik fand.) Der größte Teil des über Hiroshima explodierten Urans blieb zunächst als fein verteilter Staub in der Atmosphäre, und nur ungefähr ein Prozent der Masse eines jeden gespaltenen Uran-Atoms wurde in Energie umgesetzt. Das scheint nicht viel zu sein. Und tatsächlich: Wenn man ein Prozent der Masse eines einzelnen Uran-Atoms nimmt und diesen Wert (wegen $E = mc^2$) mit c^2 multipliziert, dann erhält man pro explodiertem Atom »nur« $2,7 \cdot 10^{-13}$ Joule. Eine solche »Mini-Explosion« reicht natürlich nicht einmal aus, um eine Kerzenflamme auszublasen, aber in der Hiroshima-Bombe befanden sich über 100.000.000.000.000.000.000.000, also mehr als 10^{23} Uran-Atome.

Und diese gewaltige Anzahl kleinster Explosionen zusammengenommen tötete so viele Menschen und zerstörte so viele Gebäude und Straßen.

194 ... dabei erreichten sie [die Kernfragmente] bald einen merklichen Bruchteil der Lichtgeschwindigkeit ...: In Kapitel 7 haben wir im Zusammenhang mit Newtons Bewegungsgesetzen gesehen, wie man zum Beispiel die Gravitationskraft unseres Planeten an der von uns so weit entfernten Umlaufbahn des Mondes berechnen kann, ohne auch nur das Arbeitszimmer verlassen zu müssen. Auf die gleiche Weise kann man sogar in eine explodierende Atombombe »hineinsehen« und die Geschwindigkeit der Kernfragmente berechnen. Ein Teil der Formel, mit der man die Bewegungsenergie berechnet, wurde bereits von Gottfried Wilhelm Leibniz und Emilie du Châtelet verwendet.

Beide hatten schon erkannt, daß die Bewegungsenergie E eines Körpers (zum Beispiel eines Kernfragments) mit der Masse m und der Geschwindigkeit v gegeben ist durch $E = \_mv^2$. Wir formen die Gleichung um zu $2E = mv^2$ und erhalten daraus $v^2 = 2E/m$. Zum Schluß ziehen wir die Wurzel: $v = \sqrt{2E/m}$. Das Einsetzen der richtigen Werte für E und m liefert dann die Geschwindigkeit der Kernfragmente.

Wir haben in der vorigen Anmerkung die Energie E eines einzelnen explodierenden Uran-Atoms zu $2,7 \cdot 10^{-13}$ Joule berechnet. Diesen Wert setzen wir in die Gleichung $v = \sqrt{2E/m}$ ein, und das Ergebnis ist, daß ein aus dem Bombeninneren herausgeschleudertes Fragment eine Geschwindigkeit von $v = 1,2 \cdot 10^6$ m/s hat. (Auch das ist natürlich ein Näherungswert.) Die Geschwindigkeit liegt also bei etwa 4,3 Millionen Kilometer pro Stunde – und deshalb ist der Feuerball einer Atombombenexplosion so unvorstellbar heiß und dehnt sich so ungeheuer schnell aus.

Das ist ein sehr wichtiges Ergebnis, denn die nach der Kenspaltung entweichenden Neutronen können die Kernreaktion nur dann aufrecht erhalten, wenn sie auf die auseinanderfliegenden Atome stoßen. Daher sind bei einer explodierenden Atombombe so langsame Neutronen, wie sie Fermi seinerzeit verwendet hatte und wie sie aus Uran allmählich Plutonium machen, nicht brauchbar. Damit die Explosion vollständig wird, muß die Bombe so konstruiert werden, daß zu den Kernfragmenten solche Neutronen gehören, die schneller sind als der expandierende Feuerball aus zuerst flüssigem und dann gasförmigem Uran. Also muß ihre Geschwindigkeit nicht nur 4,3, sondern rund 30 Millionen Kilometer pro Stunde betragen – und genau das war in der Bombe über Hiroshima der Fall.

Aus demselben Grund können die Reaktoren von Kernkraftwerken nicht wie eine Atombombe explodieren: Die langsamen Neutronen, mit denen sie arbeiten, könnten die bei der beginnenden Explosion entstehenden Fragmente nicht mehr einholen, und die Kettenreaktion würde erlöschen, so daß die Explosion verpuffen würde. Daher sind gewöhnliche Reaktoren sicher. (Aber »sicher« ist ein relativer Begriff, denn auch eine unvollständige Explosion kann verheerende Folgen haben, wie bei der Katastrophe von Tschernobyl offenbar wurde; als der Brennstoff sich überhitzte, wurde die viele Tonnen schwere Betonverschalung gesprengt, als sei sie aus Pappe.)

Die obige Berechnung der Bewegungsenergie ist entnommen aus: Robert Serber, *The Los Alamos Primer* (Berkeley: University of California Press, 1992), S. 10 und 12. Eine kurze Betrachtung schneller Neutronen findet sich in: *Hitler's Uranium Club: The Secret Recordings at Farm Hall*, hrsg. von Jeremy Bernstein (Woodbury, N. Y.: American Institute of Physics, 1996), S. 21f.

194 Für eine kurze Zeitspanne ähnelte das Innere der Bombe dem Sonnenzentrum, ...: Hätte dabei eine Kernfusion in der Atmosphäre gezündet werden können? Nein, denn die Temperatur – obwohl enorm – war nicht so hoch, daß die Atome die Aktivierungsenergie für eine Fusion überschreiten konnten. Als einziger »Brennstoff« für eine Fusion käme in der Atmosphäre der Stickstoff in Betracht, mit etwa 80 Prozent der Hauptbestandteil der Luft. Aber die Elektronen strahlen ihre Energie so schnell ab, daß an keiner Stelle die für eine Fusion nötige Temperatur erreicht werden kann. Das Gerücht, eine Fusion könne auf diese Art zustandekommen, entstand vermutlich durch ein Mißverständnis bei einem Interview, das die berühmte Schriftstellerin Pearl S. Buck im Jahre 1958 mit einem der Verantwortlichen geführt hatte. Eine ausgezeichnete, verständliche Zusammenfassung der physikalischen Grundlagen findet sich in: Hans Bethe, *The Road From Los Alamos* (New York: Simon & Schuster, 1991), S. 30–33.

197 ... hatte die Gleichung $E = mc^2$ erstmals durch Menschenhand ihre Wirkung entfaltet: Das Magazin *Time* druckte einmal auf der Titelseite das betrübte Gesicht Einsteins ab, mit einem Atompilz und der Gleichung $E = mc^2$, die wie ein biblisches Menetekel auf den Wolken erscheint. Einsteins »Verantwortung« liegt aber auf einer anderen Ebene. Was über und mit Hiroshima geschah, folgte zwar exakt der Gleichung, die Einstein viele Jahre zuvor aufgestellt hatte; doch reichte ihre Kenntnis keinesfalls aus, um eine funktionsfähige Bombe zu konstruieren. Die Bombe wäre gewissermaßen nicht einmal »zwangsläufig« gewesen,

denn die Kernphysiker hätten im Prinzip den nötigen technischen Sachverstand entwickeln können, ohne zu erkennen, daß sie damit das in der Gleichung zusammengefaßte Grundmuster ausnützen würden. Trotz allem wies Einstein eine Verbindung zur Atombombe zurück. In einer Reaktion auf einen japanischen Zeitungsartikel erklärte er im Jahre 1952: »Meine Beteiligung bei der Erzeugung der Atombombe bestand in einer einzigen Handlung: Ich unterzeichnete einen Brief an Präsident Roosevelt.« Und 1955 schrieb er in einem Brief an einen französischen Historiker:

»Nun denken Sie, daß ich armseliges Geschöpf durch das Auffinden und Publizieren der Beziehung zwischen Masse und Energie zu der Herbeiführung unserer lamentablen Situation wesentlich beigetragen hätte. Sie denken, ich hätte damals (1905) die Entwicklung der Atombombe voraussehen müssen. Dies wäre aber nicht möglich gewesen, da die Möglichkeit der Herbeiführung von »Kettenreaktionen« auf empirischen Tatsachen beruht, die man damals noch nicht ahnen konnte.

Aber selbst wenn dieses Hindernis nicht bestanden hätte, wäre es doch lächerlich gewesen zu versuchen, diese Konsequenz der Speziellen Relativitätstheorie zu verschweigen. Nachdem die Theorie einmal da war, war die Konsequenz mitgegeben und konnte nicht lange verborgen bleiben.«

Die verbreitete Überzeugung, die Einsteins Arbeit mit der Atombombe verknüpft, umfaßt – wie ich vermute – die Ehrfurcht vor der Tatsache, daß Einstein die Bombe, ohne sie zu wollen, in diesem Sinne vorhergesehen hatte. – Beide Zitate sind aus Albert Einstein, *Über den Frieden*, hrsg. von Otto Nathan und Heinz Norden (Bern: Herbert Lang & Cie., 1975), S. 581 und 616.

14 Die Feuer der Sonne

203 »Er floh die Treppe hinunter ...«: In diesem Absatz wird zitiert nach *Cecilia Payne-Gaposchkin: An Autobiography and Other Recollections,* hrsg. von Katherine Haramundanis (Cambridge: Cambridge University Press, 1996), S. 72 und 118–121.

205 ... die ursprünglich im Raum schwebenden Gaswolken ...: Nicht alle kondensierenden Wolken erreichen eine ausreichend hohe Dichte, um zu zünden: Der Planet Jupiter ist ein Beispiel für eine derartige kollabierende Wolke, die aber einige Male größer sein müßte, um ein thermonukleares »Brennen« starten zu können. Vielleicht fliegen etliche

Planeten oder andere größere, nicht gezündete Objekte in ewiger Dunkelheit durch unsere Galaxis.

205 »... ließ mich das Problem Tag und Nacht nicht los«: zitiert nach *Cecilia Payne-Gaposchkin: An Autobiography and Other Recollections,* hrsg. von Katherine Haramundanis (Cambridge: Cambridge University Press, 1996), S. 122 und 111.

207 »Ich hätte immer gern die Infinitesimalrechnung erlernt ...«: zitiert nach George Greenstein, »The Ladies of Observatory Hill«, in *Portraits of Discovery* (New York: Wiley, 1998), S. 25.

208 ... wollte sie eine neue Theorie für die Interpretation spektroskopischer Daten begründen und erweitern...: Die neue Theorie stammte von dem indischen Astrophysiker Megnad Saha. Den physikalischen Hintergrund beschreiben D. V. DeVorkin und R. Kenat in ihrem ausgezeichneten Artikel »Quantum Physics and the Stars. 2: Henry Norris Russell and the Abundance of the Elements in the Atmospheres of the Sun and Stars«, in *Journal of the History of Astronomy, 14* (1983), S. 180–222. Eine kürzere Erklärung bieten: George Greenstein, »The Ladies of Observatory Hill«, in *Portraits of Discovery* (New York: Wiley, 1998), S. 15f, und *Cecilia Payne-Gaposchkin: An Autobiography and Other Recollections,* hrsg. von Katherine Haramundanis (Cambridge: Cambridge University Press, 1996), S. 20. Zu dem erstaunlichen Auftauchen einiger Inder wie Saha (und Raman und Bose) nach 1920 – und zu der bemerkenswerten Tatsache, daß sie nach einigen erstklassigen Leistungen nichts mehr beitrugen – siehe Chandrasekhars Anmerkungen in: Kameshwar Wali, *Chandra: A Biography of S. Chandrasekhar* (Chicago: University of Chicago Press, 1992), S. 246–253. Die Durchbrüche, so meinte Chandrasekhar, waren Teil der stolzen Selbstdarstellung, zu der Gandhis Widerstand gegen die Briten ermutigt hatte. Das spätere Scheitern beruhte vermutlich darauf, daß die plötzlich berühmten Forscher hochmütig wurden und ihr eigenes akademisches Reich zu gründen versuchten – sozusagen ein Fluch, der seitdem auf der indischen Wissenschaft liegt.

210 »Der enorme Anteil [an Wasserstoff] ... «: zitiert nach *Cecilia Payne-Gaposchkin: An Autobiography and Other Recollections,* hrsg. von Katherine Haramundanis (Cambridge: Cambridge University Press, 1996), S. 20.

212 ... weil in ihr [der Sonne] *pro Sekunde vier Millionen Tonnen* Wasserstoff in Energie umgesetzt werden: Wie kann man so etwas ausrechnen? In der größten Mittagshitze trifft im Death Valley (Tal des Todes) in Kalifornien von der Sonne eine Strahlungsleistung von gut 1200 Watt pro Quadratmeter auf. Hochgerechnet auf die halbe Erdoberfläche, die von

der Sonne beschienen wird, also auf eine Kreisfläche mit einem Radius von 6370 Kilometern, gelangt daher eine Strahlungsleistung von 153 Billiarden Watt (153 · 10^{15} Watt) zur Erde.

Jetzt können wir ausrechnen, wieviel Masse innerhalb der Sonne umgewandelt werden muß, um diese Leistung abzustrahlen. Zuerst erinnern wir uns daran, daß eine Leistung von einem Watt einer pro Sekunde umgesetzten Energie von einem Joule entspricht. Und dann verwenden wir einfach die bekannte Gleichung $E = mc^2$, bei der die Größe c^2 ja einen enorm hohen Wert hat. (Wir können auch sagen, wir leben in einem Bereich des Universums, bei dem so geringe Geschwindigkeiten normal sind, daß die Lichtgeschwindigkeit c ungeheuer groß ist.) Die in der Sonne umgewandelte Masse, die wir berechnen wollen, erhalten wir mit Hilfe der Formel $m = E/c^2$. Wir dividieren daher 153 Billiarden Joule durch 1.079.000.000 km/h oder 3 · 10^8 m/s. Das ergibt 1,7 Kilogramm. Das ist alles: Das Licht und die Wärme, die auf der Erde ankommen, rühren davon her, daß in der Sonne pro Sekunde 1,7 Kilogramm Wasserstoff in Energie umgewandelt werden.

Auf dieselbe Weise kann man übrigens ausrechnen (siehe den Anfang von Kapitel 14), wievielen Hiroshima-Bomben pro Sekunde die Kernreaktionen in der Sonne entsprechen. Dazu machen wir uns klar, daß von der Sonne aus gesehen die Erde nur ein winziger Fleck auf einer riesigen Kugel mit einem Radius von rund 150 Millionen Kilometern ist. Dann kann man errechnen, daß nur 2 Milliardstel der gesamten Sonnenstrahlung auf die Erde treffen, denn die Sonne strahlt ja gleichmäßig in alle Richtungen. Entsprechend ist auch die pro Sekunde in der Sonne insgesamt umgesetzte Masse an Wasserstoff 2 Milliarden mal größer als die eben berechneten 1,7 Kilogramm, und wir erhalten 3,4 Milliarden Kilogramm. Die 1945 über Hiroshima gezündete Atombombe wandelte weniger als ein Viertel Kilogramm Uran in Energie um. Also entspricht die pro Sekunde von der Sonne emittierte Strahlung einer Energie von fast 16 Milliarden Hiroshima-Bomben.

15 Die Entstehung der Erde

214 »Der Schlag wurde mit der flachen Hand auf mein Ohr ausgeführt ...«: zitiert nach Fred Hoyle, *Home Is Where the Wind Blows: Chapters from a Cosmologist's Life* (Oxford: Oxford University Press, 1997), S. 48.

215 »Ich sagte ihr, ich hätte es drei Jahre lang ...«: zitiert nach ebenda, S. 49.

215 »Jeden Morgen frühstückte ich ...«: zitiert nach ebenda, S. 50.

217 ... konnte er doch anhand der genannten Personen ...: Dazu gehörte Nick Kemmer, der an Großbritanniens eigenem Atomforschungsprojekt arbeitete, bis er plötzlich verschwand; eine andere dieser Personen war der hervorragende Mathematiker Maurice Pryce, der auf ebenso ungeklärte Weise aus der Admiralität ausschied; siehe ebenda, S. 227f.

218 Die Implosion war eine inzwischen leistungsfähige Methode: Die Überschneidungen spiegelten sich auch in der Auswahl der Mitarbeiter wider. Der Leiter der theoretischen Abteilung in Los Alamos war beispielsweise Hans Bethe – jener Mann, der 1938 die Arbeit von Payne und anderen sozusagen vervollständigt hatte, indem er die Gleichungen aufstellte, mit denen sich die Kernfusionsreaktionen in der Sonne beschreiben lassen.

222 ... wurden Hunderte von oberirdischen Sprengversuchen unternommen: Daher gelangten Teile deutscher Schlachtschiffe aus dem ersten Weltkrieg sogar auf den Mond.
Im Jahre 1919 waren die Schiffe der kaiserlichen deutschen Kriegsmarine an Großbritannien übergeben und in der riesigen Marinebasis bei Scapa Flow in Schottland unter Bewachung gestellt worden. Nach mehreren Monaten besorgten Wartens kam der deutsche Admiral fälschlicherweise zu der Auffassung, daß die Briten beabsichtigten, sich seiner Flotte zu bemächtigen. Er sandte daher an die deutschen Offiziere vor Ort einen zuvor vereinbarten, verschlüsselten Befehl, die gesamte Flotte zu versenken. Aber die See ist bei Scapa Flow nicht besonders tief – das war übrigens einer der Gründe dafür, daß die Marinebasis hier angelegt worden war. Somit lagen Hunderttausende von Tonnen hochwertigen Stahls jetzt in einigen Dutzend Meter Tiefe. In den zwanziger und dreißiger Jahren wurden Teile der Flotte gehoben: Taucher schweißten die Löcher zu, und es wurden riesige Ballons in die nur halb gesunkenen Schiffe eingeführt und mit Luft gefüllt. Danach konnten einige der größeren Schiffe zu den Docks bei Rossyth im Firth of Forth geschleppt werden.
Nach 1945 bekam der Rest sogar einen besonderen Wert. Bei der Stahlherstellung wird viel Luftsauerstoff benötigt, und jeglicher in den Jahren nach der Atombombenexplosion über Hiroshima produzierte Stahl weist aufgrund des Fall-out eine – wenn auch sehr geringe – radioaktive Strahlung auf, im Gegensatz zu Stahl, der vor 1945 erzeugt worden ist. Noch heute befinden sich vor Scapa Flow drei Schlachtschiffe und vier leichte Kreuzer der einst so beeindruckenden deutschen Kriegsmarine (unerschrockene Leser können vor der Burg Stromness auf den Orkney-Inseln hinabtauchen, um sich davon zu überzeugen). Der »nicht strahlende«

Stahl hat für normale Verwendungszwecke keinen Vorteil – und es ist oft billiger, neuen Stahl zu produzieren, als Schrott aufzuarbeiten –, aber für hochempfindliche Strahlungsmeßgeräte, beispielsweise in Raumfahrzeugen, sind solche älteren Stähle unentbehrlich. Reste der bei Scapa Flow versenkten Schiffe finden sich deshalb in Teilen der Ausrüstung, die die *Apollo*-Missionen auf dem Mond zurückließen, außerdem in der Raumsonde *Galileo*, die den Planeten Jupiter erreichte, und auch in der Raumsonde *Pioneer*, die kürzlich die Umlaufbahn des Pluto passierte. Nähere Einzelheiten werden sehr gut beschrieben in: Dan van der Vat, *The Grand Scuttle: The Sinking of the German Fleet at Scapa Flow in 1919* (London: Hodder and Stoughton, 1982).

223 Das ist nicht die vernünftigste Art der Energiegewinnung, …: Die früheren Kostenberechnungen wurden unter anderem durch die Ansicht verfälscht, das Gewicht des benötigten Brennstoffs verringere sich um einen Faktor von über 1 Million, so daß auch die Kosten niedriger würden, zumindest in einem gewissen Ausmaß. Aber der Brennstoff trägt nur zu einem kleinen Teil zu den Kosten eines Kraftwerks bei. Die Betreiber müssen auch die Grundstücke erwerben, die Gebäude errichten lassen, die Turbinen kaufen, das Personal ausbilden und bezahlen – und schließlich auch zahlreiche Nebenaggregate installieren und warten lassen, bis hin zu den Umspannstationen und Überlandleitungen. Viele Manager, die die Errichtung eines Kernkraftwerks planten, wußten sehr wohl, daß sie mit unrealistischen Kostenrechnungen an die Öffentlichkeit gingen, als in den sechziger Jahren die Kernenergie in Amerika ihren ersten Aufschwung erlebte. Die Tatsache, daß die Entwürfe im wesentlichen von einer vergrößerten Version des Rickover-Modells ausgingen, das eher für die Enge in einem U-Boot gedacht war, machte die Sache nicht besser. Fairerweise muß man aber sagen, daß die Erzeugung der Kernenergie keine Emission von Kohlendioxid mit sich bringt (abgesehen von der Gewinnung der Materialien und dem Bau der Gebäude) und daß neuere Konstruktionen erheblich störungssicherer sind und Ereignisse wie in Tschernobyl praktisch unmöglich machen.

16 Ein Inder erhebt seine Augen zum Himmel

227 Somit wird der am leichtesten zugängliche Brennstoff in rund fünf Milliarden Jahren verbraucht sein: Wiederum kommt die Gleichung $E = mc^2$ ins Spiel. Mit ihr können wir berechnen, wie lange unsere Sonne

noch leuchten wird. Nur 10 Prozent der Sonnenmasse $M_\circ = 1,99 \cdot 10^{30}$ Kilogramm stehen für das »Brennen« zur Verfügung, können also zu Heliumkernen verschmolzen werden. Und wie wir gesehen haben, werden nur 0,7 Prozent *davon* gemäß $E = mc^2$ wirklich in Energie umgewandelt. Also kann insgesamt eine Masse von $0,007 \cdot (1/10) \cdot M_\circ = 1,4 \cdot 10^{27}$ Kilogramm in Energie umgesetzt werden.

Die Gesamtenergie, die diese Masse ergeben kann, berechnen wir zu $E = mc^2 = (1,4 \cdot 10^{27}$ kg$) \cdot (3 \cdot 10^8$ m/s$)^2 = 1,3 \cdot 10^{44}$ Joule. So viel Energie kann die Sonne maximal noch liefern, bis ihr »Brennstoff« verbraucht ist.

Und wie lange wird das dauern? Das hängt natürlich von der Geschwindigkeit ab, mit der der »Brennstoff« verbraucht wird. Pro Sekunde strahlt die Sonne eine Energie von $4 \cdot 10^{26}$ Joule ab (dieser Wert läßt sich ähnlich berechnen wie die Werte in den Anmerkungen zu Kapitel 14, als wir von der Sonnenenergie ausgingen, die auf einen Quadratmeter der Erde gelangt). Wir dividieren nun die Gesamtenergie ($1,3 \cdot 10^{44}$ J) durch die pro Sekunde gelieferte Energie ($4 \cdot 10^{26}$ J/s) und erhalten $3,2 \cdot 10^{17}$ Sekunden. Nach so vielen Sekunden erlischt also unser Zentralgestirn; dabei haben wir vereinfachend angenommen, daß alle Vorgänge die ganze Zeit über gleichmäßig ablaufen und die Strahlungsleistung stets dieselbe ist. Dann wird die Erde enweder von der sich aufblähenden Sonne »verschluckt« oder in die Weite des Weltalls entlassen. Die errechneten $3,2 \cdot 10^{17}$ Sekunden entsprechen ungefähr 10 Milliarden Jahren. Inzwischen ist die Hälfte dieser Zeitspanne seit Entstehung der Sonne vergangen, und die Erde kann noch weitere 5 Milliarden Jahre mit der Sonnenstrahlung rechnen.

228 »Es heißt, die Welt vergeht in Feuer; es heißt, in Eis«: Robert Frost, *In Liebe lag ich mit der Welt im Streit*, hrsg. von Günter Gentsch (Berlin: Volk und Welt, 1973), S. 76. Das Gedicht wurde ins Deutsche übertragen von Karl Heinz Berger und Helmut Heinrich.

232 Ist der Stern nur klein, dann ist der Druckanstieg so gering, ...: In »normalen« Sternen zwingt der zusätzliche Druck die Materie im Inneren zu einer schnelleren Bewegung. Doch in Sternen, die schon unter hohem Druck stehen, bewegt sich diese Materie bereits so schnell, daß die Energie keine Steigerung der Geschwindigkeit bewirken kann. Wie bei unserem Raumschiff-Beispiel in Kapitel 5 kann die Energie dann nur zu einer Erhöhung der Masse führen. Die Zusammenhänge werden gut beschrieben in: Kip Thorne, *Gekrümmter Raum und verbogene Zeit − Einsteins Vermächtnis* (München: Droemer Knaur, 1994), vor allem in Kapitel 4 und 6. Zu Chandrasekhars Überlegungen siehe Kameshwar Wali,

Chandra: A Biography of S. Chandrasekhar (Chicago: University of Chicago Press, 1992), S. 76.

233 »Er war ein Missionar …«: zitiert nach ebenda, S. 75.

233 Dies seien »stellare Possen«: zitiert nach ebenda, S. 142. Die Kapitel 5 und 6 von Walis Buch beschreiben Eddingtons Angriff detailliert, ebenso seinen Einfluß auf Chandrasekhars spätere Karriere; siehe auch dessen eigene Anmerkungen aus dem Jahre 1982 in: Subrahmanyan Chandrasekhar, *Truth and Beauty: Aesthetics and Motivations in Science* (Chicago: University of Chicago Press, 1987), S. 130–137.

235 … allmählich wird nur noch sehr wenig gewöhnliche Materie übrig bleiben: In diesem Buch haben wir die Gleichung $E = mc^2$ meist so interpretiert, als wirke sie jeweils in einer Richtung, fast wie eine Brücke oder ein Tunnel, wobei wir auf der Massen-Seite beginnen und zur Energie-Seite hinüber gelangen. Doch als Robert Recorde in den 1550er Jahren sein typographisch neumodisches Symbol »===« zeichnete, war das für ihn ein Pfad, der in beiden Richtungen offen ist. Keine Seite war begünstigt.

Diese umgekehrte Umwandlung vollzieht sich normalerweise aber nicht. Wenn zwei Taschenlampen aufeinander zu leuchten, dann entstehen beim Aufeinandertreffen ihrer Strahlen nicht etwa Materieteilchen, die dort herunterpurzeln. Doch in den ersten Momenten der Existenz des Universums waren die Temperatur und der Druck so hoch, daß bloße Strahlung zu komprimierter Masse umgewandelt, also die Brücke in der Gegenrichtung überschritten wurde.

Das alles geschah aber nicht auf einmal, als wäre das Universum wie eine himmlische Badewanne, die plötzlich gefüllt würde. Ein großer Teil der neu gebildeten Masse »explodierte« anschließend und wurde wieder zu reiner Energie. Erst als das Universum schon älter war – eine volle Sekunde oder noch länger nach dem Urknall –, hörten diese Umwandlungen auf. Doch bis dahin hatte sich auf der Massen-Seite der Gleichung von 1905 schon viel angesammelt, und es gab auch bereits die Masse, aus der unsere Urahnen und wir selbst hervorgehen sollten. Es gibt noch andere Überlegungen zu diesem Thema; vgl. hierzu: Alan H. Guth, *Die Geburt des Kosmos aus dem Nichts: Die Theorie des inflationären Universums* (Darmstadt: Wiss. Buchgesellschaft, 1999).

Epilog

Andere bedeutende Leistungen Einsteins

237 »Ich saß im Berner Patentamt in einem Sessel...«: *Einstein sagt – Zitate, Einfälle, Gedanken,* hrsg. von Alice Calaprice (München: Piper, 1997), S. 142.

237 ... den »glücklichsten Einfall meines Lebens«: zitiert nach einem unveröffentlichten Manuskript Einsteins, das er im Jahre 1920 für die Zeitschrift *Nature* verfaßte.

238 »Machen Sie sich keine Sorgen ...«: zitiert nach Helen Dukas und Banesh Hoffmann, *Albert Einstein, the Human Side* (Princeton, N. J.: Princeton University Press, 1979), S. 8.

243 »Als im März 1917 der Königliche Astronom ...«: Arthur Eddington, *Raum, Zeit und Schwere* (Braunschweig: Vieweg, 1923), S. 118.

248 »Lieber Russell: Einsteins Theorie hat sich völlig bestätigt«: Der Brief des Mathematikers J. E. Littlewood ist abgedruckt in: Bertrand Russell, *Autobiographie 1914–1944* (Frankfurt/M.: Insel, 1970), Seite 158.

248 »Allein schon die Inszenierung hatte etwas Dramatisches«: Alfred North Whitehead, *Wissenschaft und moderne Welt* (Frankfurt/M.: Suhrkamp, 1988), S. 21f. Der Besucher war Russells Mitarbeiter Whitehead.

248 »Dies ist das wichtigste Ergebnis ...«: Albrecht Fölsing, *Albert Einstein: Eine Biographie* (Frankfurt/M.: Suhrkamp, 1993), S. 203.

249 Henry Crouch war ein guter Journalist, ...: Meyer Berger, *The Story of The New York Times, 1851–1951* (New York: Simon & Schuster, 1951), S. 251f.

251 Doch englische Antisemiten wie Keynes...: Zitiert nach *The Collected Writings of John Maynard Keynes, Vol. X: Essays in Biography* (London: Macmillan; New York: St. Martin's Press, for the Royal Economic Society, 1972), S. 382. Die Gelegenheit war Keynes' Besuch in Berlin, wo er im Juni 1926 einen Vortrag an der Universität hielt. Er begegnete Einstein danach bei einem Abendessen. »Es ist nicht angenehm«, bemerkte Keynes, »eine Kultur zu sehen, die dermaßen unter der häßlichen Fuchtel ihrer unreinen Juden steht.«

252 »ein ungemein drolliges zeremonielles Krähwinkel...«: *Einstein sagt – Zitate, Einfälle, Gedanken,* hrsg. von Alice Calaprice (München: Piper, 1997), S. 201.

253 »Hätte ich gewußt, daß es die Deutschen nicht schaffen würden, eine Atombombe herzustellen, ...«: Abraham Pais, *Raffiniert ist der Herrgott... Albert Einstein: Eine wissenschaftliche Biographie* (Braunschweig: Vieweg,

1986), Seite 462. Siehe hierzu auch: Antonina Vallentin, *Das Drama Albert Einsteins – Eine Biographie* (Stuttgart: Günther, 1955).

253 Und im Laufe der Jahre wurde ihm immer klarer, …: In gewissem Maße ist das, was Einstein widerfuhr, ganz normal. Große Künstler und Komponisten schaffen hervorragende Werke oft erst im Alter, aber bei Wissenschaftlern ist das anders. Das liegt teilweise vielleicht daran, daß es intellektuell zu schwierig ist, komplexe Vorstellungen zu entwickeln und zu verfeinern. Beispielsweise hat das Schauspiel *Ödipus auf Kolonus*, das Sophokles im hohen Alter schrieb, einen so simplen Aufbau, wie er bei einer physikalischen Theorie unangebracht wäre. Beethoven schuf seine komplexeren Werke in seinen Fünfzigern, und Shakespeare verfaßte das Drama *Der Sturm* in den späten Vierzigern. In diesem Alter können zwar auch Wissenschaftler durchaus noch Ideen entwickeln – doch bei Einstein machte sich das Nachlassen besonders stark bemerkbar. Dies ist ein weites Feld – und sogar Steven Spielberg gewann wichtige Einsichten, die auf der Webseite www.davidbodanis.com betrachtet werden.

253 »wie denn das Älterwerden sein Denken beeinflußt hätte«: *Albert Einstein: Wirkung und Nachwirkung,* hrsg. von A. P. French (Braunschweig, Wiesbaden: Vieweg, 1985), S. 98. Der Assistent war Ernst Strauß, der von 1944 bis 1948 mit Einstein zusammenarbeitete. Im gleichen Buch auf Seite 315 ist Einsteins Äußerung darüber zitiert, wie anders es früher gewesen sei, als er noch jung war: »… schon bald lernte ich, in der Physik jene Pfade aufzuspüren, die in die Tiefe führen, von allem anderen abzusehen, von dem Vielen, das den Geist ausfüllt und von dem Wesentlichen ablenkt«.

253 »Übrigens ist das Erfinden großen Stiles Sache der Jugend …«: Banesh Hoffmann, *Albert Einstein, Schöpfer und Rebell* (Dietikon-Zürich: Stocker-Schmid, 1976), S. 262.

Nachgehakt

257 »Wenn ich König wäre …«: zitiert nach du Châtelets Vorwort zu ihrer Übersetzung von Mandevilles »Die Fabel der Bienen«, in: Esther Ehrman, *Mme du Châtelet* (Berg Publishers, 1986), S. 61.

257 »Diese Begabung zum harmonischen Leben …«: Albert Einstein und Michele Besso, *Correspondance 1903–1955* (Paris: Hermann, 1972), S. 538.

259 »Ich mußte anfangen, Schlaftabletten zu nehmen«: Richard Rhodes, *Die Atombombe oder Die Geschichte des 8. Schöpfungstages* (Nördlingen: Greno, 1988), S. 357.

261 daß Oppenheimer »ein wirkliches Genie [ist]. … Lawrence ist zwar ein sehr heller Kopf, …«: ebenda, S. 454.

262 »Die Radioaktivität war nur minimal, …«: zitiert nach Emilio Segrè, *A Mind Always in Motion* (Berkeley: University of California Press, 1994), S. 215.

262 … suchte Georg Karl von Hevesy wieder den Behälter mit der starken Säure heraus, …: zitiert nach *Adventures in Radioisotope Research: The Collected Papers of George Hevesy*, Vol. 1 (London: Pergamon Press, 1962), S. 27f.

262 »Wir müssen vom Maschinenbau wegkommen …«: Nuel Phar Davis, *Die Bombe war ihr Schicksal. Die Forscher Oppenheimer und Lawrence im Widerstreit von Wissenschaft und Politik* (Freiburg: Herder, 1971), S. 291.

263 Heisenberg: *Mikrophone eingebaut? …*: *Operation Epsilon. Die Farm-Hall-Protokolle oder Die Angst der Alliierten vor der deutschen Atombombe*, hrsg. von Dieter Hoffmann (Berlin: Rowohlt, 1993), S. 26 und 100. Zu dem Verdacht, abgehört zu werden, und zu Heisenbergs Gelassenheit angesichts der Frage nach »einigen seltsamen Drähten an der Schrankrückwand« siehe auch *Hitler's Uranium Club: The Secret Recordings at Farm Hall*, hrsg. von Jeremy Bernstein (Woodbury, N. Y.: American Institute of Physics, 1996), S. 75.

264 Heisenberg: *Wir haben versucht, eine Maschine zu bauen, …*: zitiert nach *Hitler's Uranium Club: The Secret Recordings at Farm Hall*, hrsg. von Jeremy Bernstein (Woodbury, N.Y.: American Institute of Physics, 1996), S. 211.

265 Die Berliner Auer-Werke …: siehe Samuel Goudsmit, *Alsos: The Failure in German Science* (New York: Henry Schuman Inc., 1947), S. 56–65.

266 … daß »mir buchstäblich keine Zeit mehr für Forschungen blieb, …«: zitiert nach *Cecilia Payne-Gaposchkin: An Autobiography and Other Recollections,* hrsg. von Katherine Haramundanis (Cambridge: Cambridge University Press, 1996), S. 225.

266 »Isländisch war nur eine kleinere Herausforderung, …«: zitiert nach George Greenstein, »The Ladies of Observatory Hill«, in *Portraits of Discovery* (New York: Wiley, 1998), S. 17.

267 »Fred wird seinen Lehrstuhl nicht aufgeben …«: zitiert nach Fred Hoyle, *Home Is Where the Wind Blows: Chapters from a Cosmologist's Life* (Oxford: Oxford University Press, 1997), S. 374.

267 »Ich schäme mich fast, es einzugestehen«: zitiert nach Kameshwar Wali, *Chandra: A Biography of S. Chandrasekhar* (Chicago: University of Chicago Press, 1992), S. 95.

Kommentiertes Verzeichnis
weiterführender Literatur

Faraday und die Energie

Man lernt die Person Michael Faraday wohl am besten kennen, wenn man seine gesammelte Korrespondenz zur Hand nimmt, entweder die zweibändige Ausgabe: L. P. Williams et al., *The Selected Correspondence of Michael Faraday* (Cambridge und New York: Cambridge University Press, 1971), oder die ausführlichere: *The Correspondence of Michael Faraday,* hrsg. von Frank A. J. L. James (London: Institution of Electrical Engineers, seit 1991). Hier lesen wir von dem Jugendlichen, der während eines Regenschauers durch London rennt und jauchzt, als sich ein Wasserschwall über seinen Körper ergießt; später begegnen wir dem ernsten jungen Assistenten, wütend auf Humphry Davys Frau, die ihn auf der Europareise wie einen Lakaien behandelt; schließlich, Jahrzehnte später, sehen wir den großen alten Mann der britischen Wissenschaft, der verzweifelt erkennt, daß sein Gedächtnis immer mehr nachläßt und er sich nicht mehr wie früher auf ein Thema konzentrieren kann.

Eine fundierte Schilderung, wie die Religion in Faradays Leben trat und seine Art, die Dinge anzugehen, beeinflußte, gibt Geoffrey Cantor, *Michael Faraday, Sandemanian and Scientist: A Study of Science and Religion in the Nineteenth Century* (London: Macmillan; New York: St. Martin's Press, 1991). Meine Lieblingsbiographie ist das umfassende Buch von Silvanus P. Thompson, *Michael Faradays Leben und Wirken* (Wiesbaden: Dr. Martin Sändig, 1965; Neudruck der Ausgabe von 1900, Verlag Wilhelm Knapp, Düsseldorf). Der Autor trifft die Stimmung der Zeit wie kaum einer der späteren Autoren. Das neuere Werk *Faraday Rediscovered: Essays on the Life and Work of Michael Faraday,* hrsg. von David Gooding und Frank A. J. L. James (London: Macmillan, 1985; New York: American Institute of Physics, 1989), korrigiert einige von Thompsons Fehlern und gibt auch eine gute Einführung in die wichtigsten wissenschaftlichen Entdeckungen. Eines der aufregendsten Kapitel beschreibt – auf der Grundlage von Faradays Laborbüchern – fast jede Phase des entscheidenden Experiments von 1821.

David M. Knight, *Humphry Davy: Science and Power* (Oxford, England: Blackwell, 1992), beschreibt gründlich und lebhaft Faradays geplagten Mentor und den wichtigen Einfluß der Dichter William Wordsworth und Samuel Coleridge, die Immanuel Kants Ideen zuerst Davy und dann Faraday nahebrachten. Das Buch zeigt auch, was britische Wissenschaftler oft veranlaßte, an geheimnisvolle Kräfte zu glauben – etwa an Faradays gottgegebene Einheiten –, im Gegensatz zu den materialistisch argumentierenden französischen Forschern, deren Arbeiten man oft unterstellte, daß sie den Terror der Französischen Revolution rechtfertigen halfen. Einen eher spöttischen Bericht über Faraday und Davy gibt Anne Treneer, *The Mercurial Chemist* (London: Methuen, 1963).

Faraday war jedoch nicht der einzige, der die Energieerhaltung entdeckt hat. Der Wissenschaftstheoretiker Thomas Kuhn hat einen berühmten Essay darüber geschrieben: »Die Erhaltung der Energie als Beispiel gleichzeitiger Entdeckung«, in *Die Entstehung des Neuen – Studien zur Struktur der Wissenschaftsgeschichte*, hrsg. von Lorenz Krüger (Frankfurt/M.: Suhrkamp, 1977). Kuhn schreibt nicht einfach nur vage, daß die Energieerhaltung »in der Luft lag«, sondern verweist auf die zahlreichen damals erfundenen Industriemaschinen als eine Quelle für Metaphern sowie auf die Bedeutung der vielen praktischen Verfahren, mit denen verschiedene Formen von Energie ineinander umgewandelt wurden. Crosbie Smith, *The Science of Energy: A Cultural History of Energy Physics in Victorian Britain* (London: Athlone Press, 1998), geht das Thema etwas anders an und betrachtet beispielsweise die Einzelheiten der schottischen Theologie und stellt einige ihrer Mäzene vor. Außerdem erläutert er, wie aufgrund der weniger stark geschichteten sozialen Struktur in Schottland ganz zwanglos Ingenieure, Professoren und Theologen in einen wirkungsvollen, gegenseitig befruchtenden Kontakt traten.

Die außerwissenschaftlichen Motivationen des produktiven Wissenschaftlers Hans Christian Ørsted erkundet R. C. Stauffer in seinem Artikel, »Speculation and Experiment in the Background of Oersted's Discovery of Electromagnetism«, in *Isis, 48* (1957). Wer sich durch Hunderte von Seiten voller Süßlichkeit wühlen mag, kann sich auch Ørsteds eigene Schriften vornehmen. Gerald Holtons Essay »The Two Maps« in seinem Werk *The Advancement of Science, and its Burdens* (Cambridge, Mass.: Harvard University Press, 1998), S. 197–208, zeigt eindrucksvoll die Bedeutung der Tatsache, daß man Ørsted falsch verstanden hatte.

Einen näheren Blick auf die Energie – heute hat sie sich ja schon zur Wissenschaft von der Energie ausgeweitet – gibt der stets überschwengliche Richard Feynman in einer merkwürdig indirekten, operationalen und doch so nützlichen Definition; siehe das Kapitel 3, »Die großen Erhaltungssätze«, in Richard Feynman, *Vom Wesen physikalischer Gesetze* (München: Piper, 1990). Dieses Werk ging aus einer Transkription der BBC-Aufzeichnungen der Cornell-Vorlesungen hervor. Der Begriff der Entropie wird – in kontinuierlich steigendem Schwierigkeitsgrad – beschrieben in Peter Atkins, *Wärme und Bewegung: Die Welt zwischen Ordnung und Chaos* (Heidelberg: Spektrum, 1986). Das empfehlenswerte Buch verdeutlicht in ausgezeichneter Weise die Gedankengänge, die dazu führten, daß man bei Energieumwandlungen eine höhere Strukturebene fand. (Meisterhaft ist das Kapitel, in dem Atkins zeigt, daß das uns bekannte Leben auf der gesamten Temperaturskala des Universums nur einem winzigen Punkt entspricht.) Und wenn wir die Unordnung – mit der Wärme assoziiert – verstehen, dann können wir auch ihr Gegenteil begreifen, das man »Information« nennen könnte. Das Werk von Neil Gershenfeld, *The Physics of Information* (New York: Cambridge University Press, 2000), ist weitaus anspruchsvoller als das von Atkins, jedoch höchst empfehlenswert für alle, die mehr über die Weiterungen der viktorianischen Energievorstellungen erfahren wollen.

Lavoisier und die Masse

Lavoisier fand einen kongenialen Biographen: Arthur Donovan, *Antoine Lavoisier: Science, Administration, and Revolution* (Oxford, England: Blackwell, 1993). Umfassender, aber auch weniger leicht zu lesen, ist die Biographie von Jean-Pierre Poirier, *Lavoisier: Chemist, Biologist, Economist* (College Park, Penn.: University of Pennsylvania Press, 1996). Über dreißig Jahre lang erforschte Robert Darnton das gesellschaftliche Leben unter der höfischen Herrschaft in Frankreich während Lavoisiers aktiver Zeit. Ausgezeichnete Hintergrundinformationen, insbesondere zur Einstellung des Volkes, die sich für Lavoisier später als so verhängnisvoll erweisen sollten, finden sich daher in Robert Darnton, *Der Mesmerismus und das Ende der Aufklärung in Frankreich* (Frankfurt/M.: Ullstein, 1986). Zu Marat empfehle ich als Einführung: Louis Gottschalk, *Jean Paul Marat: A Study in Radicalism* (Erstausgabe 1927, Neuausgabe Chicago: University of Chicago Press, 1967). Leser mit Zugang zur einer großen Bibliothek und mit Französischkenntnissen werden gepackt sein von den Berichten aus erster Hand über die Haft und den Prozeß: Adrien Delahante, *Une famille de finance au XVIII siècle* (2 Bände, Paris 1881).

Stephen Toulmin und June Goodfield, *Materie und Leben* (München: Goldmann, 1970), entwirren sehr geschickt einige der Haltungen aus Lavoisiers Zeit. Dagegen ist Herbert Butterfield, *The Origins of Modern Science 1300–1800* (Originalausgabe 1949), sozusagen ein Klassiker und bietet einen eher ernsthaften, direkten Zugang. Eine stärker an der Physik orientierte Geschichte, die sich bis in das zwanzigste Jahrhundert erstreckt, bietet

Max Jammer, *Der Begriff der Masse in der Physik* (Darmstadt: Wiss. Buchgesellschaft, 1981); vgl. auch: Max Jammer, *Concepts of Mass in Classical and Modern Physics* (New York: Dover, 1997). Dieses Werk enthält etliche Leckerbissen, darunter die plausible Vermutung, daß das Wort *Masse* aus dem hebräischen Wort *matzoh* hervorging, wie auch die Verknüpfung zwischen der Massenerhaltung und der Vorstellung der *quantitas materiae* (Stoffmenge), mit der Thomas von Aquins Nachfolger die Frage beantworten wollten, was bei der Transsubstantiation während der Eucharistie wirklich geschieht.

Unter den neueren Ansätzen sind die von Frederic Holmes immer wieder erfrischend, beispielsweise in seinem Artikel »The Boundaries of Lavoisiers Chemical Revolution« in *Revue d'Histoire des Sciences, 48* (1995), S. 9–48. Das Kapitel von Maurice Crosland, »Chemistry and the Chemical Revolution«, in *The Ferment of Knowledge*, hrsg. von George S. Rousseau (New York: Cambridge University Press, 1980) beschreibt, was in Lavoisier gedanklich vorging, während er seine Experimente mit Metallen durchführte; vgl. auch Perrins Aufsatz »The Chemical Revolution: Shifts in Guiding Assumptions«, S. 53–81, in *The Chemical Revolution: Essays in Reinterpretation* (Sonderausgabe von *Osiris*, zweite Serie, 1988).

Die Frage, was Masse »wirklich« ist, führt uns zu dem modernen physikalischen Konzept des Higgs-Feldes. Eine ausgezeichne Einführung bietet Frank Close, *Lucifer's Legacy – The Meaning of Asymmetry* (New York: Oxford University Press, 2000). Dagegen geht Gerard t'Hooft, *In Search of the Ultimate Building Blocks* (Cambridge: Cambridge University Press, 1997), weit mehr in die Tiefe. Sehr gewandt spürte er dem Thema auch in seiner eigenen Ausbildung und seinen späteren Fragestellungen nach. (Allerdings verhinderte seine Bescheidenheit – wie auch der bedauerliche Mangel an Möglichkeiten für Zeitreisen –, daß er den Höhepunkt seiner Geschichte erwähnt: den Nobelpreis, den er 1999 erhielt.)

Die Lichtgeschwindigkeit c

Galileo Galilei lebte zu einer Zeit, als die Naturwissenschaften sich noch nicht völlig von der Philosophie und der Literatur gelöst hatten. Daher können es heute auch Laien genießen, sich seinem Hauptwerk direkt zu nähern. Große Teile seiner Abhandlungen über »zwei neue Wissenszweige« sind sehr angenehm zu lesen: Galileo Galilei, *Unterredungen und mathematische Demonstrationen über zwei neue Wissenszweige, die Mechanik und die Fallgesetze betreffend* (Darmstadt: Wiss. Buchgesellschaft, 1964). Der Artikel von I. B. Cohen, »Roemer and the First Determination of the Velocity of Light«, in *Isis, 31* (1940), S. 327–379, berichtet über das, was Cassini bekämpfte. Eine auf den neuesten Stand gebrachte Version findet sich in dem Aufsatz von Suzanne

Débarbat und Curtis Wilson, »The Galilean Satellites of Jupiter from Galileo to Cassini, Roemer, and Bradley«, in *The General History of Astronomy, Vol. 2, Planetary Astronomy from the Renaissance to the Rise of Astrophysics, Part A: Tycho Brahe to Newton,* hrsg. von René Taton und Curtis Wilson (Cambridge: Cambridge University Press, 1989), S. 144–157. Dieser Artikel beschreibt auch die Maßnahmen, die Cassini gegen das Abweichen vom strengen Empirizismus zu ergreifen hatte – schließlich arbeitete er in einem katholischen Land, als Galileis Ansichten noch verfolgt wurden. Timothy Ferris, *Kinder der Milchstraße: Die Entwicklung des modernen Weltbildes* (Basel: Birkhäuser, 1989), stellt das in einen noch größeren Zusammenhang; sein Buch ist eine ideale Einführung in die Geschichte der Astronomie.

Maxwell fand einen angemessen sarkastischen Biographen: Martin Goldman, *The Demon in the Aether: The Story of James Clerk Maxwell* (Edinburgh: Paul Harris Publishing; Bristol: Adam Hilger, 1983). Begleitend dazu empfehle ich zum Einstieg das elfte Kapitel, »Gentleman of Energy: the Natural Philosophy of James Clerk Maxwell«, in Crosbie Smith, *Science of Energy: A Cultural History of Energy Physics in Victorian Britain* (London: Athlone Press, 1998). Wie bei Ferris werden ausgezeichnete Erklärungen mit hübschen Anekdoten gemischt; wir finden sogar – herzerfrischend für jeden Oxford-Absolventen – Maxwells kritische Gedanken über seine Ausbildung in Cambridge.

Maxwells wissenschaftliche Leistungen werden in vielen Einführungen und Kommentaren zu seinen Hauptwerken plastisch geschildert, so daß auch der Laie sie weitgehend versteht. Ausgezeichnete Beispiele dafür sind die Artikel »Eine historische Übersicht über Fernwirkungstheorien« und »Experimente mit Kraftlinien« in *Der Weg der Physik,* hrsg. von Shmuel Sambursky (Zürich, München: Artemis, 1975). Die Ausgabe der Arbeiten Maxwells von 1890 wird noch übertroffen durch die neuere Ausgabe *The Scientific Letters and Papers of James Clerk Maxwell,* hrsg. von P. M. Harmann (New York: Cambridge University Press, 1990 und 1995). Für einen Überblick empfehle ich ein klassisches Werk: P. M. Harmann, *Energy, Force, and Matter* (New York: Cambridge University Press, 1982), und zur Ergänzung ein noch ausgefeilteres Buch: Robert D. Purrington, *Physics in the Nineteenth Century* (New Brunswick, N. J.: Rutgers University Press, 1997).

Daniel Siegel, *Innovation in Maxwell's Electromagnetic Theory* (New York: Cambridge University Press, 1991), gibt einen sehr detaillierten, zuweilen auch polemischen Blick auf Maxwells schöpferischen Prozeß, einschließlich enthüllender Gegenüberstellungen mit der übertrieben theoretisierenden französischen Tradition. Christine M. Crow, *Paul Valéry and Maxwell's Demon: Natural Order and Human Possibility* (Hull, England: University of Hull Publications, 1972), bietet ergiebige Einsichten, die aus einer anderen Bewertung der französischen Tradition erwachsen. Richard Feynman hätte – leider – wohl nur wenig Verwendung für Valéry oder die meisten vergleichbaren Historiker gehabt, aber es gibt nur wenig Ebenbürtiges zu seinen Schriften (und Forschungsergebnissen) über die aktuelle Wissenschaft vom Licht. Ein guter Ausgangspunkt ist – neben den im nächsten Abschnitt genannten Physikbüchern – Richard Feynman, *QED: Die seltsame Theorie des Lichts und der Materie* (München: Piper, 1989); darin ist QED die Abkürzung für »Quantenelektrodynamik«.

Du Châtelet und »hoch 2«

Von den in deutscher Sprache erschienenen Biographien du Châtelets sind zu nennen: Samuel Edwards, *Die göttliche Geliebte Voltaires – Das Leben der Emilie du Châtelet* (Stuttgart: Engelhorn, 1989) sowie Elisabeth Badinter, *Emilie, Emilie: Weiblicher Lebensentwurf im 18. Jahrhundert* (München: Piper, 1984). Elisabeth Badinter hatte die ausgezeichnete Idee, die Biographien von Emilie du Châtelet und Madame d'Épinay zu vergleichen; ihr gelang eine spannende, gut durchdachte Paarung zweier psychologischer Portraits.

Das zweibändige Werk *Les Lettres de la Marquise du Châtelet*, hrsg. von T. Besterman (Genf, 1958), zeigt du Châtelet vor allem privat. Deutlich wird auch ihr Witz, ähnlich dem eines guten Drehbuchautors. Man erlebt mit, wie sie fast von einem Satz zum nächsten springt, dann wieder ein anderes Thema aufgreift und von ihrer Verwirrung über eine Beobachtung schreibt, die sie gerade gemacht hat und die das Wesen des freien Willens betrifft oder die Grundlagen der Physik berührt.

Etwas pedantischer ist da René Vaillot, *Voltaire en Son Temps: Avec Mme du Châtelet 1734–1748* (Paris: Albin Michel, 1978). Aber dieses Werk bringt auch einige lohnenswerte Schätze ans Licht, beispielsweise wie du Châtelet beim Morgenkaffee einen Besucher beeindruckt, indem sie einen Brief von Christian Wolff über die möglichen riesenhaften Bewohner des Planeten Jupiter liest. Der Brief ist in lateinischer Sprache abgefaßt, und seine Grundidee, einst in einem Gespräch mit Voltaire entwickelt, ist eindeutig das Herzstück von dessen (sehr zu empfehlender) Erzählung »Micromégas«. Ihr Thema von der unschuldig-wissenden Perspektive eines Riesen – eine solche Seele, so steht zu vermuten, erhoffte Voltaire einst für sich selbst – geistert seit Jahrhunderten durch Literatur und Kunst, von der Bibel über den Hollywood-Film *Der Tag, an dem die Erde stillstand* (Regie: Robert Wise, 1951) bis zu Ted Hughes, *Der Eisenmann* (Frankfurt/M.: Fischer, 1997).

Als eine sehr freimütige Biographie ist Nancy Mitford, *Voltaire in Love* (London: Hamish Hamilton, 1957), wie zu vermuten, nicht besonders genau in den biographischen Details, nicht sehr erhellend in der Wissenschaft, zuweilen gehässig im Ton, aber gut zu lesen. Bernard LeBovier de Fontenelle, *Dialog über die Mehrheit der Welten* (Weinheim: Physik-Verlag, 1983), vermittelt sehr schön die Begeisterung, mit der du Châtelet oftmals ganze Nächte hindurch studiert hat.

Das zweite Kapitel von Thomas Hankins, *Science and the Enlightenment* (New York: Cambridge University Press, 1985), gibt die wohl beste Einführung in den ganzen Komplex um Leibniz, du Châtelet und Newton. Dagegen ist I. O. Wade, *Voltaire and Mme du Châtelet: An Essay on the Intellectual Activity at Cirey* (Princeton, N. J.: Princeton University Press, 1941) nicht ganz so trocken, wie der Titel vermuten läßt. Der Essay von Steven Shapin, »Of Gods and Kings: Natural Philosophy and Politics in the Leibniz-Clarke Disputes«, in *Isis, 72* (1981), S. 187–215, geht noch tiefer. Dasselbe gilt für seine etwas polemische neue Interpretation: Steven Shapin, *Die wissenschaftliche Revolution* (Frankfurt/M.: Fischer, 1998).

Der Artikel von Carolyn Iltis, »Madame du Châtelet's metaphysics and mechanics«, in *Studies in the History and Philosophy of Science, 8* (1977), S. 29–48, ist hinsichtlich der historischen Einordnung eher konventionell. Er paßt gut zu dem bestechenden Aufsatz von P. M. Heimann und J. E. McGuire, »Newtonian Forces and Lockean Powers: Concepts of Matter in Eighteenth-Century Thought«, in *Historical Studies in the Physical Science, 3* (1971), S. 233–306. Um das Schloß von Cirey als Forschungseinrichtung zu erkennen und zu zeigen, was ein intellektuell aufgeschlossenes Paar bewirken kann, dürfte man kaum Besseres finden als Lewis Pyenson und Susan Sheets-Pyenson, *Servants of Nature: A History of Scientific Institutions, Enterprises and Sensibilities* (London: HarperCollins, 1999).

Einstein und die Gleichung
Einstein
Ich habe eine Schwäche für einige der frühen Einstein-Biographien: Ähnlich wie alte Filme vermitteln sie etwas von der Zeit, in der ihr »Subjekt« lebte – und da kommen nur wenige der neueren Darstellungen heran. Einstein selbst schätzte besonders zwei Biographien. Die eine stammt von seinem Nachfolger in Prag: Philipp Frank, *Einstein: Sein Leben und seine Zeit* (Braunschweig, Wiesbaden: Vieweg, 1979). Die andere schrieb ein Journalist und Freund der Familie, der jahrelang mit Einstein korrespondierte: Carl Seelig, *Albert Einstein – Eine dokumentarische Biographie* (Zürich, Stuttgart, Wien: Europa Verlag, 1954).

Von den neueren Biographien bietet Banesh Hoffmann, *Albert Einstein, Schöpfer und Rebell* (Dietikon-Zürich: Stocker-Schmid, 1976), eine geradezu ideale Mischung aus Lebensbeschreibung und wissenschaftlichem Hintergrund. Für die frühen Jahre zeigt Lewis Pyenson, *The Young Einstein: The Advent of Relativity* (Boston: Adam Hilger, 1985), was konsequente akademische Arbeit zu erreichen vermag. Pyenson untersucht auch die Gegebenheiten um die Firmen der Familie und Verwandtschaft Albert Einsteins, und er berichtet, daß Alberts Onkel ein Meßgerät entwickelte, das die Signale zweier voneinander unabhängiger Uhren verglich – ein wichtiger Aspekt bei Einsteins späterer Konzeption der Speziellen Relativitätstheorie. Eine andere gründliche Betrachtung bietet der Aufsatz von Robert Schulmann, »Einstein at the Patent Office: Exile, Salvation or Tactical Retreat«, in einer Sondernummer von *Science in Context,* Bd. 6, Nr. 1 (1993), S. 17–24.

Was tiefgründige Einsichten des kulturellen Umfelds anbelangt, reichen nur wenige Wissenschaftshistoriker an Fritz Stern – einen der größten amerikanischen Historiker – heran; siehe hierzu das lange dritte Kapitel in Fritz Stern, *Einstein's German World* (Princeton, N. J.: Princeton University Press, 1999), oder seinen früheren Aufsatz »Einstein's Germany«, in *Albert Einstein, Historical and Cultural Perspectives,* hrsg. von Gerald Holton und Yehuda Elkana (Princeton: Princeton University Press, 1982), S. 319–343. Mit Fritz Stern kann sich Abraham Pais durchaus messen, dessen eigenes Leben sozusagen widerspiegelt, was das zwanzigste Jahrhundert für einen Wissenschaftler bereithalten konnte. Abraham Pais, *Raffiniert ist der Herrgott – Albert Einstein: Eine wissenschaftliche Biographie* (Braunschweig: Vieweg, 1986) ist wohl der letzte Bericht eines Wissenschaftlers, der Einstein noch gut gekannt hat. Die Biographie basiert auch auf einer intensiven Lektüre von Einsteins Arbeiten und ist daher wesentlich anspruchsvoller als dieses Buch und bietet eine gründliche, überzeugende Darstellung.

Ein herausragender Denker unter den Einstein-Forschern ist Gerald Holton, der sich in seinem über vierzigjährigen Wirken die Frische und Tiefe seiner Gedanken erhalten hat. Ich empfehle besonders seine Werke *The Advancement of Science, and its Burdens* (Cambridge, Mass.: Harvard University Press, 1986, 1998) und *Einstein, die Geschichte und andere Leidenschaften* (Braunschweig: Vieweg, 1998).

Nicht zu vergessen sei eine in diesem Buch mehrfach zitierte, recht umfassende Biographie, die geradezu ein Klassiker wurde und inzwischen in viele andere Sprachen übersetzt wurde: Albrecht Fölsing, *Albert Einstein* (Frankfurt/M.: Suhrkamp, 1993).

In Ergänzung zum Veblen-Essay arbeitet Claude Lévi-Strauss in dem Aufsatz »Race and History«, nachgedruckt in seinem Werk *Structural Anthropology,* Bd. 2 (New York: Penguin, 1977), heraus, wie neue Ideen aus dem Zusammentreffen unterschiedlicher Kulturen entstehen können. Das schon fast klassische Werk von Mary Douglas, *Reinheit und Gefährdung: Eine Studie zu*

Vorstellungen von Verunreinigung und Tabu (Frankfurt/M.: Suhrkamp, 1988), erlaubt einen tieferen Einblick in die enormen Möglichkeiten, die begriffliche und soziale Brüche mit sich bringen. Nilton Bonder, *Yiddishe Kop: Creative Problem Solving in Jewish Learning, Lore and Humor* (Boston: Shambhala Publications, 1999), ist ein merkwürdiger, fast mystischer Bericht über eine faszinierende kulturelle Haltung. Dagegen steht der Essay von Howard Gardner, »The Creator's Patterns«, in *Dimensions of Creativity*, hrsg. von Margaret A. Boden (Cambridge, Mass.: A Bradford Bock, The MIT Press), S. 143–158, mit beiden Beinen auf der Erde. Er stellt Einstein und Besso in den Kontext von Freud und Fliess, von Martha Graham und Louis Horst sowie von vielen anderen Erneuerern, die in ihrer frühen, Jahre dauernden Periode des einsamen »Ausbrütens« einen Freund zur Unterstützung brauchten, auch wenn ihre späteren Durchbrüche dann doch irgendwie privatim vorbereitet wurden.

Einführung in die Physik

Für die zugrundeliegende Physik müßte man sich eigentlich einen Sommer lang mit einer Einführung in die Analysis beschäftigen; danach sind alle Physikbücher für Studienanfänger plötzlich leicht verständlich. Aber das Leben ist kurz, und nicht jeder hat einen ganzen Sommer lang Zeit. Ein scheinbar ganz leichtes, jedoch sehr gutes Buch ist Robert Mills, *Space, Time and Quanta: An Introduction to Contemporary Physics* (New York: W. H. Freeman and Company, 1994). Es bietet eine Einführung auf genau dem hier benötigten Niveau, und zwar auch für Leser, die die Analysis nicht beherrschen.

Weniger anspruchsvoll ist die ausgezeichnete Anthologie von Timothy Ferris, *The World Treasury of Physics, Astronomy, and Mathematics* (Boston: Little, Brown, 1991). Dieses Werk enthält reizvoll geschriebene Aufsätze, oft von bdeutenden Forschern verfaßt, und es bietet sogar eine von Einstein selbst verfaßte vierseitige Einführung in die Gleichung $E = mc^2$.

Lawrence Kraus, *The Physics of Star Trek* (New York: Basic Books, 1995), ermöglicht einen besonders netten Zugang: Hier wird die Beziehung $E = mc^2$ im Zusammenhang mit der Frage diskutiert, welche Schwierigkeiten ein realer »Scottie« hätte, der auf Captain Kirks Kommando »Beam mich rauf!« reagieren müßte. Im vorangegangenen Buch von Lawrence Kraus, *Fear of Physics: A Guide for the Perplexed* (New York: Basic Books, 1994), wird die Physik etwas systematischer dargestellt. Schließlich enthält Alan Lightman, *Zeit für die Sterne: Ausgewählte Essays* (Hamburg: Hoffmann und Campe, 2000) eine gescheit geschriebene Sammlung zu verschiedenen Themen. Beispielsweise beschreibt der Titelaufsatz die Newtonschen Gesetze mit dem kleinen – wenn auch unvorstellbar winzigen – Ruck, der durch die ganze Erde geht, wenn eine kleine Ballerina einen Sprung vollführt.

Colin Bruce, *Sherlock Holmes und der Energie-Anarchist – 12 physikalische Rätsel brillant gelöst* (Basel: Birkhäuser, 1998), ist eines der Bücher, bei denen andere Autoren sich ärgern, weil sie diese Idee nicht selbst hatten. Bruce schrieb hier einige Geschichten mit den bekannten Figuren Sherlock Holmes und Dr. Watson. Jeder Fall kann nur durch Einsicht in ein grundlegendes Prinzip der Physik gelöst werden. Watson stolpert hilflos herum, die Baker Street liegt im Nebel, Professor Challenger ist hinterlistig, und das Lernen macht richtig Spaß.

Einführungen in die Spezielle Relativitätstheorie
Russell Stannard, *Durch Raum und Zeit mit Onkel Albert: Eine Geschichte um Einstein und seine Theorie* (Frankfurt/M.: Fischer, 1994), bietet eine Reihe von neckischen Gesprächen zwischen einem freundlichen Onkel Albert und seiner modernen Nichte namens »Gedanken«. Das Buch richtet sich zwar an Jugendliche und Kinder, eignet sich aber auch ausgezeichnet für Erwachsene. Ähnlich reizend ist George Gamow, *Mr. Tompkins im Wunderland oder Träumereien von c, g und h* (Wien: Zsolnay, 1954). Anstatt gleich am Anfang die Grundlagen der Gleichung zu untersuchen, stellt Gamow einen etwas schusseligen Bankbeamten auf die Bühne, die die Relativitätstheorie und andere Aspekte der Physik symbolisiert. Das Werk wurde später fortgeführt und auf den neuesten Stand gebracht: Russell Stannard, *The New World of Mr. Tompkins* (New York: Cambridge University Press, 1999). Eine klare und gut geschriebene Einführung in die Spezielle Relativitätstheorie und unsere Gleichung finden wir, wenn auch auf hohem Niveau, in: Julian Schwinger, *Einsteins Erbe: Die Einheit von Raum und Zeit* (Heidelberg: Spektrum, 1987). Die Bücher von Wald und Geroch, die hier am Schluß im Abschnitt »Allgemeine Relativitätstheorie« erwähnt wurden, eignen sich ebenfalls zur Einführung.

Newton
Bei den vielen Newton-Biographien würde ich beginnen mit A. Rupert Hall, *Isaac Newton: Adventurer in Thought* (New York: Cambridge University Press, 1992). Die kritische Anthologie *Newton: Texts, Backgrounds, Commentaries, Bd. 1,* hrsg. von Bernard Cohen und Richard S. Westfall (New York: Norton, 1995) enthält zahlreiche Auszüge aus Newtons Schriften und weist auch auf Beispiele für die Sekundärliteratur des 20. Jahrhunderts hin, von Keynes und Koyré bis Westfall und Schaffer. Dies ist der beste Ausgangspunkt für weitere Erkundungen.

In das Atom hinein (Kapitel 8 und 9)
Der vierzehnseitige Aufsatz über Rutherford in C. P. Snow, *Variety of Men* (London: Macmillan, 1968), liest sich, als erzähle ein Augenzeuge, was in jenen

Tagen wirklich am *Cavendish Laboratory* geschah. Wir erleben beispielsweise Rutherfords gutmütig-derbe Effekthascherei: Als man ihm vorhielt, er sei wohl immer oben auf dem Kamm der Welle, dröhnte er: »Na und? – Schließlich habe *ich* die Welle doch auch erzeugt, oder?« Aber wir erfahren ebenso von seiner Unschlüssigkeit und seinem Beharren darauf, daß bestimmte Stipendien für Studenten aus überseeischen Ländern weitergezahlt werden: »Wenn es anders wäre, dann hätte auch ich nicht hierherkommen können.«

Nach Snows Essay bietet sich zur weiteren Lektüre an: A. S. Eve, *Rutherford* (London: Macmillan, 1939). Hier wird vor allem seine frühe Epoche beschrieben. Mark Oliphant, *Rutherford* (New York: Elsevier, 1972), ist trotz des nicht gerade einfallsreichen Titels ein sehr originelles und leidenschaftliches Buch. Es macht auch Rutherfords Jähzorn – und seine verlegenen, halben Entschuldigungen – verständlich, als er das weltweit führende Institut (das er ja erst dazu gemacht hatte) langsam zusammenbrechen sah, nicht zuletzt aufgrund seiner eigenen Charakterschwächen. Oliphant war einer der letzten vielversprechenden Schüler Rutherfords, und er war es auch, der Briggs dazu brachte, das US-amerikanische Atombombenprojekt in Gang zu setzen. Nach einer respektablen Nachkriegskarriere mit jahrzehntelangem Einsatz gegen die Kernwaffen starb Oliphant kurz vor seinem 99. Geburtstag, nur wenige Wochen, ehe sein Buch in Druck ging.

Andrew Brown, *The Neutron and the Bomb: A Biography of Sir James Chadwick* (New York: Elsevier, 1972), schreibt hinreichend neutral, um den Entdecker des Neutrons angemessen zu würdigen. Er behandelt ausführlich die frühen Jahre, um zu zeigen, wie sich der stille Chadwick zu einem der ganz wenigen entwickelte, die Oppenheimer *und* Groves Paroli boten – und so zu einer Schlüsselfigur für den Erfolg des Manhattan-Projekts wurde. Wie dann aber zum Schluß die heftige Rivalität zwischen Chadwick und seinem Mentor Rutherford durch das äußerst gespannte Verhältnis zwischen ihren Ehefrauen noch problematischer wurde, wird in Oliphants eben erwähntem Buch am deutlichsten.

Laura Fermi, *Mein Mann und das Atom* (Köln, Düsseldorf: Diederichs, 1956), erinnert in ihrem reizenden, neckischen Ton an die Schilderungen von Einsteins Schwester Maja. Mehr über den wissenschaftlichen Hintergrund und die Persönlichkeit dieses ruhigen, zielbewußten Mannes erfährt man in: Emilio Segrè, *Enrico Fermi, Physicist* (Chicago: University of Chicago Press, 1970). Der beziehungsreiche Essay »Fermi's group and the recapture of Italy's place in physics«, in Gerald Holton, *The Scientific Imagination,* (Cambridge, Mass.: Harvard University Press, 1998), geht näher auf Fermis Arbeitsgruppe in Rom ein und beschreibt auch, wie wichtig es für Fermi war, daß er stets einen einflußreichen Beschützer in der Bürokratie hatte.

Wie haben es Rutherford und Fermi geschafft, solche leistungsfähigen Forschungszentren erfolgreich zu führen? Edward Shils, *Center and Periphery: Essays in Macrosociology* (Chicago: University of Chicago Press, 1975) behandelt den soziologischen Hintergrund. Dagegen zeigt der interessante Aufsatz von J. H. Brown, »Spatial variation in abundance«, in *Ecology, 76* (1995), S. 2028–2043, wie gerade ein *geringer* Wettbewerbsdruck der Herausbildung neuer Ideen förderlich sein kann. Terence Kealey, *The Economic Laws of Scientific Research* (New York: St. Martin's Press, 1996), wählt einen erfrischend unkonventionellen Ausgangspunkt und zeigt beispielsweise, wie Pharmaunternehmen üblicherweise davon profitieren, wenn sie hervorragende Wissenschaftler einstellen: Während diese meinen, sie könnten originelle Arbeiten durchführen, sind sie im Grunde vor allem deshalb nützlich, weil sie auf intelligente Weise die verfügbare Literatur auszuwerten vermögen.

Ruth Lewin Sime, *Lise Meitner: A Life in Physics* (Berkeley: University of California Press, 1996) beschreibt sehr klar die Hintergründe und nimmt eine explizit feministische Haltung ein. Hier ist auch der erstklassige Essay von Sallie Watkins über Meitner zu erwähnen, abgedruckt in *A Devotion to Their Science,* hrsg. von Marlene und Geoffrey Rayner-Canham (Toronto: McGill-Queen's University Press, 1997). Beide Werke sind die ideale Ergänzung zu Meitners eigenem kurzen Bericht »Looking Back«, in *Bulletin of the Atomic Scientists, 20* (Nov. 1964), S. 2–7. Die Autobiographie von Otto Robert Frisch, *Woran ich mich erinnere* (Stuttgart: Wiss. Verlagsgesellschaft, 1981), ist ein wunderbarer Rückblick dieses liebenswürdigen Mannes. Richard Posner, *Aging and Old Age* (Chicago: University of Chicago Press, 1995), gibt einen guten Einblick in die »Kosten« einer langen Forschungskarriere.

Der Bau der Bombe (Kapitel 10–13)
Im Jahre 1943 hätten sich die Wachen der US-amerikanischen Streitkräfte brennend für jeden Außenstehenden interessiert, der es versucht hätte, Robert Serbers Vorlesungen für Wissenschaftler zu kopieren, die neu nach Los Alamos kamen – denn diese Vorlesungen enthielten alles, was man damals über den Bau von Atomwaffen wußte. Inzwischen sind die Vorlesungen nicht mehr als geheim eingestuft, also leicht zugänglich, nämlich in Robert Serber, *The Los Alamos Primer* (Berkeley: University of California Press, 1992). Daneben enthält das Buch eigene ausgezeichnete Anmerkungen und Lebenserinnerungen von Serber, und es beschreibt sehr lebendig die Arbeitsatmosphäre in Los Alamos.

Was Oppenheimer betrifft, so ist die wohl beste Quelle *Robert Oppenheimer: Letters and Recollections,* hrsg. von Alice Kimball Smith und Charles Weiner (Palo Alto, Calif.: Stanford University Press, Taschenbuchausgabe 1995;

Originalausgabe: Harvard University Press, 1980). Die Briefe sind umwerfend direkt: Da sind die kurzen Momente der intellektuellen Freude, dann die Selbstzweifel, die Unsicherheiten und zahlreichen Schattierungen der Verstellung. Wie Oppenheimer und Lawrence ihre Vorsicht überwanden und gute Freunde wurden, später jedoch, erschöpft und bestürzt, zu erbitterten Feinden – dieses Drama ist meisterhaft geschildert in Nuel Phar Davis, *Die Bombe war ihr Schicksal. Die Forscher Oppenheimer und Lawrence im Widerstreit von Wissenschaft und Politik* (Freiburg: Herder, 1971). Ein Bestseller sind die sehr persönlichen, lebendig geschriebenen Erinnerungen von Richard Feynman, *»Sie belieben wohl zu scherzen, Mr. Feynman!«,* hrsg. von Edward Hutchings (München: Piper, 1996). Doch wesentlich mehr Informationen darüber, was Feynman und die anderen damals in der Wüste erforschten, finden wir in James Gleick, *Genius: Richard Feynman and Modern Physics* (New York: Pantheon, 1992).

Die beste Übersicht über das amerikanische und das deutsche Atombombenprojekt gibt Richard Rhodes, *Die Atombombe oder Die Geschichte des 8. Schöpfungstages* (Nördlingen: Greno, 1988); dieses Buch wurde in den USA zu Recht mit dem *National Book Award* ausgezeichnet. Das heimliche Abhören ist ein sündiges Vergnügen, und in *Hitler's Uranium Club: The Secret Recordings at Farm Hall,* hrsg. und kommentiert von Jeremy Bernstein (Woodbury, N.Y.: American Institute of Physics, 1996), können wir Hahn, Heisenberg und die anderen internierten deutschen Wissenschaftler belauschen, während sie sich in den sechs langen Monaten ihrer Internierung unterhielten und auch stritten. Bernstein arbeitet den wissenschaftlichen und den persönlichen Hintergrund sehr klar heraus. Samuel Goudsmit, *Alsos: The Failure in German Science* (New York: Henry Schuman Inc., 1947; Neuausgabe Woodbury, N.Y.: American Institute of Physics, 1995), gibt aus erster Hand einen zwar in Teilen ungenauen, aber ergreifenden Bericht des Leiters der US-Truppe, die schon vor Kriegsende in Europa von deutscher Seite Informationen sammeln – und Wissenschaftler festnehmen – sollte.

Werner Heisenberg, *Der Teil und das Ganze. Gespräche im Umkreis der Atomphysik* (München: Deutscher Taschenbuch-Verlag, 1973), berichtet über sein Leben und seine wichtigsten Entscheidungen. Wertvolle Ergänzungen und Hintergrundinformationen finden wir in David Cassidy, *Werner Heisenberg: Leben und Werk* (Heidelberg: Spektrum, 1995). Fairerweise sollte ich auch ein Werk erwähnen, in dem Ansichten vertreten werden, die sich von den meinen wesentlich unterscheiden: Thomas Powers, *Heisenbergs Krieg: Die Geheimgeschichte der deutschen Atombombe* (Hamburg: Hoffmann und Campe, 1993). Powers' Dissertation wird verschiedentlich ernsthaft angezweifelt, beispielsweise in Richard Peierls, *Atomic Histories* (New York: Springer,

1997), S. 108–116, aber auch von Jeremy Bernstein, dem Herausgeber der *Farm-Hall*-Protokolle, in einer Rezension in *Nature, 363* (27. Mai 1993), S. 311–312. Hervorzuheben ist außerdem die Besprechung in *American Historical Review, 99* (1994), S. 1715–1717, und Paul Lawrence Rose, *Heisenberg and the Nazi Atomic Bomb Project: A Study in German Culture* (Berkeley: University of California Press, 1998).

Einen ausgezeichneten Bericht über die Ereignisse in Norwegen gibt ein Beteiligter selbst: Knut Haukelid, *Skis Against the Atom* (London: William Kimber, 1954, Neuausgabe). Einige Abschnitte in dem sehr lesenswerten Buch von Leo Marks, *Between Cyanide and Silk: A Codemaker's Story 1941–1945* (New York: HarperCollins, 1999), beschreiben unter anderem die Solidarität der Norweger während ihres Trainings in London und tragen damit zum Verständnis ihres Erfolgs bei. Die britischen Anstrengungen behandelt Richard Wiggan, *Operation Freshman: The Rjukan Heavy Water Raid 1942* (London: William Kimber, 1986); er zieht die Protokolle der Kriegstribunale heran, die später in Norwegen stattfanden, und er schreibt auch über den Einsatz der harten Londoner Jungs, die in dieses lebensfeindliche, winterliche Terrain geschickt wurden.

Die US-amerikanische Entscheidung, die Atombombe einzusetzen, wird in verschiedenen Werken beleuchtet. Den konventionellen militärisch-strategischen Standpunkt vertritt Stephen E. Ambrose, *Americans at War* (New York: Berkeley Books, 1998), S. 125–138. Der administrative Gesichtspunkt steht im Vordergrund bei Margaret Gowing, *Britain and Atomic Energy 1939–1945* (London: Macmillan, 1964). Für am besten halte ich J. Samuel Walker, *Prompt and Utter Destruction: Truman and the Use of Atomic Bombs Against Japan* (Chapel Hill, N. C.: University of North Carolina Press, 1997). Er betont, wie sehr der schlecht vorbereitete Truman von seinen Beratern gedrängt und manipuliert wurde, die jeweils ihre eigenen bürokratischen, geopolitischen und innenpolitischen Gründe hatten; er schildert auch, wie einige der wichtigsten militärischen Führer dann über den späteren Konsens überrascht waren, der Abwurf der Bomben sei unvermeidlich gewesen.

Ob die Entscheidung gerechtfertigt war oder nicht, sei dahingestellt. Doch die Berichte in Kapitel 19 von Richard Rhodes, *Die Atombombe oder Die Geschichte des 8. Schöpfungstages* (Nördlingen: Greno, 1988), erinnern zu Recht daran, was die Entscheidung an jenen zwei Tagen im August 1945 für die beiden japanischen Städte bedeutete. Die fast sprachlose Weigerung vieler Nachkriegsforscher, die Moral ihrer Waffen und deren Konsequenzen zu diskutieren, ist das zentrale Thema von Robert Jay Lifton und Eric Markusen, *Die Psychologie des Völkermordes: Atomkrieg und Holocaust* (Stuttgart: Klett-Cotta, 1992).

Das Universum (Kapitel 14–16)
Payne
Die ergiebigste Quelle ist hier *Cecilia Payne-Gaposchkin: An Autobiography and Other Recollections,* hrsg. von Katherine Haramundanis (New York: Cambridge University Press, 2. Aufl. 1996). Man vergleiche dazu den nachdenklichen Essay »The Ladies of Observatory Hill« in George Greenstein, *Portraits of a Discovery* (New York: Wiley, 1998). Einen interessanten Vergleich mit einer späteren Generation erlaubt Vera Rubin, *Bright Galaxies, Dark Matters* (Woodbury, N. Y.: American Institute of Physics, 1997). Einen guten Eindruck von der Sonnenphysik zu Paynes Zeit gewinnen wir aus einem zwar recht betagten, aber immer noch lesenswerten Buch: George Gamow, *Geburt und Tod der Sonne: Sternbildung und subatomare Energie* (Basel: Birkhäuser, 1947).

Hoyle und die Erde
Fred Hoyle schreibt unter allen hochrangigen Forschern, die ich kenne, wohl am besten. Seine Autobiographie *Home is Where the Wind Blows: Chapters from a Cosmologist's Life* (New York: Oxford University Press, 1997) ist sehr vergnüglich zu lesen. Man erfährt, warum gerade die Kinder seiner Generation in Yorkshire die nassesten Füße hatten (frühere Generationen hatten Holzschuhe, aus denen das Wasser wieder herauslief, die nächste Generation hatte Stiefel, in die das Wasser gar nicht erst hineinkam, und seine Generation hatte billige Stiefel, in die das Wasser reinlief und dann drinnen blieb). Man erfährt auch einiges über Diracs Vorlesungsstil, Eddingtons Denkweise, die Konflikte wegen der übermäßig schweren Prüfungen in Cambridge sowie die großen Leistungen der Lehrkräfte in Cambridge. Außerdem streift Hoyle auch die Nukleosynthese, die unterschiedlichen Forschungsstile in der Luftwaffe und der Marine Englands, die Wissenschaftspolitik und die überraschende Haltbarkeit von Autos aus Pappe.

Für den größeren Zusammenhang, in dem Hoyle arbeitete, empfehle ich nochmals wärmstens Timothy Ferris, *Kinder der Milchstraße: Die Entwicklung des modernen Weltbildes* (Basel: Birkhäuser, 1989).

Chandrasekhar
Kameshwar C. Wali, *Chandra: A Biography of S. Chandrasekhar* (Chicago: University of Chicago Press, 1992) ist eine ausgezeichnete Biographie. Besonders zu empfehlen sind die 60 Seiten im Epilog, in dem seine Gespräche mit Chandrasekhar wiedergegeben sind, der auch über Fermi spricht: »Es ist natürlich eine Tatsache, daß Fermi innerhalb von Augenblicken zu jedem physikalischen Problem etwas beitragen konnte … sein tiefgründiges Gefühl

für physikalische Gesetze … Die Bewegungen einer interstellaren, von magnetischen Feldlinien durchdrungenen Wolke erinnerten ihn an die Schwingungen eines Kristallgitters; und die Gravitations-Instabilität in einem Spiralarm einer Galaxie erinnerte ihn an die Instabilität eines Plasmas und ließ ihn über dessen Stabilisierung mit einem … Magnetfeld nachdenken.« Mit solchen Sätzen beschreibt er aber auch sich selbst: Er läßt uns einen Blick darauf erhaschen, was es heißt, die Welt mit einem solch mächtigen und assoziativen Geist zu sehen. Ich empfehle auch seine eigene Essaysammlung: Subrahmanyan Chandrasekhar, *Truth and Beauty: Aesthetics and Motivations in Science* (Chicago: University of Chicago Press, 1987).

Für weitere Themen der Astrophysik gibt es eine Überfülle an guten Büchern. Fred Adams und Greg Laughlin, *Die fünf Zeitalter des Universums: Eine Physik der Ewigkeit* (Stuttgart: Deutsche Verlags-Anstalt, 2000) ist ausgezeichnet und behandelt die ganze Geschichte von den ersten Augenblicken bis zu einer sehr, sehr fernen Zukunft. Stephen Hawking, *Einsteins Traum: Expeditionen an die Grenzen der Raumzeit* (Reinbek: Rowohlt, 1993), schreibt unterhaltsam und auf leicht verschrobene Weise gedankenschwer. Lesern, die populäre Sachbücher über das Universum mögen, für die aber die Unterschiede allzu leicht verschwimmen, empfehle ich dringend, eine Stufe tiefer zu gehen und sich eine lebendige Einführung zu Gemüte zu führen, beispielsweise Theodore P. Snow, *The Dynamic Universe: An Intrduction to Astronomy* (St. Paul: West Publishing Company, mehrere Ausgaben).

Allgemeine Relativitätstheorie (Epilog)

Die beste Einführung, die ich kenne, ist auch eine der kürzesten: Robert M. Wald, *Space, Time, and Gravity: The Theory of the Big Bang and Black Holes*. Wer tiefer einsteigen will, dem empfehle ich Robert Geroch, *General Relativity from A to B*. Beide Autoren wählen einen klaren, geometrisch orientierten Zugang. Mit zahlreichen Abbildungen werden die Leser geführt, so daß sie auch ohne wissenschaftliche Vorbildung folgen können, fast wie in einem Buch über Architektur – nur daß es hier um den Bauplan des Universums geht.

Kip Thorne, *Gekrümmter Raum und verbogene Zeit: Einsteins Vermächtnis* (München: Droemer Knaur, 1994), schreibt viel ausführlicher und verliert bei allzuviel biographischem Hintergrund manchmal den Faden. Aber der größte Teil des Werkes ist lebendig geschrieben. Thorne war neben Wald und Geroch jahrzehntelang führend auf dem Gebiet der Relativitätstheorie. Wer einen nachdenklichen Bericht über die Sonnenfinsternisexpedition 1919 – und Eddingtons wahre Motivation – lesen möchte, darf sich das Kapitel 6 in Subrahmanyan Chandrasekhar, *Thruth and Beauty: Aesthetics and Motivations in Science* (Chicago: University of Chicago Press, 1987), nicht entgehen lassen.

Dank

Dieses Buch hätte ich nicht schreiben können, wenn ich ganz auf mich allein gestellt gewesen wäre. Es ging unter anderem aus Kursen über kreatives Denken hervor, die ich in Oxford hielt und zu deren Zustandekommen Roger Owen und Ralf Dahrendorf maßgeblich beigetragen hatten. Avi Shlaim half über Jahre hinweg bei der Gestaltung dieser Kurse, und Paul Klemperer gab wichtige Ratschläge, wie man auch physikalische Themen einbeziehen könne.

Einige meiner Bekannten waren so freundlich, nach und nach das ganze Manuskript zu lesen: Betty Sue Flowers, Jonathan Rowson, Matt Hoffman, Tara Lemmey, Eric Grunwald, Peter Kramer und Caroline Underwood. Sie machten ausgezeichnete Vorschläge, von denen ich viele übernahm. George Gibson und Jackie Johnson bei Walker & Company steuerten wiederholt wertvolle Anregungen bei, die dem Manuskript sehr zugute kamen. Einige Leser unterzogen bestimmte Kapitel einer kritischen Durchsicht, darunter Steven Shapin, Dan van der Vat, Shaun Jones, Bob Weld, Thom Settle, Malcolm Parkes, Ian Kogan, David Knight, Winston Scott und Frank James, wobei freilich keiner von ihnen für möglicherweise noch verbliebene Fehler verantwortlich ist.

Zwei Personen bin ich für ihre Hilfe zu besonderem Dank verpflichtet. In vielen ausführlichen Telefonaten unterstützte mich Doug Borden bei der endgültigen Konzeption der Kapitel »Energie« und »Masse«. Gabrielle Walker, die wohl redegewandteste meiner Bekannten, sprach mit mir über Monate hinweg alle Aspekte des Buches durch und erschloß mir die Welt der ehrenwerten Schriftstellerei. Bei einem unvergeßlichen nächtlichen Bummel durch den St. James's Park zeigte sie mir anhand des sanft anschwellenden Chorals der Matthäus-Passion eine Möglichkeit auf, im letzten Teil des Buches aus der zuvor strikt eingehaltenen Chronologie auszubrechen. Ohne diesen unschätzbaren Hinweis hätte ich nicht gewußt, wie ich das Buch nach dem dreizehnten Kapitel weiterzuführen gehabt hätte.

Lange habe ich darüber nachgegrübelt, welches wissenschaftliche Niveau den Hauptkapiteln angemessen ist. Vor allem Peter Kramer überzeugte mich mit seiner Bemerkung, ich müsse nur die Ergebnisse der Gleichungen angeben, ohne jedoch darüber hinwegzugehen, warum die jeweiligen Zusammenhänge gelten. Um das zu erreichen, bringe ich im Haupttext die unentbehrlichen grundsätzlichen Erklärungen und ergänze sie durch zum Teil ausführliche Anmerkungen im Anhang. Weitere Einzelheiten, auch mathematisch untermauerte Ausführungen, finden sich auf meiner Webseite www.davidbodanis.com. Ich bin der Auffassung, daß heutzutage ein Buch kein für sich allein stehendes, abgeschlossenes Produkt mehr ist, beschränkt auf die Möglichkeiten des gebundenen Papiers. Um die Webseite nicht nur für Wissenschafts-Freaks interessant zu machen, habe ich dort auch einige Erinnerungen an meine Jugend in Chicago festgehalten (dabei geht es indirekt ebenfalls um die Frage, wie Raum und Zeit miteinander zusammenhängen). Außerdem enthält die Webseite Erkenntnisse von William Blake sowie Aufnahmen mit Einsteins Stimme und Verweise auf Kurse, die ich über die Gleichung und andere Aspekte anbiete, und schließlich eine Betrachtung darüber, warum gerade grundlegende Gleichungen so oft einfach sind.

Die umgebaute *British Library* erwies sich als geradezu ideal für alle diese Forschungen: Sie ist eine der größten Bibliotheken der Welt und möglicherweise die letzte eindrucksvolle Hommage an das Zeitalter vor dem Internet. Viele wissenschaftliche Zeitschriften befinden sich noch immer in den alten Lesesälen an der Southampton Row, deren Innenarchitektur und Cafeteria irgendwie nicht zusammenpassen, wofür aber manches andere den Benutzer entschädigt, etwa die Kopien alter Patente an den Wänden, zum Beispiel Whittles Strahltriebwerk, die Büroklammer, die Thermosflasche oder die Tragflächenverspannung der Gebrüder Wright.

Auch die wissenschaftliche Bibliothek des *University College* in London war mir sehr nützlich. Obwohl sich in der physikalischen Abteilung inzwischen die jahrelangen Sparmaßnahmen störend bemerkbar machen, leistet das Personal hervorragende Arbeit bei dem Versuch, die entstandenen Lücken zu füllen. Die *London Library* am St. James's Square, die nicht unter solchen Finanzproblemen leidet, bietet einen weiteren Anreiz, sich in London niederzulassen. Sie stammt aus frühviktorianischer Zeit und funktioniert immer noch: In den meist frei zugänglichen Regalen befinden sich rund eine Million Bücher, darunter viele Erstausgaben. Dort habe ich oftmals in Büchern geschmökert, die auf andere, schwer zugängliche Werke früherer Biographen verwiesen. Auch diese fand ich dann zumeist problemlos, denn sie standen nicht selten nur eine Armlänge entfernt im selben Regal, zuweilen von einer dünnen Staubschicht bedeckt.

Diese Bibliothek hatte noch einen anderen großen Vorteil, weil ich mir Abhandlungen oder Briefe von Faraday, Maxwell und anderen Forschern in großer Zahl heraussuchen und mich damit auf eine der Bänke unter den Eichen am St. James's Square zurückziehen konnte. Auf der einen Seite erhob sich das rote Backsteingebäude, in dem 1944 Eisenhowers Hauptquartier untergebracht war und die Invasion der Alliierten in Nordfrankreich geplant wurde, während die Angst vor einer deutschen Atombombe ihren Höhepunkt erreichte. Und hinter mir befand sich die Gedenktafel für Ada Lovelace, die im 19. Jahrhundert an den Pionierarbeiten für die heutige Computerprogrammierung beteiligt war und alle für die wissenschaftliche Karriere einer Frau typischen Höhen und Tiefen durchlebte. Auf dem Weg zum Mittagessen in einer Sushi-Bar kam ich immer an einem Haus in der Jermyn Street vorbei, in dem einst Newton gewohnt hatte. Und wenn ich endlich beim Essen saß, blickte ich auf das imposante Gebäude, in dem 1919 die Ergebnisse bekannt gegeben wurden, die Einsteins Relativitätstheorie bestätigten.

Der größte Teil des Buches nahm seine endgültige Form an, als meine Frau Karen sich beruflich neu orientierte und von einer hervorragenden Historikerin zu einer ausgezeichneten Unternehmensberaterin wurde. Wir hatten schon immer viel Zeit mit unseren Kindern verbracht, doch während Karen nun in Genf oder Washington oder Berlin war, widmete ich ihnen noch mehr Stunden am Tag. Das bedeutete natürlich, daß ich meine Arbeit oft unterbrechen mußte, doch erstaunlicherweise ging mir nach solchen Unterbrechungen das Schreiben besser von der Hand als zuvor, vielleicht weil ich mir auf diese Weise die nötigen schöpferischen Pausen verschaffte, die sich Autoren sonst selten gönnen. Auf dem Weg zur Schule blieben wir oft stehen, legten uns manchmal auch auf den Bauch, um Ameisen im Gras zu beobachten, oder plauderten mit den Männern, die die Straßen aufgruben. Häufig hatten sie selbst Kinder oder kleinere Geschwister, die noch zur Schule gingen, und nahmen nur zu gern die Gelegenheit wahr, die Arbeit für ein paar Minuten ruhen zu lassen und den faszinierten Kleinen zu erklären, wie ihre Werkzeuge funktionierten. Mit meinen Kindern unternahm ich ausgedehnte Spaziergänge, wir spielten Verstecken und hielten uns mit den Mahlzeiten oft lange auf. Zuweilen war ich nicht bei der Sache und wohl auch etwas mürrisch (tut mir leid, Jungs!), aber meistens freute ich mich auf unsere gemeinsamen Stunden und war froh und dankbar über so manche neugierige Frage, wie nur Fünfjährige sie stellen können.

Und wenn es dann doch zu spät wurde und zwei erschöpfte Kinder in ihrem Etagenbett eingeschlafen waren, setzte ich mich in ihrem Zimmer (ich fühlte mich dort viel wohler als in meinem Arbeitszimmer) in einen großen Sessel. Dann nahm ich meine Aufzeichnungen und etliche dicke Wälzer zur Hand, um mich für einige Stunden wieder meinem Buch zu widmen, während der Himmel immer dunkler und die Straßen Londons immer ruhiger wurden. Einige Male – das Schreiben ging flott voran, und mein Kaffee war längst kalt – wurde mir plötzlich bewußt, daß ich die ganze Nacht durchgearbeitet hatte. Einer dieser Fälle hat sich mir besonders eingeprägt, denn während ich gerade über die Chemie der Sonne schrieb, tauchte der glühende Feuerball, getrieben durch thermonukleare Reaktionen gemäß der Gleichung $E = mc^2$, irgendwo weit jenseits der Themsemündung am Horizont auf.

Kurzum: es hat Spaß gemacht, dieses Buch zu schreiben.